数学の作法

蟹江幸博 著

近代科学社

◆ 読者の皆さまへ ◆

平素より，小社の出版物をご愛読くださいまして，まことに有り難うございます．
(株)近代科学社は1959年の創立以来，微力ながら出版の立場から科学・工学の発展に寄与すべく尽力してきております．それも，ひとえに皆さまの温かいご支援があってのものと存じ，ここに衷心より御礼申し上げます．

なお，小社では，全出版物に対してHCD（人間中心設計）のコンセプトに基づき，そのユーザビリティを追求しております．本書を通じまして何かお気づきの事柄がございましたら，ぜひ以下の「お問合せ先」までご一報くださいますよう，お願いいたします．

お問合せ先：reader@kindaikagaku.co.jp

なお，本書の制作には，以下が各プロセスに関与いたしました：

- 企画：小山　透
- 編集：安原悦子
- 組版：藤原印刷 (LaTeX)
- 印刷：藤原印刷
- 製本：藤原印刷 (PUR)
- 資材管理：藤原印刷
- カバー・表紙デザイン：藤原印刷
- 広報宣伝・営業：冨髙琢磨，山口幸治，西村知也

- 本書の複製権・翻訳権・譲渡権は株式会社近代科学社が保有します．
- JCOPY 〈(社)出版者著作権管理機構 委託出版物〉
本書の無断複写は著作権法上での例外を除き禁じられています．
複写される場合は，そのつど事前に(社)出版者著作権管理機構
（電話 03-3513-6969，FAX 03-3513-6979，e-mail: info@jcopy.or.jp）の
許諾を得てください．

はじめに

　僕は子供の頃，どちらかといえば無作法な子供だと思われていた．多分，そう思われていた．多分，というのは自分ではそうは思っていなかったからだが，親に強情だと言われた覚えはあって，それはある種の無作法をしていたからなのかもしれないと思うことがある．

　日常生活の作法も，学校生活の作法も，まして勉強や数学の作法もあまり気にせずに生きてきた．それでも時々は自分にルールを課して，ストイックに数日や数週間を過ごしたことがある．数ヶ月というほど続いたという記憶はないが，ある程度は頑張ったことがあるし，なし崩しにルールを破るようになっても，何かしらの成果があったというか，成長というか，少なくとも何かしらの変貌はあったように思う．

　ストイックに生きる自分というものを客観的に見るという経験は，ちょっといい気分なものである．作法も他から押し付けられるのではなく，自分で立ててみるものなら，悪いものではない．

　だから，「数学の作法」という本を書かなければいけなくなっても，系統だってそういうものを学んだこともないので，そういうものが本当にあるのかということも定かには分からない．

　ではなぜ，そういう本を書くのだろうか？　分からない．分からないが，そういうような本があってもよいのではないかと思うことが，このところしばしばある．なければいけないわけではないが，あったほうがいいかもしれないと思うようなことがあるのである．

　そこで改めて，数学の作法はどういうものであり，またあるべきかということを考えてみた．そうして考えてみれば，数学をなぜ学ぶのか，数学を学ぶとはどうすることか，数学とは一体何なのか，そういうことを考えてからでないと答えられないことに気がついた．

　さて，気がつきはしたが，それらのどの問にも答えられない．僕自身，そうい

うことを考えて数学をやってきたわけではない．長い間数学に携わってきて，折にふれて考えることはあったものの，作法というようなものを深く考えたことはない．そういうことを考えるより，数学をやったほうがよいし，実際の教育の場で教え方の工夫をしたほうがよいと思ってきた．だから，教科書を書くようには作法の本を書くことができない．どうすればいいだろうか．

このジレンマを乗り越えるために（というか乗り越えることができないので），それらの間の周りをぐるぐると回る，つまり，数学や学ぶということを考えることから始めてみることにした．

これまで数学について多くのことを学んできたし，多くの学生に数学を教えてきた．また，数学以外のことも色々と学んできた．学生たちや，その他の人々に断片的に訊かれることがある．それらの質問に，言葉足らずながら答えるという形でなら，何とか数学の作法の本が書けるかもしれない．

人はそれぞれに違う悩みを抱えている．大上段に，これが作法だと言い切るだけの普遍的なものは知らないが，個々の人が，それぞれの場合に悩むことを，一緒になって考えることならできるかもしれない．

「数学とはなにか」という疑問に，仮にでも正面から取り組んでおかないと，個々の質問にどう答えたらよいかという覚悟ができないような気がして，少し考えてみた．それを第1章においてある．

小学校でのことや算数に関係した話題が第2章に，中学・高校で学ぶいろんな場面で起こる問題が第3章に，大学に入る前に大学での心構えを心配するころに出会う問題が第4章にある．大学に入ると，学校との付き合い方も変わるし，数学の内容が難しくなるだけでなく，数学の見え方も変わってくる．大人になった（はずな）ので，自分の世界を作らないといけないが，それがどう数学とかかわりあってくるか，そういう問題が第5章にある．

これらの質問はあえて系統だって並べてはいない．だから，どこから読んでもいいし，どこで止めてもいい．読者の知識や状況によっては，質問の意味が分からないこともあるだろうし，質問した人の気持ちが分からないこともあるだろう．そういう時は読み飛ばしてほしい．気に入ったところや気になったところがあれば，読みながら考えてみてほしい．答が気に入らないこともあるだろうし，意味の取れない時もあるだろうが，あまり気にしないでいい．

問題には人に出会うべき時がある．読者にとって，その時がまだ来ていないこ

とも，もう過ぎてしまっていることもあるかもしれない．そういう時はその問題にはこだわらず，自分の状況にあった問題を探してみてほしい．

　読者にとっての問題が本書の中に見つからなかったら，奥付にあるアドレスに知らせてほしい．同じような本を書く機会があれば，そこで答えることにしたい．また，なかなかそのような機会が来なければ，HP の中で答える機会を作ってもいい．

　最後に付録として，予備校の先生が受験生に語るような形で勉強の作法をまとめたもの「実践虎の巻 A」を用意した．人によっては実践虎の巻 A だけが役に立つと思うかもしれない．それはそれでもよいのだが，本文を何度か読み返してもらえば，それがなぜ付録であるかということが分かってもらえるかもしれない．多くの学生は，大学に入って数学を学ぶ際に初めて外国語を学ぶときのような違和感を感じるようであり，その時の補助になるような，いわば大学数学のための単語帳のようなものとして，「実践虎の巻 B」をつけてみた．この部分は読者からの要望が多ければ，追加したり変更したりということを増刷や改版の際に考えたいと思っている．

　始める前に本書の読み方について述べておこう．
　第 2 章から第 5 章までの本文はいろいろな立場の人からの質問に答える形式になっている．まず回答がある．それは質問の状況に対しての回答である．その後，かなり詳しい解説を付け，最後に作法としてまとめてある．つまり，各質問に対して，回答，解説，作法の 3 つが付いている．最初に読むときは，回答だけを読んでいき，気に入ったところや，気になったところの解説を読み，まとめの作法に対しての当否はあまり気にせず読み通してみてほしい．数学に慣れていない読者が最初に抱くかもしれない違和感は，おそらくは，本文の回答と作法だけを読み通すころには消えているのではないかと思う．

　さて，本書は作法についての話である．作法を知らないと数学が分からないというわけではないし，数学が分かっている方にはかえって邪魔なものかもしれない．カントールが言ったように「数学の本質はその自由性にある」のだから，自由に数学を学び，数学を作っていけばよい．

　第 1 章では「数学」に対して多くの人が持っている誤解について述べるが，この言葉にもそういった誤解が混ざりこんでいる．カントールが言った数学と，本

書で作法のことを言っている数学とは同じであるとは言えない．「数学は 1 つである」という反論が頭に浮かんだ人に，その「数学」はどっちの数学ですか，それともどちらの数学でもないのですかと訊いてみたくなるが，そうすると，「だから，数学は 1 つなんだ」と言われそうである．それぞれの人が持っている「数学」に対するイメージには，思いの外の広がりがあると思ってよい．

著者にもその問いが向けられそうだから答えておこう．著者も「数学は 1 つである」と考えている．もちろん，その「数学」がどんな数学なのかが問題で，読者の持っている数学のイメージをそこに代入しても，同じ意味合いは伝わらないかもしれない．ただ，「数学」の話をする人々が持っている数学のイメージがかなり幅広く，取り上げれば正反対というような意見すらあるので，本書の中で扱われる多種多様な「数学」に触れながら，読者自身の数学を形作ってもらえればうれしい．

数学の正しさの話をするためには，数学について，いろいろな側面から少し話したあとでないとさらなる誤解を生むようなので，質問に答えながら，数学の周りをぐるぐると回り，いろいろな話をしてみることにしよう．

本書はつまみ読みをしてもよいような形式で書いてあるし，そうされることを想定した書き方をしている．ただ，気をつけないといけないことがある．一見すると矛盾することが平気で書いてあるのだ．ある場所では作法なんて糞食らえと書いてあるのに，別の場所では作法を守らないなら守らなくてもよいが，守らないためにどんな不利益を被(こうむ)ってもよいと覚悟しないといけないと書いてある．状況によってどう振る舞うべきかについての主張が変わるのは当然なことで，どちらも間違っているわけではない．修辞上の多少の強調も入っていることでもあるから，矛盾した言い方をそのまま受け取って悩む必要はない．

大雑把に言えば，作法は尊重すべきものだが，破ったほうがよいと思えば破ればよい．ただ，それは自己責任だよ，ということである．

守るか破るか，どちらの態度を採るかは，事によって違っていいし，時によって変わってもいい．頻繁に変わるのは（他人にも自分にも）困るけれど，変わりたくなったら変わればよい．ただ，変わったことで，考えてもいなかった何かが変わるのである．その変わり方を，ちゃんと自分で見ていかなければいけない．

それでは，始めることとしよう．

目　次

はじめに　　　　　　　　　　　　　　　　　　　　　　　　　　i

第1章　数学と，その正しさと作法　　　　　　　　　　　　1

　1.1　数学って何だ？ . . . .　1
　1.2　「数学は正しい」は正しいか？ . . . .　4
　1.3　作法とは . . . .　6

第2章　算数の「作法」　　　　　　　　　　　　　　　　　12

　2.1　数と四則演算 . . . .　13
　2.2　算数なんて，嫌いだ . . . .　14
　2.3　算数，できなきゃいけないの？ . . . .　19
　2.4　鶴亀算や旅人算はおもしろかったものですが . . . . . .　21
　2.5　0って数ですか？ . . . .　24
　2.6　0で割ってはいけないって，わざわざ言うこと？ . . . .　26
　2.7　0を0で割ると？ . . . .　28
　2.8　掛け算は足し算より強いの？ . . . .　29
　2.9　足し算は合わせること？ . . . .　33
　2.10　掛け算の順序は？ . . . .　35
　2.11　数が出てこなくても算数なんですか？ . . . .　40
　2.12　＝って，等しいことですよね . . . .　41

v

- 2.13 等式を足したり引いたりしてもいいけど，掛けてもいいの？ . . . 44
- 2.14 1を3で割ると，3がいつまでも続く？ 48
- 2.15 約分したら変わらないの？ 52
- 2.16 分数を足すこと 56
- 2.17 分数は割り方よりも掛け方のほうが分からない 61
- 2.18 分数の割り算の新しいやり方を見つけたよ 66
- 2.19 正方形は長方形？ 68
- 2.20 立方体を描いてみたら 71

第3章　中学・高校の数学の「作法」　74

- 3.1 数学が分からないといけないのか？ 74
- 3.2 − − 2と書いちゃだめなの？ 76
- 3.3 マイナスとマイナスをかけるとプラスになる？ 78
- 3.4 数学って数の学問じゃないんですか？（文字式なんかいらない） . 81
- 3.5 0は偶数ですか？ 84
- 3.6 0を0で割る？ 86
- 3.7 0を無限個足しても0だよね？ 87
- 3.8 0乗って何すること？ 88
- 3.9 1を3で割ると，3がいつまでも続くのか，無限に続いた先の数なのか？ 90
- 3.10 高校の極限は嘘？ 93
- 3.11 無限を考えることができるのか？ 96
- 3.12 ∞は数なのか？ 98
- 3.13 無限の足し算は答が1つにならない？ 100
- 3.14 数学は，無限に関する科学である 100
- 3.15 dx分のdyと読んではいけない？ 101
- 3.16 有理数は無理数より少ない？ 103
- 3.17 「類推と証明は違う」って言われても 104
- 3.18 虚数を使えばどんな方程式でも解ける？ 105

3.19 虚数の数学って？ 107
3.20 虚数を j で表すの？ 109
3.21 虚数を使う世界で一番美しい公式 109
3.22 虚数の時間って？ 111

第4章　大学入学の心構えの「作法」　　112

4.1 入試は済んだ，もう勉強はしたくない 114
4.2 数学と物理のどちらに進むべきか 116
4.3 大学の講義は高校とは違うんですよね？ 117
4.4 大学数学は受験数学とは違うもの？ 119
4.5 大学で数学を勉強するほうが高収入になるって？ 121
4.6 部活やバイトしても卒業できる？ 123
4.7 宇宙という本は，数学の言葉で書かれている？ 125
4.8 数学が役に立ってる気がしないんですが？ 126
4.9 主観と客観 128
4.10 数学が分かるとはどういうことか 130

第5章　大学入学後の数学の「作法」　　133

5.1 数学はいつでも正しい？ 134
5.2 大学の数学の講義は聴いても仕方がない？ 137
5.3 講義の受け方にコツがあるのでしょうか？ 139
5.4 教科書があったりなかったり 140
5.5 小学校の先生になるのに難しい数学はいらないのでは？ . 143
5.6 詩人と数学者 146
5.7 「数式を読め」と言われて 147
5.8 一般性を失うことなく 151
5.9 数なのか元なのか要素なのか？ 152
5.10 等しさもいろいろ？ 156

- 5.11 線形代数が分からない 157
- 5.12 ε-δ 論法は何のため？ 159
- 5.13 虚数は虚しい数ではないんでしょうね？ 163
- 5.14 定義って大切なんでしょうか？ 165
- 5.15 内包的定義と外延的定義 166
- 5.16 単振り子の方程式は数学で習う？ 168

実践 虎の巻 A　数学の勉強の「作法」　171

- A.1 数学的考え方は数学でしか身につかない 176
- A.2 数学をやらずに数学ができるようにはならない 177
- A.3 先に解答は見ない．解法を自分で考える．最初は解けなくてもよい 178
- A.4 数学の答は当り外れではない．外れても，考え方が分かるほうが良い 179
- A.5 自分が知っていることは何か，自分にできることは何かを考える 180
- A.6 土台には確実な知識．数学は積み上げである 181
- A.7 できると思ったら，やってみる．解法を，それよりも状況を視覚化する 182
- A.8 分からないでやめてはいけない．夜明け前が一番暗いのだから 183
- A.9 多読と精読．教科書の読み方 183
- A.10 やさしい問題をたくさんやるのがいいのか，難しい問題をじっくり解くのがいいのか 185
- A.11 写す，まとめ直す．短編でも長編でも，得意な方法で 186
- A.12 間違ったら喜べ．間違ったことが分かることは大きな一歩 187

実践 虎の巻 B　知っ得　191

- B.1 数学の学問体系 192
- B.2 数の体系 195
- B.3 数学の基礎用語 197
  - B.3.1 公理・公準 197

- B.3.2 定義 197
- B.3.3 命題, 定理・系・補題 198
- B.3.4 必要条件と十分条件 198
- B.3.5 証明 199
- B.3.6 予想 199
- B.3.7 数式 200
- B.3.8 例/例題 200
- B.3.9 問/問題/演習 201
- B.3.10 解/解答 201

B.4 数学の言い回し 202
- B.4.1 任意の・すべての 202
- B.4.2 ある～・存在する 202
- B.4.3 一意に, 一意的に 203
- B.4.4 適当な 203
- B.4.5 自明である, 明らかである 203
- B.4.6 よく知られているように 204
- B.4.7 iff (if and only if の省略形) 205
- B.4.8 QED 205
- B.4.9 同値である, 等しい 206
- B.4.10 ほとんどすべての, 有限個を除いて 206
- B.4.11 ほとんど至るところで 207
- B.4.12 対称性 207

B.5 数学の対義語 208
- B.5.1 一般と特殊 208
- B.5.2 広義と狭義 208
- B.5.3 演繹と帰納 208
- B.5.4 必要条件と十分条件 209
- B.5.5 高々, 少なくとも 210
- B.5.6 最大と最小 210
- B.5.7 極大と極小 211
- B.5.8 収束と発散 211

- B.5.9 絶対収束と条件収束 ... 212
- B.5.10 連続と離散 ... 212
- B.5.11 強弱 ... 213
- B.5.12 開と閉 ... 213
- B.5.13 凸と凹 ... 214
- B.5.14 右と左，上と下 ... 214
- B.5.15 偶と奇 ... 215
- B.5.16 有限と無限 ... 215
- B.5.17 定値と不定値 ... 216
- B.5.18 既約と可約 ... 216
- B.5.19 内部と外部，開核と閉包 ... 216
- B.5.20 源点，湧点と吸点，沈点 ... 217

B.6 数学の類義語 ... 217
- B.6.1 数学と数理 ... 217
- B.6.2 関数と写像 ... 218
- B.6.3 対応と関係 ... 218
- B.6.4 演算と作用 ... 219
- B.6.5 大小と順序 ... 220
- B.6.6 最大と極大 ... 220
- B.6.7 完全と完備 ... 220
- B.6.8 正規と正則 ... 221
- B.6.9 積もいろいろ．内積，外積，内部積，括弧積，スカラー積 ... 222
- B.6.10 変数と不定元 ... 223
- B.6.11 軌道と軌跡 ... 223

B.7 数学用語の表記の揺れ ... 224
- B.7.1 線形と線型 ... 224
- B.7.2 関数と函数 ... 225
- B.7.3 定数と常数 ... 225
- B.7.4 解と根 ... 225
- B.7.5 正則と非特異 ... 226
- B.7.6 三平方の定理とピュタゴラスの定理 ... 226

- B.7.7　2次曲線と円錐曲線 227
- B.8　数の表記 227
  - B.8.1　数字あれこれ（アラビア・漢・時計） 227
  - B.8.2　10進表記，10進記数法 228
  - B.8.3　p進表記，p進記数法 228
  - B.8.4　小数 229
  - B.8.5　分数 229
  - B.8.6　連分数 229
- B.9　数学の記号類 230
- B.10　数学の特殊文字（ギリシャ・ドイツ・ロシア文字） 235
  - B.10.1　ギリシャ文字 235
  - B.10.2　ラテン文字あれこれ 236
- B.11　式（数式と論理式）の読み方と書き方 236
- B.12　授業・講義の受け方 238
  - B.12.1　教科書の使い方 239
  - B.12.2　ノートの取り方 240
  - B.12.3　質問の仕方 240
  - B.12.4　ゼミの参加の仕方 242
  - B.12.5　「引用」の仕方 245
  - B.12.6　「Web」の利用の仕方 245
  - B.12.7　数学の理解・学習・研究のサイドメニュー 247

参考文献　253

あとがき　256

第1章
数学と，その正しさと作法

本文の質疑に入る前に，数学についての僕自身の質問，つまり自問自答を少し聴いてもらうことにしよう．

「数学とは何か」という問には多くの解答がある．矛盾するように見えるものすらあるだろう．「群盲，象をなでる」の喩えにもあるように，数学は巨大であり，見る位置や角度によって姿を変える．数学の作法に迷う人々（これは一応，読者のこと）にとって，迷う原因が数学の捉え方に問題があることが多い．僕の見方で見なければいけないと言うつもりはないが，そういう見方もあると了解してもらっておいたほうが，本文での質疑のやり取りも理解しやすいだろうということで，いわば老婆心である．

もう1つは「数学の正しさ」についての問題である．もちろん数学者は数学の正しさは信じている．多分，眉に唾をつけている人もいるかもしれないが，多くの人は信じてはいるだろう．しかし，その正しさにもいろいろな面がある．それを少しだけ考えてから，話を始めることにする．

▶1.1 数学って何だ？

数学とは何か．

「数学」という言葉が何を意味しているか，誰もが知っているようで，実はあまりはっきりこれと言い切ることはできない．文字だけ見れば，「数」に関する「学」問であることになる．しかし，数学では数以外のことも取り扱う．数がまったく出てこないような数学もある[*1].

[*1] 「数学」は mathematics という英語の訳語である．なぜ「数学」という訳語に定まったかについては，明治初年に数学用語の訳語を決める際のいろいろな経緯がある（[17] 参照）．日本に古く

第 1 章 数学と，その正しさと作法

　ほとんどの日本人は，小学校では「算数」であっても，中学・高校と 6 年間は何らかの「数学」を学んでいるから，多くの時間，「数学」に接している．その経験から見ても，「数学」は数（だけ）の学問であるとは言いにくいだろう．

　もちろん数は数学の対象の中で大きな位置を占めている．しかし，「数学」では数以外のことも多く学んだだろう．三角形や四角形，円や楕円や放物線のような図形は数ではない．だが，数はそこにも出てきている．長さ，面積，体積，さらには曲線の曲がり具合（曲率）や，角領域の角，平面と平面のなす面角，立体角，頂点の数や辺の数などを数えるのにも数を使う．しかし，図形のある特徴を特定するのに数が便利だというだけであり，数が図形のすべてを表しているとは言えない．あくまで，数は補助的な手段であって，図形に関して主たる対象であるわけではない．

　確率や統計，またいろいろな組合せ問題などでは，対象自体は数でないものも扱われる．厳密に取り扱うための手段として，数で表すほうが便利なことも多いが，便利であるというだけであると言ってよい．いろいろな問題を考えるときに，数を使って状況を表現できると，解決のための手段を考えやすくなる．そういう意味で，数自体が対象でなくても数は非常に重要な道具であると言える．思考の主な手段が数である学問が数学であるということなら言えるかもしれない．

　しかしそれでいいなら，物理学や化学，また天文学や工学などでも有効な議論ができるのは，状況が何かしらの仕方で数を使って表せる場合であって，そうでない場合には議論にあまり効力があるとは言えない．そういうことを考えると，それらも数学ということになってしまう．同じように，経済学も保険や投資，さらには行政や政治までもが数学ということになる．

　そう考えるのはおかしいだろうか？ 実は，それほどおかしいことではない．古代エジプトのピラミッドなどの大規模建築を支えた数学的知識を学ぶ文献が残っている．建築の技法そのものが残っていないのは，書き残すほどの技法が存在しなかったのか，技法自体は秘法であって知らせるべきものでなかったからなのか，技法の細部を書き記すだけの表現力がなかったのか，分からない．

からある「数学」という言葉はもちろん中国由来だが，mathematics とは直接関係のない広くて深い意味がある．それはまさに「数」に関する学であり，その「数」は近代的な数ではなく，世界や人間の運命を量るなにものかであった．明治の欧化政策のために，その意識はほとんど残っていない．

また，メソポタミア文明の粘土板に，主にハムラビ王の時代のものに，国家運営，税，遺産相続，商慣習などを規定するための数学的知識を学ぶために使われたものが出土している．さらに，少し時代は下るが，星の運行や，日食や月食の予報のための計算法が書かれた粘土板もある．そこには通常の三角法を超えた球面三角法の知識すらある．

それらはみな数学だったのである．数学は英語で mathematics というが，語源はギリシャ語のマンタノー（学ぶという動詞）であり，その名詞形のヘ・マテマティケー[*2] である．

つまり，「学ぶもの」，「学んで得られるもの」，「学ばねば得られぬもの」が数学だったのである．だから，数学は「学べば得られるもの」であるわけで，「学んでも得られないもの」は数学ではなかったか，または「学んだことになっていなかったから得られなかった」のである．

それほど努力しなくても「学べば得られる」形にまとめられて，技術・技法が整備されて，教科書ができるようになると，その部分が「数学」から独立して，「物理」や「工学」や「経済」の学問の一分野になっていくというように歴史は進んできた．その際の「数学」の部分が数学の「分野」の形をとっていないことも多かったので，自然にそれらの分野が生まれたように感じられることになる．

近年では，どの学問分野もしっかりした形態を持っているので，それぞれの分野で数学的に扱われている中で数学的には確立されていないような問題が，数学の中に戻されて，数学として新しい技法なり分野なりができ，ある程度のまとまりになると，それぞれの学問分野の中で，例えば数理物理学とか数理経済学とか言われる小分野ができていくというように，いわば数学と他分野との交流という形になっている．

確かに「数」は「数学」のどの分野においても，「最初に」抽象化の根底に置かれる概念である．また，ある意味で「最後の」概念であることもある．つまり，問題にしている状況を理解したり統制するために，何かしらの数を絞り出すことがとりあえずの到達点だったりすることもある．そういう数は不変量という言葉で呼ばれることもある．多くの場合，そういう数を新たな出発点として議論が深まっていき，新しい理論が生まれるということもある．

[*2] マテマティケーというのは実は形容詞形で，それに定冠詞の「ヘ」をつけて名詞として扱うというのは，古代ギリシャ語の文法の基礎らしい．

そのような事情を詳しく述べると大部な本になってしまう[*3]．本書の中で質問に答えていく中で，幾分かの事情を読み取っていただければと思う．

数学だけのことではないけれど，作法とコツというのは必ずしも同じではないが，役に立つという意味では同じようなものだ．と，とりあえずは思っておいたほうが良い．良いというよりも，損はないといったほうが良いかもしれない．いくつかのコツが使えるようになっていくと，自然に作法が身についていくということがあるのだ．

▶ 1.2 「数学は正しい」は正しいか？

数学というものに対して世間一般や，学生や生徒，さらには教師までもが抱いていかねない偏見や思い込みについて話してみることにする．数学に対して，また数学の学習に対してやわらかい気持ちになってもらったところで，本文ではさまざまな作法やコツについて話していこうと思う．

数学が嫌いだという人や数学を非難する人は少なからずいるが，そういう人でも「数学が間違っている」と思う人はあまりいないようだ．たとえば，「1足す1が2になるわけじゃない」という人がいるが，そういう人でも $1+1=2$ が間違っているとは言わないものである．

そういう人に数学のことを訊ねると，「数学は正しいだろうが，役には立たない」と言って横を向く．

正しいことが通用しない世の中なのかと寂しくなる，という思いもないではないが，そういう人の「数学は正しい」にも「数学は役に立たない」にも誤解というか，きちんと数学を認識していないが故の思い込みの偏見というものがある．

「数学は正しいだろうが，答えが1つで面白くない」というのもよく聞く言葉である．また，小学校や中学で算数・数学が好きだという人には答えが1つに決まるから好きだという人も少なくない．そういう印象を持つ人も多いだろうが，これもまた，一種の偏見であるといってよい．

答が1つであるのは，実は答が1つであるような問を発したときだけだと言ってよい．実際，学校で，とくに中学までに学ぶことになっている数学では，答が

[*3] 例えば，ボイヤー[50]やカッツ[14]のように．

1つしかないような問いを発することが多い．しかし，数学には解けるとは限らない問題もある．解があるだろうか，という問題も少なくないから，言われれば答が1つとは限らないことは分かっているだろうにと思うが，それでも解があれば1つだと思うのは，思い込みだと言うしかない．

解が1つでないような問題は，問題の出し方が良くないのであって，解が1つになるように問題を立てるべきだという考え方もある．解けない問題を解きほぐして，解ける問題を作り出す．それも立派な数学ではある．

また，答は1つなのだが，その答に至る道は1つでないような問題も多い．答そのものも大切だが，たまたま答に到達したというのではなく，答に至る道がはっきりと分かるのなら，道自体にも意味があることになる．ほかの問題に対するアプローチの参考になるからでもある．

また，問題にもよるが，答に到達したと思っても確信が持てないこともある．そういう場合，別の道があるのなら別の道を行ってみる．計算問題で言うなら，それが「検算」ということである．検算をするといっても，同じ道をたどっては，同じ過ちに陥ることを回避できない．

だから，答に至る道が2つ以上あるのなら，検算は別の方法で行うのがよい．もしも道が1つしか見つかっていなければ，逆向きにたどることも検算にはよい方法であることがある．

スローガンとしては，「検算は別の方法ですること」となる．話を戻そう．

「数学は正しい」は正しいかということを問題にするとしても，前の「正しい」と後ろの「正しい」とでは意味が違う．たとえば数学者に訊いたとしても，数学は常に正しいと言い切る人も，「数学が正しい」なんて考えたこともないと言う人もいる．どちらも数学者であるなら，数学についてはほかの人よりも分かっているはずだが，その両者もが相手がそう言うのを聞いても不審にも思わないし，間違っているとも思わない．それは，両者が口にした「正しい」ことの意味が違っているからであり，お互いに瞬時にそれを理解し合うからである．

つまり，正しさのあり方の違いや，正しさのレベルの違いというものが，常に数学者の頭の中にはあって，唯一の正しさというものはないと言ったほうが良いのである．

蒟蒻問答のようななぞかけに見えるかもしれないが，まったくそういうつもり

はない．蒟蒻問答は，問答する2人が相手の立場も考えていることも，まったく分かっていないからこそ成り立つ，おかしみが身上である．数学には，議論する前に互いの了解点を確認し合ってから始めるという伝統がある．それが，ユークリッドの原論[54]のスタイルに凝縮しているものである．

だからこそ，正しさの意味を確認してからでないと議論が進まない．しかし，その正しさの意味を理解するためには，ある程度以上，数学そのものを理解してもらわなければならないというジレンマがある．数学の正しさを述べるためには，鶏が先か卵が先か，に似た問題があるのである．それを一筋道で述べることが難しいから，本書では多様な人からの多様な疑問に答えるという形式をとったのである．

あまり大上段に身構えず，肩の力を抜いて，拾い読みすることから始めてみてはいかがだろうか．

▶1.3 作法とは

> 作法があるとしたら，どんなものか？

さて，作法があるとしたら，作法とは一体どういうものなのだろうか？

これまで，学びの作法とは何かなどということは考えたことがなかったが，勉強の仕方というなら，考えたことがないではない．それが取っ掛かりになるだろうか．

学びということを離れて，そもそも作法とは何なのだろうと，考えてみる．作法とは「所作」，つまり立ち居，振舞いのあり方であり，さらに美しく見える所作のあり方なのかとも思う．ということは，美しく学ぶということのあり方というものを探すことになるのだろうか．

数学の美しさということが言われることがある．確かに数学を教えていると，数学には作法があると感じることがある．しかし，数学にあるというより，数学の理解の仕方，数学の捉え方，表現の仕方に，美しいものと美しくないものがあるということで，そこでの美しいものを作法と言ったらよいのかもしれない．

数学の学び方に作法？

著者が数学を学ぶようになったと言えるのはやはり大学に入ってからである．

それまでの数学の勉強は，やはり受験勉強だった気がする．つまり，数学という仮面を被った「問題の解き方」を学び，探し，考察したりしていただけで，数学というものを学んでいたわけではないような気がするのだ．大学で数学を学び始め，その中で，多少とも作法というものを身につけただろうか？　振り返って思い出そうとしてみる．それらしきものが思い浮かんできたような気がするとき，それは必ずしも数学のというだけではない，学びの作法だったような感じがする．1日の時間が決まっている中で，勉強時間のやりくりの試行錯誤の中で，勉強の仕方が分かったと思ったことがあったような気もする．勉強することに対する迷いのようなものも減って，すっきりとした気持ちで勉強できたときがあったような気がする．少なくとも数日はということではあるけれど．しかし，平和な日はいつまでも続かず，また迷いの日が来たが，その何とはなしの達成感は，いつかまたという期待感を生んでくれたような気がする．

　気がする気がするとばかりで，どうもあやふやなことしか思い出せない．記憶を振り絞っても，はっきりと学びの作法を学んだということを思い出さない．少なくとも，これが学びの作法だと教えられた記憶がない．仕方がないので，教えることの経験から，学びの作法らしきものを探すことにしよう．学びに作法があるというなら，35年以上も大学で教えてきて，それに思い至らないのでは，教師失格だと言われそうである．それでも長い間教えてくれば，教え方が少しはうまくなってもよいはずだと自分でも思う．大学で教えるようになって，最初はとまどいが多かったが，少しずつは工夫もし，それなりにはうまくなっていったように思う．それが，あるときを境に，段々と教え難くなっていった．教え難いというのではないかもしれない．学生の反応が分かりにくくなっていったのである．

　それまでは，4月というのは何か心躍る季節であった．今年はどんな学生に出会えるのだろうかという期待は，思うだけで嬉しいものであった．学生の知識や能力や気質を感じとるのに一月ほどかかるが，5月の連休明けには，それなりに順調に，少なくとも教える方としては順調に講義を進めていくことができた．

　それが，いつの頃からか，5月になる頃には，学生の知識や能力は分かっても，気質というものが分からなくなっていく．知識は段々に減っていくようだ．入学試験の採点をしているから，知識や数学的技能の低下はあらかじめ分かる．今年の学生は去年よりもできが悪いなと，教師同士で確認し合うということが，毎年繰り返されるようになる．

それでも，熱心に教えれば分かってくれると信じて，何が分からないかを学生に訊き，遡って説明をする．高校の知識だけじゃなく中学の知識もあやふやだと思えば，それを説明する．ときには，小学校算数の知識も仮定できないことに気づかされるようになる．『分数が出来ない大学生—21世紀の日本が危ない』[11] という本が出版されて，その現象が目の前の学生だけでなく，全国的な問題だと気づかされる．

大学で教えることだけでは限界があり，入学前の児童・生徒の教育の問題を考える必要があると思って，初等・中等教育の現場での教育のあり方にも関心を持つようになった．痛感したのは，個人の力では時の流れを押し止めることはできないということである．それでも目の前にいる学生には，自分にできる限りのことを教えたいと，懸命に頑張ってきた．

そのうち，考えもしなかったことに気づかされるようになる．学生が教えられようとしてくれないのだ．他人から学ぶのではなく自分で学ぶから，教師から講義なんかでは教えられたくはない，というならそれは結構なことだ．だが，どうもそうではない．学生が学ぼうとしていないというように見えるのだ．

一体，何なのだろう？ 勉強する気がないというわけではないらしい．頑張ろうとはしている，少なくとも本人としては頑張っている学生もいるのである．しかし，勉強しているように見えないのである．つまり，勉強していたとしてもその成果が見えないのである．

それはどういうことなのだろう？ 見ている限り，本人が勉強をしていると思っても，勉強になっていないことのようだ．一言で言えば，勉強の仕方を知らないようなのである．勉強の仕方を知らずに，勉強という苦行の時間を増やしても，勉強したことにはならない．勉強したことが積み上がっていかないのである．

ふと学生の手元を見る．手が動いていない．著者が学生のころ，学部の数学の講義には教科書がなかった．だから，ノートを取らないといけなかった．教科書がないほど高度で新しい分野の内容だったこともあるだろうし，その教室の中で教科書ができつつあるところだったということもあっただろう．

今の学生に教科書がない講義はできない．不安がるのである．しかし，教科書は万能ではない．万能でも完全でもないが，万人向けには書かれている．学生には個性があるから，分かりやすいところ，分かりにくいところが人によって違う．対面授業はその凹凸を埋め，書かれている内容だけでなく，その背景や精神を伝

えるためにある．だから，教科書があっても，教科書には書かれていない説明を理解し，自分の知識を豊かに，また確実なものにするために，ノートをとらなければならないのだ．ノートを取らないということは，学ぶ気持ちがないというに等しい．

　まあ，例外もある．著者の学生のころには，ノートなど一切取らず，必死で黒板を見つめ，教授の語る世界を理解しようとしていた学生がいた．しかし，そういう学生は講義の後で，ノートを作るのである．自分なりの教科書を作ると言ったほうが良いかもしれない．それによって講義を再構成し，講義の内容だけでなく，その心をも理解しようとしたのである．がしかし，それは特別な学生だと言ったほうがよくて，著者のような一般の学生はやはりノートを取るほうが安心できた．そのことによって，教授が伝えようとしたことの何割かは自分のものにできただろう．それが 5 割なのか，8 割なのか，はたまた 3 割なのかということは個々人の能力によってはいるが，それでもいくぶんかは自分のものになって残る．

　上で言った例外的な，その場ではノートを取らない学生は，10 割も，12 割も理解しようとしていたのだろう．それが成功したかどうか，また成功するかどうかは別のことである．そういう意欲を持っていたということが大切なのである．もしかすると，5 割しか理解できなかったかもしれないが，教授が伝えようとしたことではないことを会得することもありうる．そうすることで独創的な学者に育っていくということがありうるだろうし，もしかすると，そういうことでしか本物のプロにはなれないのかもしれない．そういうプロの数学者になりたい人のためには，たとえば伊原康隆『志学　数学 ～ 研究の諸段階 ～ 発表の工夫』[5] が参考になるかもしれない．しかし，[5] を読めば分かるだろうが，[5] に書いてあるとおりにしても，おそらくはうまくいかない．おそらく，著者の伊原氏にしかできないか，そうではなくても彼にしか適さない方法であるだろう．プロになるには自分独自の作法を編み出す必要がある．

　著者は本書で，プロの数学者になりたいという人に対するアドバイスをするつもりもないし，できるとも思っていない．

　あくまでも，目の前を通る学生たちの中で，勉強をしたいとは思っているが勉強の仕方を知っているとは思えない学生たちに（残念ながら，そうでないような学生は多くない），自分の経験を踏まえ，何かしら自分なりの作法を作る手助けができれば良いと思うようになったということである．

少し脱線した．講義室に戻ろう．だから，学生の様子に気がついたら，ノートを取るように言う．時には，なぜノートを取ったほうがよいかを説明することもある．そうすれば何人かはノートを取る．取りはするが，ノートになっていないことが多いのだ．大切だからと一生懸命に話したことが何も書いてなく，教科書の一部が写されているだけのことが多い．だから，次の講義のとき，前回どこまで進んだかを訊いても答えられないことが少なくない．取ったはずのノートを見てもである．

ノート以外にも，学ぶ気持ちがあれば，当然するだろうということをしている学生はめったにいない感じがする．それが，学びの作法を心得ていないということになるのかもしれない．

茶道や華道の世界のような，入門するすべての人が身につけるべき学びの作法というものがあるのかどうか著者には分からない．しかし，何かしらそのようなものがあったほうが，勉強するという努力を無駄にしないですむのも確かだろう．それでもやはり，そういうものは個人個人で違ってよいし，違うべきだし，自分なりに自分で作り上げていくべきものであるだろう．

つまり，勉強の仕方は，勉強していく中で，自分なりに工夫し，より効率的に，より広く深く勉強できるようにしようとする努力の中でしか身につかないものだと著者は思う．そうは言っても，勉強の仕方が分かっていないなあと著者が感じるような学生たちが，自分だけでそういうことができるだろうか．もちろん，時間をかければ誰にでもできるはずだし，自分でしないと本当の効果は上がらないだろう．だが，大学を卒業するまでには，ある程度のものを作り上げていないと，間に合わないというものでもある．

学生の自発的な自己啓蒙によるべきだと傍観していることが，学生の人格を尊重することだと思っていた時期もある．自分たちがそのように教育されてきたからである．それでも，著者の学生時代，仲間同士で，「うちの大学は何もしてくれない．放っておいてくれて嬉しい反面寂しくもあるし，厳しすぎる」と，不平・不満を言ったことがないではない．また，そんな大学にいることを誇りに思う気持ちもなくはなかった．

昔のことだが，旧制高校の生徒は一人前の大人として遇されていたという逸話を聞くことがある．自分ではまだ大人になっていないと感じている時期に，教師から大人として，つまり，自分の行いに責任が持てる大人として遇されることに

感激もし，発憤もし，気を引き締めて，勉強にも日常の振舞にも取り組むようになったという．いまでも当然，大学生は大人として遇される，というか，大人としての自覚と責任を持った行動が期待されている．

そうではあるのだが，いま，学生の自覚と自立を俟つのは百年河清を俟つようなものかもしれない．確かに，待っていてそうなりそうな感じ，そういう気迫のようなものが今の学生からは感じられない．

であれば，なんとかしないといけないのかもしれない．しかし，どうしてこうなったのだろうか．

ほとんどの人が大学に入るようになったため，大学進学に強いモチベーションが必要でなくなった．センター試験（以前は共通 1 次試験と言った）が，個別の大学の入学試験の前に前提条件としてあるために，志望大学を決める際の動機づけが，受験生の将来設計よりも，センター試験の結果の方に左右されるようになった．ゆとり教育が標榜されるようになって，初等中等教育で，1 つのことにこだわって深く追求するような勉強の仕方が軽視されるというより，むしろ排除される傾向にある．

こうした直接に教育の在り方に関係したことを除いても，時代の閉塞感は否めなくあり，将来を見据えて，じっくり腰を下ろして学ぼうという気持ちになりにくいということがあるのかもしれない．

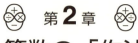
第2章
算数の「作法」

「数学は科学の言葉である」というのは有名な言葉だが，その「科学」はサイエンス (science) に対応した言葉で，その語源はラテン語のスキエンティア (scientia) である ([34] 参照)．ラテン語の辞書を引いてみると，1．知っていること，2．知識，心得，3．学識，博識，とある．現在の「科学」とか「学問」とかいう語感よりも基本的な感じがする[*1]．作法も，そうした基本的な場面での約束事と思ったほうが良いのかもしれない．

いまここで「算数」と言っているのは，日本の小学校で教えられてきているものを指していて，古代からの数学のあり方としての「算術」(アリスメティカ，arithmetika) を指しているわけではない．

数学と数学の応用とは，意識して区別しないと，混乱が生じることも少なくない．しかし，応用と一体化している「算数」では，その意識が欠けることになる．しかも，「算数」が人として未成熟な児童を対象としていることから，学問的に正しくないことを，教育上の配慮ということで，とりあえずの作法とすることがある．

数学的には同じ内容であっても，算数としての作法と数学としての作法は違うものだと思ったほうが良い．ここで問題なのは，算数としての作法が時として数学としての作法と異なるというだけでなく，数学的には間違っていることがあることである．

それほどのことではなくても，学習の段階によって，作法が変化していくこと

[*1] マテマティカ（数学）が「学ぶもの，学んで得られるもの」であったとすれば，サイエンスはそれらをまとめ組織化したものであったと言えばよいのか，意識された時期がより進んでいただっただけで，同じものだと思えばよいのか分からない．現代では，数学の始原的な意識が薄れ，知識体系としては，科学の一部になっているという認識のようである．現代的な学問体系としてはそれでもよいのだが，教育の在り方を込めて考えるときには，本質を見失わせる一因となっているかもしれない．

がある．茶道や華道の作法でも，上級者の作法が初心者に要求される作法と異なることがあるだろう．

　だから，初等教育での作法が高等教育での作法と異なっているというだけで非難をするつもりはない．しかし，そのような作法は，習得困難な事柄に対する初心者用の便法であるので，ある程度そのことを身に付け，習熟していく過程で，自然にその種の"誤った"作法から抜け出すようにカリキュラムはできている．ただ，そのことを教師が自覚していない場合が少なくなく，解消するタイミングを児童・生徒に指摘しないために初心者用の作法を後々まで持ち続けたり，また初心者用の作法に疑問を持つようになったむしろ優秀な児童・生徒を混乱させたり，場合によっては抑圧したりすることになっていることがある．

　中学で数学を学ぶようになって，小学校で学んだ算数に改めて疑問に思う生徒も少なくない．小学校で感じていた疑問や思い違いは思ったよりも多く，それをすべて挙げると紙数が足りそうもない．そこで，できるだけ生の形で質問をしてもらい，それに答えるという形で本章の話を進めることにしよう．

　また，小学校で学び知った算数が中学以降で学ぶ数学と違うものと感じることで，中学以降の数学学習に疎外感やら拒否感を抱くこともあるようである．そのような問題の起こる理由や，中学以降に学ぶ数学についての問題については第3章と第5章で扱うことにし，本章では，小学校での算数での思い違いを修正することにする．

▶2.1　数と四則演算

　単位があると計算できなくなるという症状を見せる児童・生徒は少なくない．しかし，単位の問題と小数点の問題は本質的には同じである．これは数学の問題ではなく，算数の問題である．現象としてもそうだが，それはまた算数の本質であるかもしれない．

　数とは何かという問題は本格的に議論するとなると難しいが，ここでは整数と小数のことだとし，その数の作る分数も数としている．量というのは，何かしらの物体なり，現象なり，性質なりの「大きさ」を数という数学の対象を使って表したもののことである．物体の長さ，広さ，高さ，深さ，重さなど，物体の色々な側面を表している．

表し方というのは，計り方ということで，理想的には定まっているはずの量でも，測定値は測る方法，測定者や測定の環境によって値が変わるものである．変わるものだと心得ておくことは重要な作法である．

自然界にも我々が住む社会にも，いろいろな量がある．何かしらの現象を再現しようとすれば，量の助けを借りねばならない．だから，そこには量があるものだと，何となくそう思っている．

しかし，翻(ひるがえ)って，量とは何かと考えたとすれば，これはまた深過ぎるほどの問題が見えてくる．ではなぜ，当り前のように量があると考えているのだろう．実はそれもまた，作法だったのである．

長さと重さと時間は，量として基本的なもので，他の量はそれらから導かれるものと考えられている．それを**基本量**と**複合量**と言う．

たとえば，速さ，濃度，温度などの複合量を量として認識するには，どのようにして数を対応させるのかということがはっきりと認識されていなければならない．そのことを原理的なことから分かるためには，かなりの議論が必要となり，詳しくはそれぞれを論ずる書物を読むしかないが，それほどのことであることだけは知っている必要がある．それが作法の第一歩である．

▶ 2.2 算数なんて，嫌いだ

> 私は昔，算数で計算の仕方を習ったとき，面白いと思ったのです．しかし，紙一面の計算ドリルをやらされて，それから嫌になったような記憶があります．
>
> 怠け者だった昔の自分がいけなかったのでしょうが，今になってもっと数学をやっておけばよかったと思うことがあるので，あんな無意味な計算ドリルをやらせられなかったらなあ，と思うことがあります．子供も私と同じ気質を持っているので，同じような切っ掛けで算数が嫌いにならなければいいがと思っています．どうしたらいいのでしょうか．　（熟年，男性）

回答 難しい問題ですね．小学校の先生は反復練習をさせるのが好きだから，それに付き合っておいたほうが平和だということで，子供が納得してくれれば，た

ぶんそれが一番波風が立たなくていいのですが．

先生にしてみれば，好きでさせているわけじゃない，反復練習をさせないと身につかないから仕方がないんだという反論があるでしょう．身につかないと困るのは本人なのだから，退屈なのを抑えて反復練習をしなきゃいけないという先生の理屈も間違っているわけじゃない．

問題は，ものの感じ方は人それぞれだというところにあるのだと思います．単純な反復練習をするのが嫌にならない子供ばかりであれば，何も説明せずに反復練習をさせれば良いのです．そのほうが効率的です．教える方にとってだけの効率ではありません．学ぶ側にとっても，技術は習得しておいたほうが得なわけで，嫌だと思う暇もないくらい速攻で習得できるというなら，そのほうが良いのです．

しかし，単純な反復練習をするのが嫌だという子もたくさんいます．また，嫌ではなかったのに，あるとき突然，反復練習が嫌だと思うようになることもあるでしょう．そういう場合どうしたらよいか，難しいですね．

1つの方法は，反復練習でも興味を持てるように単純作業に付加価値をつけること，もう1つの方法はその反復練習で身につく技能・技術が将来において重要であるとか，役に立つとか，得をすることにつながるといった説明で納得させることです．

難しいのは，そのどちらも，子供の環境や技術レベル，また意欲のあり方やその日の気分によって，有効な手段が異なるということです．親御さんがお子さんに話したいという場合なら，むしろ上の論点を，お子さんと一緒に考えるということをするのがいいかもしれません．話し合う中で自分に合った解決法をお子さん自身が見つけ出していくのが良いと思います．

解説 作家の清水義範氏は似たような経験を持っておられるようで，『いやでも楽しめる算数』[35]の中で次のように述べておられます．「算数の考え方ってすごくおもしろいんだけど，ただ計算しろ，と言われると疲れてしまうのだった…ある時ついに，もう勘弁してくれよ，という気になってしまった．」算数の時間に，「計算問題がぎっしりと」「並んでいた」「ペラ一枚のドリル」をやらされた．「その計算を三つやったら，もう，うんざりしてしまったのである．以下同様に，ってことじゃないか，と思ってしまった．このことはもう分かってるから，もういいじゃん，という気がして，計算をやめてしまった．教室の窓の外の景色なんぞを

眺めて，休息した．」そのドリルが採点されて，やった分だけの 12 点しか取れていないことになり，母親が担任に呼び出されたそうである．「バカになったんじゃないかという心配ではなく」，「テストをなめてるんじゃないか，という方向からの，呼出しだったらしい」と語っておられる．そのあとの母親からの問いに，「めんどうくさくなっちゃうんだもん，と答えて，いたく叱られた」そうである．

この種の問題は四則の計算問題だけでなく，いろいろな段階で起きることで，算数・数学を嫌いになる児童・生徒を増やしていくことになります．中学での文字式の計算，方程式の解法，高校での微積分の計算，少し前なら初等幾何の証明問題など，数学の才能のない人を振るい落とすための篩（ふるい）のように思っている人もいるかもしれません．そしてそれを生き延びた者だけが，大学で理科系学部に進み数学を学べばよいと，そういう策略なのだと思う人がいても不思議ではないかもしれませんね．それが算数嫌いや理科離れを起こしているんだというような非難もあるかもしれません．

困りましたね．実際にこうした関門を通れず，数学から離れて行ってしまう人が多いのは事実でしょう．しかし，それはわざと置かれている関門ではないのです．もしそうなら，たとえば，数学者はとても計算がうまくないといけないことになりますが，そういうことはありません．僕が知っている数学者の中でも，ものすごく計算が達者だという人は，もちろんいはしますが，そう多くはありません．数学は計算が上手になる技術ではないのです．

そう思われている理由には，ガウスやラマヌジャンやフォン・ノイマン[*2] のように，超人的に計算が速くてうまい数学者のエピソードが伝えられていて，人々がそれで納得しているということもあるでしょう．計算が上手な人が数学者になるという理屈は納得しやすいでしょうが，数学者の資質にもいろいろあるのです．

数学者の資質としては計算能力以外の部分のほうが重要で，むしろ計算が得意でない数学者のほうが多いくらいです．数学を利用する理科系の研究者のほうがおそらく，平均すれば計算は速いと思います．たとえば，物理学者のファインマンの計算の上手さは，自分でも自伝[48] の中で自慢しているほどで，よく知られ

[*2] 彼らのエピソードについてはたとえば[32] に短い伝記があります．それぞれ 1 節の主人公になっています．節の主人公になっていない数学者でも，本書に出てくる人ならたいていは同書に関連した人の伝記の中で登場します．[32] で全く触れられていないような数学者が本書の中で出てきたときには，個別に脚注で述べることにします．

ています．

　高校までの数学の先生はどうか分かりませんが，大学で数学を教えている先生は授業中によく計算間違いをします．しかも，間違ったからといって，謝りません．計算を進めていって辻褄が合わなくなると，黒板の自分の計算間違いを探していき，見つけると学生を叱ります．「見てたら分かるだろう．分かったら言わなきゃダメだよ．講義はみんなの時間なんだから，時間を無駄に使うことになって，もったいないだろう．」

　理不尽に思えるかもしれませんが，そんなこともないのです．黒板で計算をするとき，後ろのほうからも見えるように，（計算するのに）必要である以上に大きな字で計算をします．すると，近くの小さい部分しか見えなくなります．計算間違いの多くは，それ以前の行に書いてある式の写し間違いから起きるものなので，黒板で計算すると，（紙の上で計算するよりも）間違いやすいものなのです．黒板から離れて座っている学生のほうが，少なくとも，写し間違いのような計算ミスには気がつきやすいのです．だから，それに気がつかないということは，黒板を見ていなかったり，計算や論理を自分の中で追っていなかったということなのだから，先生が怒るということにも理由があるわけです．

　先生が計算を黒板でするのは，計算をきちんとすれば正しい答がきちんと得られるということを確認するためであって，計算そのものを伝達したいのではありません．講義する先生の立場も知っているほうが，講義を上手に聴くことができるでしょう．そのことはまた，後出の B.12 節「授業・講義の受け方」で述べます．

　話を戻しましょう．清水氏が言われるように，算数の考え方は面白いのにただ計算するのは面白くない，というのは誰もが持つ感想です．嬉々として計算をする子供がいれば，どこか感性に欠落している部分があるか，計算をすることで何かの得になることがあるとか褒美がもらえることがうれしくてとか，計算自体以外の価値が付与されているか，それとも，いわゆるランニングハイのような状況にあるかだと思います．

　計算は，ある程度，速く正確にできると，後々便利なことが多いので，どういう手段をとっても，本人に何かしらのトラウマを残さない形で速くできるようになるなら，そのほうが良いのです．

　しかし，なかなかそうはいきません．多少の強制はそれに打ち勝つことにある

種の快感を伴うので悪いことではありませんが，往々にして，程度を越えてしまいます．程度を越えた強制は，今度はそれが何であっても，不快感や嫌悪感を引き起こします．

先生はそのギリギリの境をうまく見計らって，不快感を与えないで，できるだけ多くの計算練習をさせようとしているはずです．しかし実際には，そのバランスがうまく取れなくて，あまり練習をさせられなかったり，練習のさせすぎで嫌いにさせたりしがちなのです．先生がそういう綱渡りのようなことをしているんだなあと思えば，下手な先生のやり方も少しは余裕を持って，大目に見ることができるかもしれません．そうできたほうが，学習者にとっては得なのですが．

それも，そううまくはいかないことが多いでしょう．うまくやる方法としては，強制のさせ方を小分けして，乗り越えやすい困難にし，それを克服したら褒めるというやり方が，割とよく行われています．いわゆる百枡計算とか，公文式とか，ドリル練習帳のようなものはそういうことに当たります．学習者に合うならやったらよく，練習がある程度進むのなら，それはそれで結構なことです．計算の練習はある程度は時間も手間もかけないと上手にはならないし，練習を続ければある程度は上手になるものです．また，最初は合っていても，そのうち合わなくなるときが来ると思いますが，そうなったとしても，それまでが失敗だったとは思わずに，単純な練習をする時期が終わったと思ってやめればよいのです．

著者も単純で単調な計算練習は好きではなく，そういう計算練習を不快に思ったり退屈に思ったりすることを回避できないかという教育上の工夫をしたことがあります．個々の計算にほんの少しの付加価値をつけるというやり方です．具体的には，1つひとつの計算は簡単なもので，その簡単な計算を1つするごとに1つ矢印を描いていき，ある範囲（つまりある程度の量）の計算をやり終えると何かしらの図形が出来上がるというものです．計算をしていくうちに，知らず知らずのうちに自然にランニングハイ的状態になってくれればいいと思って開発しました．力学グラフという名前で，それがどんなものかは[15]や[16]といった論説に書いてありますが，まだドリル帳のような教材にはできていません．いずれは教材化して出版したいと思っています．

作法 何にしろ，ある程度は我慢して計算をすることです．計算が上手になれば，あとで自分が楽になるからです．しかし，我慢ができなくなったのなら，（一旦

は）止めたらいいのです．

　そういうときに，計算の意味とか価値とかについて，先生に聞くとか，本を読んで調べるとかしたらよいでしょう．

　そして，嫌悪感が少し減ったら，また計算の練習をしてみるといいですね．そういう繰返しをして，自分なりに計算がこの程度できればいいと思えるようになったら，もう練習のための練習は止めにして先に進むとよいでしょう．先に進んだら，自分の計算技術が十分なのか足らないのかが自然に分かるようになります．足らないと思うことがあればそのときに，再度計算の練習をするとよいでしょう．ただ，足らないと思うようになったけれど，もう練習は嫌だと思うようになっていたとしたら，それはもう，計算に習熟していなくても進める道を選んだほうが良いのではないでしょうか．そういう道も多分あると思います．

▶2.3　算数，できなきゃいけないの？

> 　わたしはわりと算数が好きだからいいんですけど，幼稚園から一緒の友達であまり算数の得意でない子がいます．乱暴な男の子がいて，自分でもあまりできないくせに，その子のことを算数ができない，馬鹿だと言って悪口を言います．
>
> 　私はその子をかばって言い返したんですけど，あとで，やっぱり算数ができないといけないのかなあと思ってしまいました．どうなんでしょう？
>
> （小学5年，女子）

回答　「勉強しなくちゃいけないの？」という問いに，「勉強しなくても直ちに人体に影響はありません」と誰かが答えているのを見たことがあります．

　反語的な回答なのでしょうが，あまりに人を食った答ですね．質問者を馬鹿にしているわけではないとは思いますが，そう思われても仕方がない答だと思います．

　では，どう答えたらいいんでしょうね．どちらであるとも言いにくいのです．できなきゃいけないとしたら，できなかった子はどうしたらいいんでしょう．できなくてもいいと答えたら，もう勉強をしなくなるかもしれません．

　上のように問われたら，「できなくてもいい」と答えてはいます．しかし，「で

きなくてもすぐに死ぬわけじゃない」と言ってる人は,「死ぬほどのことじゃないけど,それに似たようなことにはなるかもしれない」と言ってもいるのです.だから実際には,できたほうがいい,と言っているわけです.

　僕の答は,勉強ができなくてもいいけれど,できないと困ることがある.そのことは覚悟しなきゃいけない.だから,自分が困らない程度には頑張らないといけない,というか頑張ったほうが良い.困るか困らないか,またどう困るかということはある程度は勉強しないと分からないことでもあります.ですから,それが分かる程度には勉強しておいたほうがいいということになるでしょうか.

　解説 小学校で勉強することの中でも,はっきりと成績が出やすいのが算数かもしれません.採点者の解釈の違いというものが評点に反映されにくく,公平であると思われていますし,ある程度はそのとおりです.だから,算数での評点の高低が児童の努力の評価につながりやすいのでしょう.

　しかし,努力の強弱は自分でも測れますが,努力の質は自分では測れません.だから,少ししか努力しなくても成績が良いということもありますし,どんなに努力しても成績が上がらないということもあります.もちろん多くの人はその中間に位置していて,努力すればある程度は成績が上がります.

　この問題は自分の問題として考えるか,それとも他人を評価する際の問題として考えるかによって対処の仕方が変わるでしょう.

　作法 この質問者の場合,算数の得意でない友達に対する態度を,算数のでき方によって変えるつもりはないのでしょうが,できるようになればいいのにと思う気持ちはあるようですね.自分でもそれほど優秀であるという自覚はないみたいですね.

　教えてあげたらどうでしょう.何か1つずつでも,その友達の分からないということを一緒に考えてみたらどうでしょうか.教えるというのではなく一緒に考える.きっとあなたのためにもなると思いますよ.

▶ 2.4　鶴亀算や旅人算はおもしろかったものですが

　　自分が小学校で学んでいたときには，鶴亀算，旅人算などが出てくると面白く思ったものです．夢中になるほどではなかったですが，面白いと思ったものです．私も時々，興味を持ってもらうための話題として教えることがあるのですが，中には面白がってくれる子もいますが，多くの子は嫌がっているようなのです．

　　なぜ嫌がるのかよく分かりません．机間巡視しているときにちらっと聞こえたのは，「またこんなの覚えるのか」という言葉でした．覚えるように言ったつもりはないのですが，どうしてもそういう風に思ってしまうようです．話題を変えて興味を引くという手法が取りにくくなっています．どうしたらいいのでしょうか．　　　　　　　　　　　　（小学校教師）

|回答| たくさんのことを覚えるのは嫌だというのは，算数だけのことではないようです．また，最近そうなってきたことということばかりでもないようです．
　小学校での教え方はほとんどが何かを覚えるように，という形をとっているので，先生から出た言葉は覚えなければいけないと思うのはむしろ当然なのではないでしょうか．
　覚えなくてもいいんだよと，あらかじめ言わなければ覚えなければいけないことだと思うでしょうから，覚えなくてもいいということを念押ししてから話題を振るようにしたらどうでしょう．もちろん，覚えなくてもいいと言っても，覚えてくれるのならそのほうが良いと思って話すのでしょうから，その辺りのことは貴方と教室の中の在り方に依っているので，その場のようすで適当にされればいいと思います．覚えようとしなくても，興味を持てばある程度は覚えてしまうものですし，忘れたとしても一度頭の中を通ったものは何かしら記憶されるものです．基礎基本というのでなければ，その程度でいいのではないのでしょうか．しっかり覚えてくれる子もいれば，ほとんど覚えていない子もいて，それに，覚えなくてもいいと言えば，かえって普段は覚えることをしない子が覚えてくれるということもあるようですよ．
　しかし，○○算というものをどのように位置づけて授業に取り入れようとして

いるのかはちゃんと考えてやるべきです．それができているなら，少々不満が出ても，貴方自身がおもしろいと感じたままに話せば，そのことは児童には伝わるでしょうし，深刻な不満は起こらないと思います．

解説 小学校で教えられる可能性のある○○算は，わざわざ○○算という言い方をしない場合にも，その内容が教科書のどこかに書かれていることが多いものです．上に挙げられた鶴亀算や旅人算以外にも，流水算，仕事算，植木算，時計算などがあり，また用語としては出てこないけれど，平均算，和差算，倍数算，年齢算などもあります．

名前は取り扱う対象にちなんだり，方法そのものを名前にしているものがありますが，要するに，単独ないし連立一次方程式で解けるような問題を解き方のパターンで分類して，解法を思い出すきっかけにしたものだと言うことができます．小学校では変数を使う代わりに，線分を使い，方程式の変形の代わりに図形の変形を利用する形で解くことが多いようです．また，解答が整数値になることが分かっている場合は，関係する変数の表を作って題意に合うものを選ぶというやり方もあります．

○○算という言い方は江戸時代の算術の名残でもあって，当時の教科書にはこれら以外にも油分け算，（俵）杉算，百五減算，からす算，ねずみ算，小町算などがあり，それらは直接は小学校算数では扱わない題材だけれど，興味を持ちそうな児童がいれば，少しだけ触れるのもいいでしょう．

○○算は問題に付いている名前でもあるけれど，固有な解法に付いている名前だと思うと，それを覚えないと解けないという強迫観念にもなり，覚えたくないとか嫌いという感情を引き起こすことにもなります．しかし，名前を付けることで問題の解法を思い出す切っ掛けになるのであれば，そういうスイッチがたくさんあることは悪いことではありません．

変数を使って状況を表現すれば後はルーティンな式変形だけで解答が得られます．○○算が解法を指定しているようでも，実際にはもっと自由に考えることができます．少し例で説明してみましょう．

鶴亀算は「鶴と亀が合わせて 10 匹いて，足の数が合わせて 34 本のとき，鶴と亀はそれぞれ何匹か」というようなものです．鶴が T 羽，亀が K 匹だったとすれば，問題は「$T+K=10, 2T+4K=34$」から，T, K を求めるという問

題に変わります．方程式なら，前式から $K = 10 - T$ を求め，後式に代入して $2T + 4(10 - T) = 40 - 2T = 34$ とし，移項して $2T = 6$ とし，$T = 3$ を得ます．そして，$K = 10 - T = 10 - 3 = 7$ としてもよいでしょう．また，後式を2で割って $T + 2K = 17$ とし，これから前式を引いて $K = 7$ としても良いですね．

鶴亀算としての解法は，すべてが鶴または亀だとして足の数を求めると過不足が出て，その原因を求めるというものです．そのことは，上の場合に，前式に2か4を掛けて，後式の変数の片方の係数と一致させ，その変数を消去するということに当たっています．

問題の設定がいかにも不自然で，「足の数を数えることができるのなら，鶴と亀の足を見間違えることもないだろうに」と不審に思ったりもします．それは，江戸時代に問題を変形したから起きたことで，元の中国の問題は雉が兎が1つの籠にあってという形でした．それでも不自然ではあり，だからむしろ仮想的な状況だということを明示するために鶴と亀にしたのかもしれません．

合わせて数えるということは足し算をするということであり，これまでの節でも述べたように，足すということは等質な何かに変換してからでないと意味を持ちません．だから，鶴の足と亀の足を同じ何かと考えることの不自然さが気になるのでしょう．2種類のものが異なる価値を持つときに，その価値の評価をするということが，鶴亀算の底に隠れているのです．

だから，足ではなくて別の無理のない評価を組み合わせて，同じ計算法が使える例を考えてみましょう．「学校の遠足で，40人乗りの車両を借り切りました．満席でした．料金は10万円でした．大人料金は4000円で，子供料金は2000円です．子供が何人で大人は何人だったでしょう．」これなら足せます．お金は誰に対するものであるかには無関係だからです．全員が子供なら，$2000 \times 40 = 80000$ 円で，差額の2万円は料金の差2000円からくるものだから，$20000 \div 2000 = 10$ 人が大人だったことになります．鶴亀算ですね．

変数を A, C とおいて，$A + C = 40$, $4000A + 2000C = 100000$ とすれば，簡単に解けますが，鶴亀算に慣れていれば暗算で答えが出せます．それは効用であり，また鶴亀算と同じだと気がつくことは，世の中に小さな規則がいくつも埋まっていることの発見でもあり，おもしろいと思う気持ちを培うことにつながるのなら，よいことではないでしょうか．

教室の中で「覚える」ということを負の意識にしないで，教室の中で学んだもの

を世界の中で検証するという正の意識に変えること，それができるといいでしょうね．

|作法| どの○○算にも，特有の解法のキーというか，目の付け所があります．
植木算なら両端に気をつけること，旅人算なら二人の旅人の行程を足したり引いたりすることへ変換，流水算では川の流れと船の動きというレベルの違うものも同種の行程に変換できること，時計算も周回軌道を描くだけで追っかけ型の旅人算と同じであること，仕事算や年齢算では具体的な量と全体に対する割合を同種の量に変換すること，などですね．

何が同種であるか，また同種にするための障害が何か，そういうテーマをいろんな題材で教えてくれるものなのです．

▶2.5　0って数ですか？

> 0って数ですか？　数えるわけでもないし，何かの大きさでもないし，何なんですか？　大きい数を書くときにないと不便だからあるんですか？
>
> (小学6年，女子)

|回答| はい，0は数です．最初は大きい数を表すのに便利だから使われ始めたのかもしれないですね．

|解説| こういう質問が出るというのは，あなたが数に対してある観念を持っているからでしょう．そして，その観念に合っていないと感じるということでしょうね．
「0は数ですか？」と訊かれたとすれば，素直に「はい」とは言いにくいかもしれません．数と数は音読みと訓読みの違いであって内容の違いではない，というわけではありません．実は数には色々な役割があって，そのうちのあるものに対してだけ数と読んでいるのです．

そうですね．数えるときに考えるものは数と読んでもいいでしょう．そのときに，0を入れるか入れないかということは，ちょっとした立場の問題があって，どちらが正しいとも言いにくいのですが，高校までは数えるときには0を入れない

という約束になっているようです．つまり，鉛筆でも，りんごでも，数を数えるときは 1 から始めるということです．

それ以外の数の役割のときには数とは読まないし，0 は立派な数の仲間だと考えるのが普通です．加減乗除のような演算ができること，長さや面積や体積や重さなどの世の中にあるものの大きさを測るのに使うこと，などの役割をするときです[*3]．

数えるときに使うのは，$1, 2, 3, \ldots$ といつまでも続くけれど，どの数にも次の数が決まっているという性質を持っている「自然数」です．

ある場所から東への距離も西への距離も 1 つの数で表そうと思えば負の数も必要となるから，「整数」というものを考えます．このときなら，元の「ある場所」を表すのに 0 を使うのは自然なことでしょう．

長さを定規で測るとき，測っているものが，定規の目盛にピッタリ合うことは滅多にありません．そうすると，1 目盛の半分とか 3 分の 2 とかを考えたくなりますね．こうして分数が出てきますが，数学の言葉では「有理数」といいます．だけど，実際の長さは，1 目盛の何分の何のところにピタッと合うというようには決まらなくって，でもピタッと合わないものにだって長さはあるんだから，そういうものの長さを表すのが「実数」ということになります．有理数でない実数を「無理数」と言いますが，中学に入ると，$\sqrt{2}$ が無理数であることを習います．$\sqrt{2}$ というのは，1 辺の長さが 1 の正方形の対角線の長さです．

さて，最初，大きい数を書くときに便利だから使うようになったと言いましたが，それは実は数としての 0 ではなくて，数字としての 0 なのですが，そう言ったら混乱してしまいますか？ 0 がどのようにして見つけられ，人の文化の中に息づいていったかを分かりやすく述べた吉田洋一『零の発見』[55] という本があるので，読んでみてください．

作法 加減乗除や大きい数を考えるときに便利だから，というか，一度便利さを知ってしまうと，ないと不便だから，0 を使うのです．

[*3] [19] 第 1 章参照．

▶ 2.6 0で割ってはいけないって，わざわざ言うこと？

> 0で割ったらいけないと習いましたが，どうしてなのかは教えてもらえませんでした．それに，割っちゃいけないのは当り前で，わざわざ言わなきゃいけないことのようにも思えません．　　　　　　　　（小学4年，女子）

回答 0で割るなんて考えることもできないってことでしょうか？　それはもっともですね．多分，割るというのはどういうことかということを，具体的な例で教わっているでしょうね．小学校で計算を教わるときには，何かしらの意味を使っていたでしょう．意味といっても，具体的に目の前に持ってこれるものを使うわけですね．割り算の場合，たとえば2ダースのりんごを6人で分けたらいくつずつですか，とかですね．その意味から言ったら，0で割るなんて考えることもできませんね．

だったら，それでいいのです．0で割れないのは当り前です．

解説 どういう文脈で，0で割ってはいけないということを言われたのでしょう．0で割ってはいけないのは当り前ですね．

しかし，中学に行くと文字式というものを習います．式のままなら，意味を忘れて，形式的に割ることができますが，式の中の文字は数を表しているんだということが出てきます．

文字のままで計算することをして，時々，文字に数を入れて，また逆にどんな数ならその式が成り立つかという数を探せということも考えます．そうすると，分数式があれば，分母が0になってはいけないということが問題になります．

0で割ってはいけないことの理由は，中学に行ってから自分で考えてみましょう．本書では，次節でもう少し考えてみることにします．

ちょっとしたおまけの話をしましょう．一応，中学で文字式を習ったとして，次のように等式の変形をしてみます．第1行は仮定です．後は許されるはずの式変形です．

$$a = b$$
$$a^2 = ab$$

$$a^2 - b^2 = ab - b^2$$
$$(a-b)(a+b) = (a-b)b$$
$$a+b = b$$
$$a = 0$$
$$1 = 0$$

　$1=0$ というありえない等式が得られました．最後は，$a \neq 0$ でないと割ることができないのに，$a=0$ と分かってから a で割っているので，それだけでもインチキな議論だと分かりますが，$1=0$ ということになると，どんな数 x を持ってきて両辺に掛けても $x = x \times 1 = x \times 0 = 0$ となり，すべての数が 0 になってしまいます．$1=0$ であるような数の世界があったとしても，その世界の数は 0 だけということになります．

　さて，どこに間違いがあるか分かりますね．途中までは正しい変形ですが，両辺を $a-b$ で割るところがありますが，最初に $a=b$ と仮定してあるので，$a-b=0$ なのだから，0 で割っていることになります．もちろんその前の式の両辺も 0 だから，ここで $0 \div 0$ をやっています．次の質問を先取りしてしまいますが，そのためどんな数の間の等式も成り立つということになってしまったのです．

　これくらいの式変形なら，割る数が 0 であるかどうかがすぐに分かりますが，複雑なものになるとなかなか分からないことも起こります．だから，割るときには，割る数が 0 になるかどうかを確かめないといけません．

作法 0 で割ってはいけません．分数の分母が 0 になってはいけません．若干の例外は分子も同時に 0 になる時ですが，その時でも，いい時と悪い時があります．今はそれだけ分かっていれば十分だと思います．

▶2.7　0を0で割ると？

> 0を0で割ったらどうなるのかと先生に聞いたら，0になると言われました．何がおかしいのかは分かりませんが，何か変な感じがします．
>
> （小学5年，男子）

回答 いい感性をしてますね．何かおかしい，と感じたら，考えてみましょう．分からなくてもいい．考えることが大切なのです．考えても分からないかもしれません．でも，たとえ分からなくても，考えただけのことはあるのです．

0で割るということの意味をもう一度考えてみましょう．

解説 「0個のりんごを0人で分ける」という問題には意味がないと言い切れますか？　でも，意味があったとしても，少なくとも0個になるとは言えませんね．

0以外の数を0で割ってはいけないのに，0を割るのは良くて，その答が0になるというのは納得できないでしょうね．

では，前節の回答に出てきた，2ダースのりんごを6人で分けるという問題を考えてみましょう．2ダースは24個だから，24を6で割って，$24/6 = 4$となりますが，この4は単なる4個を表すのではなく，4個/人（=24個/6人），つまり，一人当り4個を表しているわけです．一人1個ずつなら，それだけで6個必要で，

$$24 = 6+6+6+6 = 4 \times 6 \Leftrightarrow 24 \div 6 = 4$$

ということになります．つまり，6に何かを掛けて24になるような数を探すということだったわけです．このことを，難しい言い方では，割り算は掛け算の逆演算であると言います．6の倍数

$$1\times 6=6, 2\times 6=12, 3\times 6=18, 4\times 6=24, 5\times 6=30, 6\times 6=36, 7\times 6=48, \ldots$$

を見ていって，24があるかどうかを探すということをしているわけです．そして$4 \times 6 = 24$が見つかったので，答えが4になるということでした．

そこで，0で割るということを考えるなら，0の倍数

$1 \times 0 = 0, 2 \times 0 = 0, 3 \times 0 = 0, 4 \times 0 = 0, 5 \times 0 = 0, 6 \times 0 = 0, 7 \times 0 = 0, \ldots$

を見ていって，その答の中に被除数があるか探そうとしても，全部0になるのだから，0以外の被除数が見つかるわけがないというのが，0で割ってはいけないということの理由だったのです．

しかし，0ならあるじゃないか，と思うかもしれません．そうですね．しかし，そのとき，割った結果を何にすればいいのでしょう．何に0を掛けても0になるのですから，何と答えてもいいということになります．でも，$0 \div 0$ という計算には一通りの答しかない，ということにはなっていないので，計算式にちゃんとした意味があると言うことができないことになりますね．

だから，答えにくいわけです．考えてもいいけど，それだと何を答えとしてもよいことになります．だから，そんなお行儀の悪い計算はしないことにしておきましょう，ということになっているのです．

作法　今は，0で割ってはいけない，と覚えてください．0で割るということに意味がある状況は算数の世界では起こりません．もっと難しい数学の世界に行って，それでも何かしらの環境が整わないと考えることはできないのです．

できるようになるまで，数学の勉強が進むといいですね．

▶2.8　掛け算は足し算より強いの？

> 足し算と掛け算が混ざった式を計算するとき，掛け算のほうを先に計算しろって誰が決めたんですか？　足し算のほうを先にやってもいいんじゃないのかなあ．足し算よりも掛け算のほうが弱いなんて，変な感じ！
>
> (中学1年，女子)

回答　強い弱いではありません．そう決めただけのことです．

決めてさえあれば足し算が先でも構わないけど，足し算が掛け算より先と決めると，かえって面倒なことが増えます．それでも，いつでも足し算が掛け算より先と決まっていたとして絶対にダメなわけではありません．そう決めることにすると，掛け算が足し算より先と決まっているときより多くの規則が必要になりま

す．それと，長い間の慣れというものがありますので，変えるのは大変ですよ．しかもあなただけの慣れではなく，これまでこの規則で慣れてきたすべての人の習慣を変えないといけない．混乱を招くだけで，よいことは 1 つもありません．

それくらい古く，基本的で，重要な取決めなのです．これでは解答ではないと不満かもしれませんね．では．

一言で言えば，掛け算のほうが足し算より分かりにくいからです．分かりにくいものは先に済ましておいたほうが気持ちが楽になるだろうから，そういうことにしておこう，というので納得できますか．間違うことも少なくなりますしね．

足し算の意味は分かりやすい．だから厳密に定義するときも易しいのです．掛け算は，意味を考えると少し難しいですね．小学校では，教えやすい，というか多くの小学生に分かってもらいやすい方法が工夫されていますが，それは教え方の工夫であって，数学的な意味の問題ではありません．数学的には掛け算は足し算が定義されてから，足し算を使って定義するのです．

加減乗除のどれか 1 つを選べばよいというような応用問題（文章題）を低学年で習うことがあります．学習成果というか教授成果を見たいための普通の文章題を出しても，実際の答案には 4 つのうちのどれもが出てくる誤答例が（よく）あるのだそうです．それは文章から式を立てる話ですが，だからこそ，式の計算ははっきりした規則，間違いにくい規則であることが大切なのです．

解説 まず，次の計算問題を考えてみましょう．

(1) $2 + 3 \times 5$

(2) $9 - 6 \div 3 \times 2 + 1$

(3) $12 - 8 - 3$

(4) $16 \div 4 \div 2$

(5) $2 + 3 \times 4 + 1$

どの計算でも，順序が問題になることは分かるでしょう．まず，(1) を考えます．演算は 2 つしかないから，

$$(2+3) \times 5 \quad \text{とするか} \quad 2 + (3 \times 5)$$

とするかしかないですね．もちろん，答が左は 25 で右は 17 と異なるので，どちらでもいいわけではありませんが，どちらにしなければならないという決め手には欠けます．

分配法則をこのままの状態で考えると

$$(2+3) \times 5 = (2 \times 5) + (3 \times 5) \quad \text{と} \quad 2 + (3 \times 5) = (2+3) \times (2+5)$$

となって，左側は成り立つが右側は成り立ちません．右側が成り立たないというのは，そのままの意味で，実際に成り立っていないということです．つまり，右の形の分配法則を考えてはいけません．足し算を先にやってから掛け算をやることは掛け算をやる操作を先にやりたければ分解する必要がありますが，反対の場合にはそうする必要もないし，かえって間違うことになります．この説明で，足し算のほうが掛け算よりも基本的な演算であることが納得できるのなら，それで納得したほうが面倒がないでしょう．それでは納得できないと思う人もいるでしょうから，そういう人のためにもう少し説明しましょう．

四則演算が混ざった計算式の場合，計算の順序に関する取決めをしておく必要があります．それも，できるだけ単純で分かりやすいものでないといけません．「演算は常に前から順に行うが，例外がある．乗法と除法は加法と減法より先におこない，加法と減法は同等で，乗法と除法は同等である」というのがその取決めです．

加法と減法が同等というのは，減法は加法の一種だと考えることによります．つまり，$a - b$ は $a + (-b)$ のことだと考えるのです．これは規則というよりも定義なのです．減法は加法によって定義されると考えます．同じように，$a \div b$ は $a \times \frac{1}{b}$ によって定義されます．ただし，有理数体の中で考えるときはこれでよいのですが，自然数の中だけで考えるときは減法や除法の定義は実は結構面倒なのです．もちろん，自然数の中には $-b$ や $\frac{1}{b}$ がないからなのです．

これをちゃんと考えないと，同等のはずの加法と減法でも順序が問題となります．加法だけ，また乗法だけなら順序が問題にならないのは，結合法則

$$(a+b) + c = a + (b+c), \quad (a \times b) \times c = a \times (b \times c)$$

が成り立っていて，どういう順に計算しても同じ答になるからでした．(3) や

$(3')\quad 23+18-8$ とか $(3'')\quad 16-9+1$

などの場合，もちろん規則の上からは前から順に計算するのですから，

$12-8-3=(12-8)-3=4-3, \quad (23+18)-8=41-8, \quad (16-9)+1=7+1$

とすべきですし，冷静ならばほとんど誰も間違えないでしょうが，ふと魔が差して

$12-(8-3)=12-5, \quad 23+(18-8)=23+10, \quad 16-(9+1)=16-10$

ということをしないものでもありません．実際，そういうことをする人がかなりの割合でいます．こういう間違いは後から気づきにくいですね．実は2つ目はこうしても正しいし，むしろ上手な計算法だというべきです．だから余計に他の2つの間違いは見つかりにくいのです．途中の計算結果が，後者のほうが簡単に得られるので，その計算を先に済ませたくなってしまうという心理が働くのでしょう．

(4)でも本質的に同じですが，実際には，より多くの人が間違うでしょう．老婆心ながら，前から順に計算するのですから，$16\div 4\div 2=(16\div 4)\div 2=4\div 2=2$ とするのであって，$16\div(4\div 2)=16\div 2=8$ としてはいけないのはもちろんですね．（定義に従えば，$16\div 4\div 2=16\times\frac{1}{4}\times\frac{1}{2}$ ですから，この形でなら，順序を気にしなくても間違った答は出てきません．）

そういう間違いをしないようにするには，四則が混ざる計算式には順序を確定するために，すべての括弧を付けるという習慣にしたほうがいいのですが，それはいかにも面倒くさいですね．

計算順序に関する取決めは，できるだけ括弧を使わずに計算順序を確定して間違わないで済ますためのもので，それこそ作法というべきものなのです．

作法 これは1つの作法です．作法を破るということは不可能なことでもなければ，（倫理的に）いけないことでもありません．しかし，作法を守って暮らしている人々の作る社会の中では住みにくいということは覚悟しなければいけません．その住みにくさを甘受しても，それを打ち破って得られるものがあなたにとって大きな意味と利便性を持つなら，そうしてもかまいません．

さらに，あなたが作った新しい作法が社会に受け入れられるということもあるかもしれません．そうなれば，それはある種の革命です．そうなれば，あなたは

時代を先取りする先駆者です．しかし，それは極めて可能性が低いことであり，それを推進しようとすることで社会から糾弾されることもあるでしょう．

その覚悟があれば，掛け算より足し算にすべきだと主張し実行したらよいでしょう．冗談で言っているのではありません．それも1つの生き方だということです．

作法には色々な意味合いと重要さがあります．変えたほうが良いもの，変えて良いものもあれば，変えることが困難なもの，変えることが社会に混乱を引き起こすものもあります．

じっくりと考えてから口にしてください．実は少し怒っているのです．世の中の決まりに逆らいたくなるのは若者の常です．必ずしも悪いことではありません．しかしこの種の決まりには，人類の叡智が詰まっているのです．あなたが想像することもできないほど古くからの，そして多くの人々の，もしかすると実際に血と汗の結晶かもしれません．現代に生きる我々は多くの利便性を享受していますが，それらはすべて先人たちがしてくれたことの上に成り立っているのです．利便性だけを享受し，自分勝手なしかも気分を優先するようなこの種の疑問は，それだけで非常に不愉快です．身を切る覚悟があるのですか？

▶2.9　足し算は合わせること?

　1+1＝2はおかしいと子供が言います．足し算は合わせることだと習ったようなんです．それは正しいと思いますが，そうだとするとおかしいんじゃないかと言います．

　1というのは何かあるものが1つだけあって，他のものがないことですよね．

　たとえば，うちの子どもは一人っ子です．それで，お母さんが僕を見るのとお父さんが僕を見るのと合わせたって僕は一人だというのです．妙な理屈だと思うのですが，1つしかないものを合わせても1つにしかならないというのを反論するうまい言い方が分かりません．

（小学生を子に持つ母親）

回答 $1+1=2$ の前の 1 と後ろの 1 が同じもののときには 2 にならないという考え方だと言っていいでしょうか？ そう解釈するなら確かに成り立たないですね．しかし，$1+1=2$ は成り立っています．だから，その解釈が間違っているわけです．

まず，前の 1 と後ろの 1 は数としては同じものですが，その数が表しているものは違うのです．りんごを 1 つずつ持って，合わせて 2 つというとき，そのりんごは 2 つあり，異なるものです．数 1 で表したとき，それはそのりんごのある特性というか，状態を表しただけのもので，そのりんごそのものを表しているわけではないということです．数として 1 と 1 を足すということはきちんと定義されることで，決して合わせることではありません．それを，個数が表す何かしらのものを持ち寄って，合わせていくつでしょうという形で教えるから，こういう疑問が起こるのです．

解説 これは足し算 $1+1=2$ を教えるときに，例示で教えることから生じる問題です．その例での説明が納得できる人と，関連した別のこと（例）を想起して納得できない人があるということです．

1 とは何かというのも例による解釈だし，「足す」を「合わせる」と言い換えても数学的な意味が変わらないという保証もなく，さらには「合わせる」という意味が確定しているわけでもない．この質問は，一言で言えば，$1+1=2$ という数学的に厳密な結果が，何かを合わせると言い換えても成り立つはずだが，言い換えてみると何かが変だ，といっていることになるのです．

数学的に $1+1=2$ が何を表しているのかということは結構奥が深い問題で，それを一般の人が考えていることとの隔たりについて 1 冊の本[21] を書いています．出来上がってはいるのですが，難しすぎるのでもっと分かりやすくしてくれという出版社からの注文にどう対処したらいいかを考えているという状況です．

つまり，数学的にきちんと述べるにはある程度以上の数学的知識が必要であるのに，この事実は何千年も前から実生活の中で使われてきているので，理由がはっきりしない状態でも使えるようにしていたほうが良い，ということで，適当な例示で納得してもらえればそうしておいたほうが良い，というのが初等教育で採られている方法だということです．

ある例示が納得できなければ，違う例示で納得してもらう工夫をするというの

が，この場合に通常取られている対処法です．その種の納得の仕方は人それぞれによって違うことがあるので，多くの人が納得している方法で納得できない人は苦労することになります．

　お子さんの理屈を式で表せば $1 + 1 = 1$ となり，$1 = 0$ を導いてしまいます．これを成り立たせるような数学世界もないではありませんが，非常に貧しいものになるので，あまり使われないということです．「僕は一人だ」ということは数学とは別の自己主張だと思ってあげるべきなのかもしれません．もしも弟か妹が一人でもあれば，兄弟で二人であるということに異論を持つとは思えません．兄弟の状況を数で表すということは，「僕」も「弟」も同じ一人と思うということであって，だからといって同一人物であるわけではありません．つまり，人数を数えるとき，すでに人格というものは捨象して考えているが，同じであるわけではないということなのです．

作法　知識が積み上がっていないときにあまり理屈を振り回すと理解の妨げになったり，社会への不適応を起こしかねないので，とりあえず，しばらくの間でいいのですが，納得してなくていいから，$1 + 1 = 2$ であることを認めて先に進ませるようにしたほうが良いでしょう．しばらく使っているうちに，$1 + 1$ が 2 でないと困るいろんな事情が体感されてきて，そういう不満は消えていくのではないかと思います．そして，ある程度知識も世界認識も進んだときに，新たな地平で $1 + 1 = 2$ であるということについて考え直してみたらいいのではないでしょうか．

▶2.10　掛け算の順序は？

　娘の小学校では，「子ども 5 人に色紙を 6 枚ずつ配るとき，全部で何枚いりますか？」という問題で，「5×6」と立式するのは誤りで，「6×5」としなければならないと教えています．私にはどちらでもよいと思えます．「5×6」と書いたら×を与えるというのには，どうも納得がいきません．

（小学校 2 年生児の保護者）

回答　立式という言葉が使ってあるところを見ると，ある程度算数の教育に関す

る議論をご存知の方のようにみえます．この問題はいろんなところでいろんな形で問題にされていますが，(1)「6×5」と指導することの是非，(2)「5×6」を間違いとすることの是非，の2つが大きな論点です．

$6 \times 5 = 5 \times 6$ であることを否認するという議論はあまり声高に話されていないと思います．それはもちろん，$6 \times 5 = 5 \times 6$ が正しいからですが，「6×5」と書くように指導することに根拠が無いわけではありません．しかし，「5×6」を間違いとすることには，僕も賛成できません．

何より，どういう状況で×を与えることになるかを考えるとき，賛成はできません．まず児童・生徒の解答に×をつけるという行為は何かしらのテストで起こることですが，それが中学にしろ，高校にしろ，入学試験という状況であったら，この問題に関して×をつけることはないと思います．×をつけられたかどうかを解答者が知ることのないような状況では，×はつけられないといってもよいのです．繰り返しますが，間違ってはいないからです．

×をつけるのは，テストの答案を返し，間違いに気づかせ，今後，間違いを犯さないようにするという目的で行うわけです．また，教室内で解答をさせ，間違いであると指摘するという状況もあるでしょう．それは，「6×5」と書くようにという指導をより徹底させたいという意図なわけです．とすれば，うーん，間違っているわけではないのに間違いだと言われる児童・生徒の気持ちを考えると，やはり賛成しかねるという気持ちになりますね．

教師がクラスをどのように，またどの程度掌握しているかによって，対処法も変わってくるだろうし，変えないといけないでしょうね．

解説 まず，「6×5」と書くようにという指導をする根拠を考えてみましょう．公的なというか普通の説明は，単位当りの量が与えられて何単位でいくつになるかという形のものです．この場合，一人当り6枚で，5人分だから

$$6 枚/人 \times 5 人 = 6 \times 5 枚 = 30 枚$$

とするのだ，というもので，単位を省略して書いているだけであるという説明です．しかし，これでは，6×5 という計算で答えが得られるという説明ではありますが，5×6 ではいけないという理由にはなっていません．

5×6 ではいけないという理由に，これでは一人5枚ずつ6人に配るという意味

になってしまうので，問題文と合わないからダメであるという説明をしている教科書の指導書があります．

しかし，5×6 が一人 5 枚ずつ 6 人に配るという意味になるという必然性はないのです．5 人にまず 1 枚ずつ配れば 5 枚であり，これを各人が 6 枚になるまで配ることにすれば，
$$5 + 5 + 5 + 5 + 5 + 5 = 5 \times 6 = 30$$
となります．単位を付けたければ
$$5 \text{枚}/\text{回} \times 6 \text{回} = 5 \times 6 \text{枚} = 30 \text{枚}$$
とすることもできます．

単位を付けない立式には固定した解釈は結びつきません．単位を付けてこそ解釈が確定するのです．また，前者の解釈であっても，単位をつけるのであれば，むしろ
$$6 \text{枚}/\text{人} \times 5 \text{人} = 30 \text{枚} = 5 \text{人} \times 6 \text{枚}/\text{人}$$
として，何か問題があるようには思えません．

著者には小学生時代にこの積の順序の問題に悩んだ記憶がありません．おそらく，当時は立式の違いを取り立てて咎められることがなかったからではないかとも思いますが，もしかすると，教師の言うとおりを素直に従っていただけだったのかもしれません．中学に入ってからだったか，小学校のうちだったかは定かではありませんが，上のような単位を付けた掛け算を考えることがあるということを知ったとき，積の順序がどちらでもきちんとした解釈ができるということに気がついて，気持ちが幾分か楽になったような記憶があります．後追いの記憶の捏造かもしれませんが，もしかすると，意識の下では立式の標準化に違和感を感じていたのかもしれません．

何にしても，5×6 という立式が間違いであるという根拠はないのです．通常の指導は，何も知らない児童に対して，少なくとも一通りの 6×5 という立式によって答が得られるのだと教えるためのものです．5×6 にしてはいけないとか，6×5 でなければいけないとかいう問題ではなく，むしろ，この問題（つまり，すべての人に同じ枚数という等質性がある場合）では，多くの足し算をしないでも，掛け算を使えば答えが得られるという知識こそが重要なのです．

6×5としても5×6としてもよいと，何の予備知識もない児童に教えると，混乱して知識・技術が定着しない恐れがあるので，まずは一通りの方法で答えに至る道を示そう，というのが算数教育における公的見解であるようです．老婆親切というものです．

　それはそうかもしれませんが，5×6として答を導いたものを間違いだと決めつけて，子供の心を傷つけてもいいという根拠にはなりません．6×5とすると答えが得られるんだよと教えて，皆がその技術を習得してくれればそれでいいのです．なかなか覚えてくれない児童に，何度も繰り返し教えることも結構なことでしょう．最近の子どもたちは素直な子が多いので，大抵のクラスでは，ほとんど問題なくそうすることができるでしょう．そうできるのなら，それはそれでいいのではないでしょうか．

　しかし，5×6として答を導いた児童がでてしまったら，それを間違いだとは言わないほうがいいと思います．間違いだと言われたとき，積という演算を使うことにためらいや嫌悪感を感じないで済むでしょうか．そちらのほうがずっと問題であると思います．老婆親切，大きなお世話というものです．

　5×6とせずに，6×5とするのが日本の算数の作法なんだというのが，どこかしらの公式見解なのかもしれませんが，止めたほうがいいでしょうね．

　また，解釈は

$$6+6+6+6+6=6\times 5, \quad 5+5+5+5+5+5=5\times 6$$

の違いだという前提で議論が進んでいますが，それは自然数の積を累加で定義するからであり，6が5つあるなら6×5で，5が6つあるなら5×6とするのだということらしいのですが，これは日本語という言葉による方言なのです．英語でなら，6が5つあることは five sixes であり，5×6とするのです．だから，累加でも

$$6+6+6+6+6=5\times 6, \quad 5+5+5+5+5=6\times 5$$

とするのです．それも英語方言ではあるのです．歴史的な事情によってそれが国際標準になっています．文化というより言語の違いだけれど，あえて初等教育でどちらも許容するという国もあるようです．

　ともあれそれが国際標準なので，算数ではそうであっても，数学では逆転しま

す．つまり，中学では逆転するのです．正比例を式で表すとき $y = ax$ と書きます．単位当りいくつというのが比例定数であって，この場合 a であるという解釈をするのなら算数と同じような感じがするかもしれません．しかし，$y = ax$ と書くとき x と y は等質な量であり単位を持ちうるが，a はむしろ単位を持たない数であると考えるのです．

　自然数の積は累加で定義されますが，単位がつくと積はむしろ違う単位の量を与えるものになる．つまり，次元というか世界の異なるものへの橋渡しになるのです．長さと長さをかけると面積となり，長さと面積とかけると体積になります．そのときには，交換可能なものもあれば，交換すると違うものになることもあります．場合に応じた真実を見極めることが大切なのです．

作法　立っている人が歩き出すとき右足から前に出すか，左足から先に出すか，どちらでもいいことですが，人によっては習慣からか体のねじれからか，どちらかに決まっていることがあります．それは1つの作法です．しかし，運動会の行進ということになれば，どちらを先にするかを決めておかないといけません．決めておかないと，ばらばらで見た目が美しくありません．そう，この種の作法はその程度のことなのです．しかし，やはり決めておいたほうが美しい行進になります．ビシッと揃った行進が気持ちいいと思うか，ばらばらだけどイキイキとした行進が元気でいいと思うか．どちらを選ぶべきかは，何を大切と考えるかによって決まります．

　大切なのはむしろ，そういう価値観の違いを認め合うことかもしれません．

　数学としての掛け算の交換法則は自明なものとして，立式だけが問題になっていますが，掛け算の交換法則それ自身が自明なわけではありません．E. ランダウ『数の体系—解析の基礎』[56] には数に関する基礎的な厳密な数学が展開されていますが，その序文でランダウは，自分の娘が大学で学んでいるのに $ab = ba$ がなぜ成り立つのか分かっていないと嘆いています．

　また，足し算の交換法則 $a + b = b + a$ も自明なわけではありません．厳密に証明しようと思えば相当大変なことですし，立式についても同じような問題点もないではないのですが，$a + b = b + a$ という事実があまりにも周知なので議論をしないという，それこそ大人の知恵というものなのです．だったら，....と思わないではないのですが，そこは程度問題なのですね．程度をどのあたりに置くか，そ

れが作法というものではあるのです．

▶2.11 数が出てこなくても算数なんですか？

> 算数の教科書に何ページも数が出てこないことがあるけど，あれもやっぱり算数なんでしょうか？　　　　　　　　　　　　　　（小学5年，男子）

回答 算数というと数を算する，つまり数の計算のことだと思うのでしょうね．それはそれで間違っているわけではないのですが，君たちが知っている算数というのは日本の小学校における教科の名前で，時代によって少しずつ内容が変わることがあります．2011年度からの指導要領では，「数」，「計算」，「図形」，「量」，「関数・統計」という学習内容を持つ教科という意味で使っているので，数が出てこない「図形」のページがたくさんあるということもあるというわけです．

　算数という言葉が最初に現れるのは，古代中国の前漢（紀元前206年〜紀元8年）についての歴史書である『漢書』の律暦志というのが通説でしたが，1983年に発掘調査された前漢時代の墓から『算数書』と題された書物が見つかっています．加減乗の計算法とその応用が主な内容なので，もともと算数はそういうものだったわけです．

　ちなみに割り算はかなり高度で，豊臣秀吉に仕えたことがある毛利重能（しげよし）という人が京都で，「割算の天下一」という看板を掲げた塾を開き，『割算書』という本を出版しているくらいです．

解説 学問分野としてはむしろ算術という言葉を使い，そういう場合は図形や統計とは関係のないものということです．自然数や整数，せいぜい有理数（整数の分数）までの数に関する学問ということですね．小学校で習うことよりもずっと難しいことも算術にはあって，今は大学の講義ではあまりしっかりとは勉強しないけれど，まだまだ分かっていないことがたくさんある，数学の中でも難しい方の分野です．昔から人になじみの深い分野なので，分かることは簡単に分かるようになっているけれど，分からないことは何百年も数学の専門家が研究しても分からないということがあるということです．

たとえば，2より大きい偶数は2つの素数の和で表すことができるかという問題があります．これは「ゴールドバッハ予想」と呼ばれていて，もう250年以上も未解決な問題として有名なのです．簡単そうに思えますが，偶数は無限個あるので，順に試していくだけでは証明したことにならないということが問題なのです．実際，すでに 4×10^{18} までの偶数に対しては成り立つことが知られていますが，それでもすべてということができていないというわけです．

作法 小学生の君は今の算数の教科書に書いてあることや，昔の算数や算術の教科書に書いてあることは算数なんだと思っていればいいと思います．算数の内容とは関係のないことが気になるといって，中身の勉強をしないで済ます言い訳にはしないでください．内容で気になることがあれば，まず自分で考え，分からなければ友達や先生に訊いてみるのもいいでしょう．それでも納得できないことがあったら，もう一度自分で考えてください．そこまですれば，こういう質問ができる君なら，きっと自分で解決することができるでしょう．

▶ 2.12 ＝って，等しいことですよね

　＝は等号と言って，両辺が等しいことを表すって，お兄ちゃんの教科書に書いてあって，訊いてもいないのにお兄ちゃんが，等号でもっとも大切な性質は推移律と言って「$a = b, b = c \Rightarrow a = c$」となることだと教えてくれました．

　小学校でも算数では＝は等しいことで，たとえば天秤量りで釣り合ってることを表していると習っています．A と B が釣り合ってて，A の代わりに C を載せたときに，B と C が釣り合ったら，それ以上調べなくても，A と C が釣り合うはずだということですよね．それは当り前なんだけど，でもそうだとすると変なことが起こるんです．

　割り算をしますよね．たとえば，$5 \div 4 = 1 \ldots 1$ で $7 \div 6 = 1 \ldots 1$ でもあるから，$5 \div 4 = 7 \div 6$ となるんですよね．割り算は分数で表すこともできるんだから，$\frac{5}{4} = \frac{7}{6}$ となる．だけど，通分すると，$\frac{5}{4} = \frac{15}{12}, \frac{7}{6} = \frac{14}{12}$ となるから，等しくはないですよね．

> 何がいけないんでしょうか？ 割り算が分数で表せるのがおかしいのかな．分数の計算でも推移律は成り立つと思うんだけど，どこがおかしいんでしょうか？
> (小学4年，男子)

回答 面白いことを見つけましたね．一言で言うと，整数の割り算で $5 \div 4 = 1 \ldots 1$ のようにするのは等号の正しい使い方ではないからです．等号とは左右に置かれるものが等しいことを表すものですが，この場合，左右にあるものはまったく異なるものです．この場合，右側には，左側にある整数の割り算の結果の整数部分を先に書き，その後 $\ldots$ を置いた後で余りが書いてあります．

割り算が分数で表せるということは正しいから，分数で割り算の結果を表すなら，

$$\frac{5}{4} = 1 + \frac{1}{4} \quad \Leftrightarrow \quad 5 = 4 \times 1 + 1$$

となります．この場合には $=$ は正しい使い方をされ，左右にある数が等しいことを表しています．もちろん，推移律も成り立ちますよ[*4]．もう一つの方も

$$\frac{7}{6} = 1 + \frac{1}{6} \quad \Leftrightarrow \quad 7 = 6 \times 1 + 1$$

となるので，$\frac{5}{4} \neq \frac{7}{6}$ となって，問題は起こりません．余りを書く書き方では同じ 1 にみえるけれど，本当は $\frac{1}{4} \neq \frac{1}{6}$ であって，除数の違いがはっきり見えないことから混乱が起きたわけです．

解説 何度も言うようですが，等号とは等しいもの同士を結ぶものです．たとえば，$1+2=3$, $2 \times 3 = 6$ という等式でも，実は $3=3$, $6=6$ という当り前のことを表しているだけなのです．

多くの人は，$1+2$ と 2×3 が問題で，3 と 6 がその答であると思っているでしょうが，それは $1+2=3$, $2 \times 3 = 6$ という式そのものの意味ではありません．もちろん，そう解釈することもできるし，そう考えることで指導上，不確定なことを起こさないで済むので（それも，そう考えるという慣習が根付いているおかげ

[*4] 大学で整数に関する数学を学ぶときは右側の書き方をすることが多いですね．大学入試で整数に関する問題が出たときも，右側の書き方をしないと正しい解答に向かった議論にならない可能性があります．

で)，小学校ではそう教えているのです．つまり，$1+2=3, 2\times 3=6$ は 1 に 2 を足す，2 に 3 を掛けるという計算式ではあるのですが，等式の中にあるときは計算式そのものではなくその計算を行った結果だと考えているのです．だからこそ，$3=3, 6=6$ が成り立つように，$1+2=3, 2\times 3=6$ が成り立つと考える（べきな）のです．

そして，問題と答というように考えるのが当り前になっているので，$4\div 3=1\dots 1$ という書き方をしても不自然に感じなくなっているのです．余りがなければ，つまり，整数として割り切れれば，$6\div 3=2$ というように，左辺は 6 を 3 で割った結果だから，$2=2$ を表しているので問題はないのです．しかし，$4\div 3$ は $1\dots 1$ というような 2 つの数の組合せなどではなく，$\frac{4}{3}$ の整数部分である 1 と，計算のプロセスで処理できなかった部分を何処かに残しておかなければいけないからと，1 を書き添えたものに過ぎないのです．だから，$4\div 3$ と割った答の数としては同じはずの計算で，

$$4\div 3=1\dots 1, 8\div 6=1\dots 2, 12\div 9=1\dots 3, 16\div 12=1\dots 4, \dots$$

ということが起きるのです．推移律がこの場合にも成り立つのなら（左辺の方はすべては等しいのだから），$1=2=3=4=\cdots$ というとんでもない等式が成り立ってしまいます．

また，$1+2$ と 2×3 が計算式そのものを表しているということであれば，たとえば $2+3$ は $1+4$ とは違うもの（式）だし，4×6 は 8×3 とは違うということになります．それを $2+3=1+4$ や $4\times 6=8\times 3$ と書くのは，あくまで計算結果が等しいからなのです．

計算が複雑になって，たとえば

$$(2+3)\times 5=2\times 5+3\times 5$$

と書くのでも，結果として $25=25$ になるからなのですが，では，計算結果を知らないとこういう式変形ができないのかと言えば，それは許されるのです．しかし，それは，すべての a,b,c（まずはすべての自然数 a,b,c）に対して

$$(a+b)c=ac+bc$$

の両辺が同じ値になることを，別途，証明することができるからなのです．そう

いうことを厳密に証明するには，たとえばランダウ『数の体系—解析の基礎』[56]のような本が必要となるのですが，初等・中等教育の間は，多くの例示によって，成り立つことを納得させて済ませているのです．

それでは簡単な等式しか示せないではないかと思うかもしれませんが，たとえば，

$$a = b \Rightarrow a \pm c = b \pm c,\ ac = bc,\ \frac{a}{d} = \frac{b}{d}\ (d \neq 0)$$

を厳密に証明しておけば，（あとは推移律を使って）成り立つべきほとんどの等式を示すことができます．

作法 中学や高校になると文字式が出てきて，等式の持つ意味が広がっていきますが，等号はあくまで等しいものを結ぶものなのです．

x, y にどんな値を入れても成り立つ $(x+y)^2 = x^2 + 2xy + y^2$ のような**恒等式**や，等式がある特定の値 x に対して成り立つとして，その値 x を求める**方程式**があります．また，円の方程式 $(x^2 + y^2 = 1)$ のように，等式が成り立つような x, y の値を座標に持つ平面の点から作られる図形を表すこともします．

これらは等式自身が多様な意味を持つようになったというより，等式を利用して多様なことを表すようになった（応用の広がり）と考えたほうが良いでしょう．

▶2.13 等式を足したり引いたりしてもいいけど，掛けてもいいの？

　等式は天秤量りで釣り合ってることを表しているから，両方に同じ重さのものを載せてもおろしても釣り合ったままだから，$x = y$ であれば $x + a = y + a$ や $x - b = y - b$ や $x \times c = y \times c$ が成り立つと習いました．

　そのあとで，$x = y, a = b$ ならば $x + a = y + b$ や $x \times a = y \times b$ も成り立つということで，それもそうだろうなあと思いました．そういうことが起こる場合を考えてみました．

　親の象と子供の象を，大きな天秤で比べることにしました．本当はどんな重さか分からないけど，親が2トンで，4頭の子象が500キログラムとしました．すると，$2t = 4 \times 500\text{kg} = 2000\text{kg}$ となります．

　同じ体重の象の家族がもう1組やってきて秤に乗ると，$2t + 2t =$

2000kg + 2000kg ということで，4t = 4000kg となりますね．足し算が面倒臭ければ，$2 \times 2t = 2 \times 2000$kg とできます．習ったことと合ってて，とてもいい感じですよね．

　2t = 2000kg と 2 = 2 から等式の両辺を掛けるのと同じだから，掛けてもいいんですよね．そう習ったし．

　でもそこでね，$x = a, y = b$ だっていいわけだから，2t = 2000kg と 2t = 2000kg をかけるとね，$2 \times 2t = 2000 \times 2000$kg となっちゃいます．でもそれだと，4t = 4000000kg で，1t = 1000000kg になってしまう．これは変です．だから，どこかが間違ってるんだけど，どこだか分かりません．

(小学6年，女子)

回答 どこも間違ってないように見えるのに間違っている，ということですね．一言で言えば，数学で正しいと言ってることは正しいのですが，小学校ではそれが成り立つことを具体的な例で成り立つことをいくつか積み重ねて納得してもらうということになっていることが原因です．しかし，よくこんなことを思いつきましたね．

　さて，成り立っていることを確認しておきましょう．$x = y$ かつ $a = b$ ならば，$x \pm a = y \pm b$, $x \times a = y \times b$ となるし，また，$a = b \neq 0$ であれば $\frac{x}{a} = \frac{y}{b}$ にもなります．

　それらは数の計算として成り立つことです．数と量とは違うのです．量はこの世界にあるいろいろなものの大きさをそのものの基準の大きさと比べた比の値を，基準の値である単位につけて表すのです．比の値が数で表されているわけです．だから，トン (t) とキログラム (kg) は別の単位で，その関係が 1t = 1000kg と表されているわけです．だから，2t = 2000kg と 2t = 2000kg をかけると，$2 \times 2t^2 = 2000 \times 2000$kg^2 だから，$4t^2 = 4000000$kg^2 となるのです．

　重さの単位の2乗というのが何なのか分からないのでそのまま t と kg を使ったのでしょうね．そこがいけなかったわけです．

　重さでなく長さなら，2m = 200cm で，2乗したら，$4m^2 = 40000$cm^2 となって，今度の m^2 と cm^2 は面積の単位になっていて，この等式は成り立ちます．単

位の呼び方もちゃんとあって,「平方メートル」や「平方センチメートル」と言います.もう1つ長さを掛けると,今度は体積の単位になり,「立方メートル」や「立方センチメートル」となります.

重さの2乗が意味のある単位ならそのまま計算すればよかったのですが,意味のある単位には見えなかったので,そのまま前の単位を使って書いてしまったのでしょう.単位のことを考えずに,ただ掛けることがいけなかったのです.

解説 いけないと言われても納得できないかもしれませんね.単位というのは答につける飾りのようなもので,それ自身が意味のある量だとは思えないでしょう.単位というものの意味をもう少し考えてみましょう.

あるものの重さが1kgであるというのは,それを天秤の片側に載せて,反対側に1kgの錘(おもり)を載せたら釣り合うということですね.

1kgの錘というものが信用できるかという問題もありますが,一応キログラム原器というものがあります.1889年の第1回国際度量衡総会で,形と素材が定まったものが作られ,その複製が主要国に送られて,日本にも1890年に来ています.現在はつくば市にある産業技術総合研究所に保管されています.表面に空気中の物質がくっつくなどのことがあって少しずつ重さが変わるので,40年ごとに国際キログラム原器と比較されるということですが,1年で1マイクログラム程度のようです.(ちなみに,マイクログラムはミリグラムの1000分の1で,グラムの1000000分の1の単位です.)現在では物質の変化によらないものとして,プランク定数と呼ばれる物理定数によるものが提案されているようですが,普通の計測では気にするまでもないほど小さい誤差なわけです.この原器の重さをSと書くことにしましょう.

だから,Xというものの重さが$x$kgであるということを,$X = x$kgと書きますが,それは$X : S = x : 1$ということにほかなりません.つまり,$X = xS$ということですね.

だから,別のものYが$y$kgなら,$Y = yS$ということで,これを足せば$X + Y = xS + yS = (x+y)S$となります.一方をトンで表すというなら,トンの原器というべき錘があって,その重さをTで表すなら,$T = 1000S$という関係で結ばれています.xTとなれば,それをxt(xトン)と書き,ySとなればそれを$y$kg(yキログラム)と書くのです.計算をするときにはS, Tを使って行い,最

終的に xT となったら xt, yS となったら $y$kg と書けばいいのですね．たとえば 3t246kg なら $3T+246S$ として計算すればよいので，計算するときは混ざってもいいわけです．

だから，象の親が P で子象が C だとすると，$P=2T$, $C=500S$ で，もう1組の家族が来たときに $2T+4\times500S$ が増えるわけで，親は2頭で $2T+2T=4T$, 子象は8頭で $4\times500S+4\times500S=8\times500S=4000S$ となりますが，$T=1000S$ という関係が成り立つので，そのまま釣り合って，$4T=4000S$ となっているだけですね．

さて，こういうことが自由にできるのは加減だけで，それは $(xT+yS)+(x'T+y'S)=(x+y)T+(x'+y')S$ となっているからですね．さて，掛け算ですが，2倍や3倍といったものは，$x+x=2x$, $y+y+y=3y$ などとなって，理屈は加減と同じことります．$P=4C$ が $4\times C=4\times500S=2000S=2T$ と表されるということです．

さて，掛けたらどうなるかという問題ですが，実際に掛けてみましょう．$2T\times2T=2000S\times2000S$ ですね．これを $4T=4000000S$ としたから，$T=1000S$ と矛盾するというわけですね．単位というわけの分からないものを2乗するのは不安かもしれませんが，今の場合は数である S や T を扱っているのだから，遠慮なく $4T^2=4000000S^2$ とすればいいわけです．しかし，T^2 が何を意味しているかはこのままでは分かりません．だからいけないわけです．

長さなら長さで長さの基準があって，メートル原器というものがあります．その長さを L とすれば，L^2 は面積の基準になるし，L^3 は体積の基準になります．これらの場合はたとえば，L がメートルを表し，C がセンチメートルを表せば，$L=100C$ という関係にある，つまり，1メートルを1センチごとに刻めば100個に分かれるわけです．1メートル四方の正方形の面積は $1L^2$，つまり1平方メートルになりますが，各辺を100等分して，平行に切り離せば $100\times100=10000$ もの小正方形が得られます．そういうことが感覚的に分かっているから，単位の2乗を新しい単位として認めることが難しくないわけです．

そういうことができない場合には，むやみに掛けたらいけないということですね．

作法 加減乗除の演算は数に対して行うことで，むやみに量に対して行ってはいけません．量に対して行いたければ，掛けて得られる量が何の大きさを表すのか

ということをはっきり理解している必要があります．

もちろん，物理などの学問では，量の計算を行います．その都度，どういう物理量を考えるのかをきちんと定義しているのです．検算をするときなど，次元計算といって，単位が合っているかだけを行うこともあるくらいです．

▶2.14　1を3で割ると，3がいつまでも続く？

子供の頃，1を3で割ると $\frac{1}{3} = 0.33333333\ldots$ となると習ったし，それ自体は分かる気がするのですが，そうすると，これを3倍して $1 = \frac{3}{3} = 0.999999999\ldots$ となりますね．これが納得できません．

何かの本で，右のものを x とおいて，10倍すると $10x = 9.99999999\ldots = 9 + 0.999999999\ldots = 9 + x$ となるので，$(10-1)x = 9x = 9$ となるから $x = 1$ である，と書いてあるのを見ました．何だか騙されたような気がしてなりません．

算数だけ使って理解できないものでしょうか．　　　　　　　　　（熟年，男性）

回答　よく $0.999999999\ldots = 1$ が問題になっているようです．1については問題はないでしょう．すると，$0.999999999\ldots$ とは何かということか，それがなぜ1に等しいのかということが問題なのでしょう．

$0.999999999\ldots$ とは何かということについてですが，それは $\frac{1}{3} = 0.33333333\ldots$ の右辺が何かということと同じことなのですが，それは分かる気がすると思っているのですね．

そこが実は問題なのです．前の質問でも答えたように，等式は等号の左辺と右辺が等しいということを表しているわけです．とすれば，$0.33333333\ldots$ が数であるということになりますが，それでは数としての $0.33333333\ldots$ が何かという問題になります．そのことは，$0.999999999\ldots$ を数として理解することと同じになるわけです．それを理解した上で，1という数と $0.999999999\ldots$ という数が等しいのかどうかということを考えることになります．

そのことについては少し数学的な議論が必要なので，第3章で似た質問に答え

る形で改めてお話ししましょう．

解説 小学校で学ぶ知識で $1 = 0.999999999\ldots$ であることを説明するのは難しいですが，まあやってみましょう．使えることは割り算の筆算のやり方，整数の割り算，10進小数の仕組みくらいですね．

まず，$\frac{1}{3} = 0.33333333\ldots$ は分かる気がするということですが，$0.33333333\ldots$ が何かという意識はあまりないようです．＝ が等号として考えられておらず，問題と答とを結ぶものという気分の延長線上にあるような気がします．つまり，1を3で割ったら，$0.33333333\ldots$ と答えるしかないだろう，という気分ですね．そのように分かった気分になっている，ということでしょうか．

それでは，その答はどのようにして求めていくかを考えましょう．たとえば，小数点以下6桁の精度で答を求めるときは，

$$1 \div 3 = 0.333333\ldots 0.000001 \Leftrightarrow \begin{array}{rl} 1 &= 3 \times 0.333333 + 0.000001 \\ (&= 0.999999 + 0.000001) \end{array}$$

となります．実際には，次のように筆算を行うことになります．

```
      0. 3 3 3 3 3 3
   3) 1. 0
         9
         1 0
           9
           1 0
             9
             1 0
               9
               1 0
                 9
                 1 0
                   9
                   1 0
```

となって，いつまでも終わらないし，余りがいつでも同じになるので，答にも3がいつまでも続くことになる．1段ごとの筆算は次のように進んでいきます．

$$1 = 3 \times 0.3 + 0.1 \quad \Leftrightarrow \quad \frac{1}{3} = 0.3 + \frac{0.1}{3}$$

$$1 = 3 \times 0.33 + 0.01 \quad \Leftrightarrow \quad \frac{1}{3} = 0.33 + \frac{0.01}{3}$$

$$1 = 3 \times 0.333 + 0.001 \quad \Leftrightarrow \quad \frac{1}{3} = 0.333 + \frac{0.001}{3}$$

$$1 = 3 \times 0.3333 + 0.0001 \quad \Leftrightarrow \quad \frac{1}{3} = 0.3333 + \frac{0.0001}{3}$$

$$1 = 3 \times 0.33333 + 0.00001 \quad \Leftrightarrow \quad \frac{1}{3} = 0.33333 + \frac{0.00001}{3}$$

$$1 = 3 \times 0.333333 + 0.000001 \quad \Leftrightarrow \quad \frac{1}{3} = 0.333333 + \frac{0.000001}{3}$$

これは6回だけではなく，いつまでも（任意有限回）行うことができ，r 回行えば

$$\frac{1}{3} = 0.\underbrace{333\ldots333}_{r} + \frac{0.\overbrace{000\ldots00}^{r-1}1}{3}$$

となります．これがおそらく $\frac{1}{3} = 0.33333333\ldots$ は分かるという意味なのでしょう．右辺の $\dfrac{0.\overbrace{000\ldots00}^{r-1}1}{3}$ は r が大きくなると限りなく小さくなり，だんだんと0に近づいていきます．精度は好きなだけ上げることができ，上げるたびに3が後ろについていき，ついたものと $\frac{1}{3}$ との差は，1段階ごとに10分の1になっていき，限りなく小さくなる，ということです．

そしてこれが分かるのなら，それを3倍した

$$1 = \frac{3}{3} = 0.\underbrace{999\ldots999}_{r} + 0.\overbrace{000\ldots00}^{r-1}1$$

も分かることになりませんか．もちろん，ここに書かれている式は有限小数を扱っているのであって，気持ちが悪いのは $0.999999999\ldots$ と無限に続くもののことだということなのでしょうから，これでは納得できないと言われるかもしれません．

$0.333333\ldots$ でも3が無限に続くのは同じで気持ちは良くないはずですが，それでも大丈夫だという気持ちにさせるのは左辺に $\frac{1}{3}$ があるからでしょう．$\frac{1}{3}$ という数は確かにありますね．たとえば，任意の長さの線分を厳密に $\frac{1}{3}$ の長さにする

ことは，厳密な幾何学の技法を使えばできるのです．だから，無限に3が続いても，続いた先には $\frac{1}{3}$ という数があるという安心感があるのでしょう．

$\frac{1}{3}$ に等しい何かある数？ $\frac{1}{3}$ に等しいのに，何かあるというのは変ですね．等号は左右の数が等しいことを意味しているだけであって，左にある数が右側の数の存在を保証してくれるわけではありません．つまり，右側の $0.333333\ldots$ が何かある数を表すということが最大の問題なのです．

では，$0.999999999\ldots$ の場合はどうなのでしょう．$1 = 0.999999999\ldots$ という左にある等号が右辺の $0.999999999\ldots$ という数の存在を保証してくれるという気分になりくいのです．1があまりにも分かりきった数なので，かえって $0.999999999\ldots$ という不安定な表示の数に等しいとは思いにくいわけです．

$\frac{1}{3} = 0.33333333\ldots$ が，割り算の筆算を実行することによって右側の3が無限に続く表示を認めようという気になれるとしたら，その筆算を次のように書きなおして

```
       0. 9 9 9 9 9 9
   3 ) 3. 0
       2. 7
          3 0
          2 7
            3 0
            2 7
              3 0
              2 7
                3 0
                2 7
                  3 0
                  2 7
                    3 0
```

とすることができます．

整数の割り算では，一般に $n \div m = p \ldots q$ は

$$n = m \times p + q \quad (0 \leq q < m)$$

とすれば，一意的な表示になるのですが，たとえば，$n = m \times p$ のときに $n = m \times (p-1) + m$ と書いたとしても，割り算の表示としては一意的ではなくなるけれど，等式自体は正しいのだから，

$$3 = 3 \times 1 = 3 \times 0.9 + 0.3 = 3 \times 0.99 + 0.03 = 3 \times 0.999 + 0.003 = \ldots$$

としても等式は成立するわけで，上の筆算はこのことを表していたことになります．$0.999999999\ldots$ が何かある数を表すことさえ納得できれば，$1 = 0.999999999\ldots$ は小数表示の表示の仕方の違いにすぎないことになります．

　小数表示は，どこかから無限に 9 が続く表示を行わないことにすると一意的です．そうなる場合には，その 1 つ前の数字に 1 を足して，9 があったところを 0 に変えても同じ数を表すことになります．それが有限小数だったのです．つまり，有限小数には異なる表示があるが，それ以外の数の小数表示は一意的だということです．

作法　$1 = 0.999999999\ldots$ は納得しにくいかもしれませんが，それを保証する厳密な数学の理論があります．それを勉強するのは普通は，大学に入って微積分を学ぶときになります．それまでは，気分が良くないけど，どうやら成り立つらしいということで納得しておいてください．どうしても納得できなければ，ある程度しっかりと書かれた大学の微積分の教科書か，岩波文庫にある R. デデキント『数について』[39] を読んでみてください．難しくて，多分すぐには分からないと思いますが，何度か繰り返すうちに分かるようになるかもしれないし，また分かるようにならなくても，一旦やめて 1 年か 2 年経った頃に挑戦すると良いでしょう．まったく分からない本が，時が経つと共に少しずつ分かるようになるというのも，なかなか良いものですよ．

　$1 = 0.999999999\ldots$ を理解するために大学で微積分の勉強をするんだ，というのが大学に対するささやかながら夢の 1 つになってくれれば，とても嬉しいですね．

▶2.15　約分したら変わらないの？

> 約分って，何をしてるのかが分からない．あれって，違う形の分数が同じってことを決めてるんだよね．
> 　　　　　　　　　　　　　　　　　　　　　　　　（小学 4 年，男子）

回答　ムムッ，おぬしできるな，というところですね．小学生で，分数をこういう形に理解している人は多くないでしょう．分数とはその形そのものであり，違

う形のものは違うものであるということで，その違うものが等しいということは，何かしら別の基準というか，別の根拠があって等しいと認定するという作業が隠れているということです．それらを暗黙の了解事項として教科書は進んでいくから，それで納得できる人はそれでもいいけれど，納得できない人は悩むことになる．悩んだときに先生に訊いたらちゃんとした答が帰ってくるといいのですが，それをどの先生にも期待するのは難しいことかもしれません．

きちんと理解するためには数の理論をきちんと学んでおく必要があるのですが，それを理解していなくても先生にはなれてしまうのです．それでも，なってから，分からないことができたら，学び直すことをすればいいのですが，先生は忙しくて時間と余裕がないというのが現状なのです．

それはともかく，疑問を感じたら考えたらいいのです．すぐには分からないでしょうが，考えることが大切なのです．このまま終わってしまっては，年少時の単なる疑問となるのですが，この疑問を中学生まで持ち続けて自分で解決できれば，高校生になってからでもいいですが，そうできるなら，どんな分野であれ，きっと優秀な研究者になれるでしょう．せっかく疑問に思ったのだから，考えてみてください．

解説 君に分かるように説明できるかどうか分からないけど，やってみましょう．

そもそも，約分が分からないということの根底には分数が分かっていないということがあります．初めて分数が教科書に出てくるのは小学校 2 年のときで，たとえば，$\frac{2}{3}$ なら，「3 つに分けた 2 つ」という言い方をします．「3 分の 2」という分数の読み方はこの意識を引きずっているのです [*5]．つまり，読み方が定まるくらいは昔からなのだから，かなり古くからこういう風に考えられてきたのですね．だから，これで分かるのならよいというか，これで分かる場合はそれでもよいのです．

しかし，実はこういう言い方をしたときには暗黙の仮定というか，想定されている状況というものがあります．つまり，「3 分の 2」というとき，「何の」という

[*5] その点，英語ではさっぱりしたもので，two over three と読みます．3 という数字の上に 2 という数字があるという，見た目を表現しただけの読み方だから，意味は別に教えないといけません．「3 分の 2」という読み方をすると，改めて意味を教えなくてもなんとなく分かったような気になる．そこが，良い点でもまた悪い点でもあるということです．英語でも日常的には two thirds という言い方が一般的です．third が 3 分の 1 を意味し，それが 2 つあるということです．3 分の 2 という言い方に似ていますが，third という量が確定しているという気分が少し違います．

ものがあらかじめ設定されているはずで，そうでないと意味を成さないのです．もちろん，「3つに分ける」といっても，単に3つの部分に分ければいいというものではなく，「3等分」しないといけない．つまり，3つの等しい部分に分けないといけないのです．等分するというのはやさしいことではありません．「3つに分ける」というとき，何を分けるのかによって分ける手続きというか方法は違うでしょうし，さらには「3つに分ける」ことができないようなものかもしれません．

　たとえば，1ダースの3分の2は，1ダースを3等分すれば4個であり，それが2つ分あれば，その2倍の8個です．これは1ダースが12個であり，12が3の倍数だから良かったのですが，3の倍数でないものの「3分の2」はどうしたらいいのでしょう．

　数というものは，同等なものがいくつあるかを数えるときに使うことが基本で，そうでないものに使うときには何らかの解釈が必要となります．実はそういう場合にも，1という単位に対しての比という意味合いで理解することができ，それが掛け算ができることの根底にあります．3等分するということは，ある別の単位がとれて，それを3倍すると，つまり，それと同等なものを3つ足すと元のものになることであって，「3分の1」という新しい単位を取ることができることを意味しています．

　だから，分割できないものに対しては「p分のq」といった操作はできないわけで，自然数には割り切れないということがあることになります．しかし，長さや面積や重さなどでは，実際には厳密に「p等分」することができなくても近似的には可能だし，仮想的には可能であり，可能であるとして扱った方がはるかに便利です．その仮想的な状況を厳密に取り扱うのが算術 (arithmetic) です．長さについて言えばユークリッドの『原論』にはどんな長さの線分に対しても，厳密に「p分の1」の長さの線分を作る方法があります．さらに，長さについて自在なら，竿天秤のようなものを使えば，重さについても「p分の1」を厳密に量ることができます．もちろん「p分のq」も厳密に定めることができます．

　これまでの議論が比の議論であることは分かるでしょうが，比はつねに2つのものの大きさを比較することで成り立っています．比が分数だと理解すれば，約分は明らかなことになります．$\dfrac{2}{3}$ と $\dfrac{6}{9}$ が等しいというのは，比例式 $2:3=6:9$ を言い換えただけですし，「3つに分けた2つ分」と「9つに分けた6つ分」が同じであるというのも納得しやすいでしょう．

しかし，比のままでは足したり引いたりといった演算もできないし，大小の比較もできません．

それをできるようにするためには，比を数として理解する必要があります．古代からこの問題は意識されていて，スローガン的に言えば，「比と比の値」ということになります．比を1つの数として理解するための方法だと言ってよいでしょう．$2:3 = 4:6 = 6:9 = 8:12 = 10:15 = \cdots$ などという等しい比を1つの数として表すには，

$$2:3 = 4:6 = 6:9 = 8:12 = 10:15 = \cdots = x:1$$

を満たす x を考えればよいのです．この x が何かを知らないときに，こういう x を想定することはやさしいことではありません．今は $\frac{2}{3}$ と表し方を知っているので何でもないことのように思えるでしょうが，そういう記号もなければ概念もなかったときにどうすることができたでしょうか．上の式も2と3に同じ数を掛けて得られるので$2:3$を介してすべての比が同じだと理解することは易しいのですが，この列の中の任意の2つが等しいこと，たとえば，$6:9 = 10:15$ が一目で分かるには，ある程度は算数に慣れていないといけないかもしれません．

$p:q = r:s$ であるのは，a,b,m,n があって，$p = am, q = bm, r = an, s = bn$ であるときと定義されます．今の場合なら，$p = 6, q = 9, r = 10, s = 15$ が与えられたとき，$a = 2, b = 3$ を見つけてきて，$m = 3, n = 5$ とおけば，$p = 2 \times 3, q = 3 \times 3, r = 2 \times 5, s = 3 \times 5$ となっているから等しいわけです．もちろん，$m = 1, n = 3$ とすれば，$2:3 = 6:9$ となり，比の等号にも推移律が成り立つことが納得できるでしょう．

この定義ですと，p, q, r, s が大きな数であるときには a, b を見つけることが難しいけれど，実は a, b が見つからなくても等しいことを確かめることができます．内項の積と外項の積を考えるのです．$p:q = r:s$ という比例式の場合，式の内側にある q と r を内項と言い，外側の p と s を外項と言います．$p:q = r:s$ であれば，内項の積は $qr = (bm)(an) = abmn$ であり，外項の積は $ps = (am)(bn) = abmn$ であって，等しくなります．逆に $qr = ps$ であれば，p と r の公約数を a とすれば，$p = am, r = an$ となるから，$(qr =)qan = ams(= ps)$ となるので，$qn = ms$ となり，m と n の最小公倍数を d とすれば，$m = m'd, n = n'd$ で，m' と n' は互いに素となります．これを代入すれば，$qn'd = m'ds \Rightarrow qn' = m's$ となるので，q

は m' で割り切れ，$b = q/m'$ とおけば，$bm'n' = m's$ となって，$bn' = s$ となります．こうして，$p : q = r : s$ となります．

つまり，内項の積と外項の積が等しいことと，比が等しいことは同値になります．これを比の値の式 $p : q = x : 1$ に適用すれば，$qx = p \times 1 = p$ となり，分数を知っていれば，$x = \dfrac{p}{q}$ となります．これが分数 $\dfrac{p}{q}$ の意味として，「q 個に分けた p 個分」と考えてよいという意味なのです．そして，比の値の等しい比が表す分数は等しいというのが，約分の意味であり，まさに，質問者が言うとおり，違う分数が等しくなる場合ということになります．

異なる分数 $\dfrac{p}{q}$ と $\dfrac{r}{s}$ が等しいのは，$ps = qr$ のときであると定め，それを実践するのが約分という操作なのです．

ずいぶん説明が長くなったけれど，分かったかな？

作法 闇雲に先生の言うことや教科書に書いてあることを信じなさいというのではないのですが，書いてあるには書いてあるだけの理屈も背景もあるのです．疑ってもいいですが，疑って進めないというのは生産的ではありません．疑いは心に納め，時々反芻（はんすう）するようにして疑問を眺めてみて，考えるということを続けていけば，いつかきっと分かるようになるでしょう．すこし分かるとさらに難しい問題が出てきてしまうかもしれません．そういうことが楽しめるようになるといいですね．

▶2.16 分数を足すこと

$\dfrac{1}{2} + \dfrac{1}{3}$ を求めるという問題を考えさせたときに，「$\dfrac{1}{2}$ は 2 つの中に 1 つあることであり，$\dfrac{1}{3}$ は 3 つの中に 1 つあることであるから，合わせて 5 つの中に 2 つあることを意味する $\dfrac{2}{5}$ が答である」と答える児童がいました．

恥ずかしいことなんですが，なんだか尤もだなあという気がしてしまいました．それを聞いてうなずいている子供も何人かいます．間違っているのは明らかなんですが，何が間違っているのかを，その子だけでなく教室の中のすべての子供が納得できるように説明したいのに，うまく説明することができません．

> その場は
> $$\frac{1}{2}+\frac{1}{3}=\frac{3}{6}+\frac{2}{6}=\frac{3+2}{6}=\frac{5}{6}$$
> となるから違うんだよということで収めましたが，もともと分かっている児童だけがうなづいている状況で，すっきりしません． （小学校教師）

回答 分数の数としての加法は，分母を共通にして（通分），分子を足すと定義されています．前問でも言ったように，「$\frac{1}{2}$は2つの中に1つあることであり」と言うということは，$\frac{1}{2}$を1つの数とは考えておらず，むしろ何かしらの状況であると考えているということです．状況と状況を足すことはできません．何かしら2つの状況を合わせた状況は考えれば，考えることはできるけれど，その状況の合わせ方が，数を足すということに対応してはいないのです．

「2つの中に1つある」というときの2つには，何が2つあるのかというイメージがありません．だから，「3つの中に1つある」というときの3つと共通な何かしらを考えているのかどうか，また考えられるかどうかも分かりません．この子が考えている状況で比の値が見える形のものを考えてみましょう．

たとえば，砂糖水を作ることにしましょう．シロップを薄めてよく溶けるようにしたものを砂糖水の原水と呼ぶことにします（糖度は一定にして，ある程度の量を作っておきます）．

1リットルの水に1リットルの原水を混ぜると，全体として2リットルの砂糖水ができますが，原水の割合は$\frac{1}{2}$です．つまりこの砂糖水1リットルの中には$\frac{1}{2}$リットルの原水が含まれています．2リットルの水に1リットルの原水を混ぜると，全体として3リットルの砂糖水ができますが，原水の割合は$\frac{1}{3}$です．この2つの砂糖水を合わせて混ぜると5リットルの砂糖水が得られますが，その中の原水の割合は$\frac{2}{5}$です．割合の足し算の結果だとは言いにくいものになりました．

さて，ここで，$\frac{1}{2}+\frac{1}{3}$がしたければ，最初の混ぜ砂糖水を1リットル取って，その中から$\frac{1}{2}$リットルの原水を取り出して（実際上は不可能ですが，できたと仮定して），2つ目の混ぜ砂糖水を1リットル取って，その中から$\frac{1}{3}$リットルの原水を取り出して足すと，$\frac{1}{2}+\frac{1}{3}(=\frac{5}{6})$リットルの原水が得られます．そういう状

況が考えられますが，これに何がしかの水（実際には $\frac{1}{6}$ リットル）を追加して1リットルの砂糖水を作ったら，ずいぶんと甘さの強いものができます．

つまり，$\frac{1}{2}$ や $\frac{1}{3}$ は甘さの度合いを表すものだったのだから，足すのだったら，甘さが強まっていなければおかしいことになります．度合いや割合を足すという状況を考えるのは難しいのです．分数を数だと思い，対応する何かの量になっていて初めて，足すという操作が何かしらの現実を表すことになるのです．

解説 足したければ，比のままではなく数にして，数として足すということを考えないといけません．つまり，比を比の値に置き換えて，比の値として足すということです．例を挙げることではなく，数の，数だけの話として考えてみることにしましょう．

$x = \frac{1}{2}, y = \frac{1}{3}$ と置くと，比の形では，$x:1 = 1:2$, $y:1 = 1:3$ となります．これは $2x = 1, 3y = 1$ と同値でした．$x+y$ を作りたいけれど，このまま足しても作れないので，少し工夫します．前の式の両辺には3を，後ろの式には2を掛けると，$6x = 3, 6y = 2$ となり，辺々を足せば $6x + 6y = 3 + 2 \Rightarrow 6(x+y) = 5$ となります．これを比の形に戻せば，$(x+y):1 = 5:6$ となるので，分数の形では $x + y = \frac{5}{6}$ となります．

これを比のままでやろうとすれば，$x:1 = 1:2 = 3:6$, $y:1 = 1:3 = 2:6$ として，これから $(x+y):1 = (3+2):6$ とすればよいのです．対応する分数の形では

$$\frac{1}{2} + \frac{1}{3} = \frac{3}{6} + \frac{2}{6} = \frac{3+2}{6}$$

となります．つまり，通分して分母を同じにしてから，分子を足します．それは，比の値を考えるということは，分母に当たる1を共通にするということで，比の値がその分子にあたっていることからも納得しやすいでしょう．

分母どうし，分子どうし足すという計算を実現する例が砂糖水だけというのも寂しいので，小学校でもよく出てくる例を考えてみましょう．

実は「往きは時速60kmで，帰りは時速90kmという車の往復の平均速度を求める」という問題と同じ計算だったのです．

（平均）時速 $v$km というのは，ある距離 Lkm のところを t 時間かけて行ったときの平均（割合）$v = L/t$ ということで，比の値としての数値だったのです．

だから，$60 = L/t$, $90 = L/s$ が分かっているとして，$2L/(t+s)$ はいくつなのかという問題でした．変数が3つもあって答が求まるのか，と思うかもしれませんが，$t = L/60$, $s = L/90$ として代入すれば，

$$\frac{2L}{t+s} = \frac{2L}{L/60 + L/90} = \frac{2}{\frac{90+60}{60\times 90}} = \frac{2\times 60\times 90}{150} = \frac{360}{5} = 72$$

となって求まります．

往復だから同じ距離で，時速だけのデータから平均が得られましたが，A 点から B 点まで距離 L の所を時速 v で，B 点から C 点まで距離 M の所を時速 u で走ったときの，A 点から C 点までの平均時速はどれだけか，という問題であれば，分母どうしと分子どうしを足すという計算が自然に出てきます．

2つの行程でかかった時間をそれぞれ t と s とすると，$t = L/v$, $s = M/u$ であって，A 点から C 点までの距離は $L+M$ であり，かかった時間は $t+s$ だから，答は $(L+M)/(t+s)$ になります．つまり，時速 $v = L/t$ と $u = M/s$ という分数で表された数値に対して，分母と分子をそれぞれ足して得られる分数を求めるということなのです．ただ，この場合は，分数としての表示によって得られる値が異なる，つまり，分数の数としての値だけでは決まらないという点も問題として残ることになります．

往復の場合には，速さ以外の情報が不要だったのだから，その場合には ($L = M$ の場合に)，結果から u と v 以外の変数を消すことができるはずです．

$$\frac{L+M}{L/v + M/u} = \frac{L+L}{\frac{uL+vL}{uv}} = \frac{2}{\frac{u+v}{uv}} = \frac{2}{\frac{1}{v}+\frac{1}{u}} = \frac{1}{\frac{\frac{1}{v}+\frac{1}{u}}{2}}$$

となります．つまり，v と u の逆数の平均の逆数になっています．これを v と u の調和平均と言い，v と u のある種の平均であることになります．

もちろん速さは数値で表現されているのだからそのまま $60 + 90$ と足すことができますが，実際には1時間当りの距離 60 と 90 を足しているわけで，分母が共通のときの分子の和をとっていることに当たります．時速の数値と分速の数値を足してはいけないのは，分母が共通ではないからだったのです．

これを例示で表そうとすれば，時速 90km で走っている列車の中を時速 60km で走る自転車とか，時速 60km の歩く(走る?)車道の上を 90km で走る車といった，少し現実離れしたものになりますが，状況を説明するだけの例なら適当に数

値を小さくすればよいでしょう．

　分数の分母どうしと分子どうしを足すというという計算は，分数を足すというものではなかったけれど，それなりに意味のある計算だったわけです．意味を現実の何かしらに求めて算数・数学の事項を理解することには大きな問題があることが，これでも分かるでしょう．算数・数学としての意味・定義をしっかり身につけてから，現実の問題に適用するという姿勢が大切なのです．

|作法| 分数の和は分母が同じなら分子を足せばよく，分母を共通にするには約分の逆をします．一番簡単なやり方は

$$\frac{p}{q} + \frac{r}{s} = \frac{ps}{qs} + \frac{qr}{qs} = \frac{ps+qr}{qs}$$

とすることですが，q と s に公約数 $d(>1)$ があれば，この結果を d で約分することができます．

　既約分数で表さなければならない，ということでなければ約分は必要ないですが，約分ができるようなら，あらかじめそうならないようにしておくこともできます．q と s の最大公約数を d とすれば，$L = qs/d$ は q と s の最小公倍数になります．すると，$q' = q/d,\ s' = s/d$ とおけば

$$\frac{p}{q} + \frac{r}{s} = \frac{ps+qr}{qs} = \frac{ps'd + q'dr}{Ld} = \frac{ps' + q'r}{L}$$

となります．これが推奨されている分数の和の公式であり，作法としてはこれでやることがお勧めですが，最大公約数を求めることに慣れていないうちは互いの分母を掛けて通分してもかまいません．何度かその計算をしているうちに最大公約数を求めたほうが計算が楽で速いということに気がつくでしょうから，そうなるまではあまり頑張らせすぎないほうが良いかもしれません．

　また，教える方の作法としては，その方法が間違っているというよりも，その方法では何をしていることになるのかを教えたほうが児童の理解も確かなものになるでしょうし，信頼も失わずに済むのではないでしょうか．

▶2.17 分数は割り方よりも掛け方のほうが分からない

　分数の割り算はひっくり返して掛けるようにと習ったとき，友達にはわけが分からんと言ってる子が多かったけど，私はそれは分かるのです．$\frac{2}{3} \div \frac{5}{6}$ を求めたければ，それを x とおいて，

$$x = \frac{2}{3} \div \frac{5}{6} \quad \Leftrightarrow \quad x \times \frac{5}{6} = \frac{2}{3}$$

となるから，左辺で $\frac{5}{6}$ に何か掛けて 1 にするには $\frac{6}{5}$ を掛ければよいのは直ぐに分かるから，

$$x \times \frac{5}{6} \times \frac{6}{5} = x \times \frac{5 \times 6}{6 \times 5} = x \times 1 = x = \frac{2}{3} \times \frac{6}{5}$$

となるでしょう．でも，分数の掛け算が，分母どうし，分子どうし掛けるというのが分からないんです．

　3つに分けた2つと6つに分けた5つを掛けるって言われても，3つに分けてからもう一度6つに分けて，それから，どのように10個を取ればいいのか？ もう一度6つに分けるというときに，どれだけについてやればいいのか？ 考え始めると分からなくなって． 　　　　（小学5年，女子）

回答 数学を例示で説明することの欠点ですね．1つの分数を説明するには，「いくつに分けたいくつ」という言い方は分かりやすいけれど，分数を数として理解するということは，その数が持っているあらゆる機能が説明できないといけないわけですが，機能によっては適さないことがあるということです．
　今は掛け算ですね．実は極く普通の数（自然数）の場合でも，掛け算は足し算や引き算とは違う構造を持っていたのです．掛け算には，大学の線形代数で習うスカラー倍に当たるものと，積とがあって，形式的には同じであることから，むしろ混乱が生まれるのです．前者は，2個ずつのりんごを3人に与えると全部でいくつ，というタイプの掛け算で2の3倍で6個というものです．難しい言い方では累加と言います．同じ大きさのものを何度も繰り返し足すことで，それを一々

やるのは面倒なので，掛け算という形にまとめて，さらに九九も覚えれば，速く計算することもできるというものです．

積は，たとえば「長方形の面積は縦かける横」というように，長さを2つ掛けて面積を求めるというような，いわば次元の変わる計算になります．ただ，スカラー倍も積も，2つの数が自然数のこの場合は同じ計算規則を満たすので，混同してもまったく問題が起こらないのです．だから，数の範囲を自然数から，その比で，つまり分数の形で与えられる数（有理数といいます）に拡張するときには積のほうで意味を考え，納得することができます．

分数での場合，累加は自然には考えにくいけれど，積の方なら自然に分数の値を持つ長さの積として分数の大きさを持つ面積も自然に考えることができます．そうすると，分数の範囲まで同じ計算規則が成り立つことが分かり，計算方法も定まるのです．

ここで重要なことは，小学校での教え方では，まず計算の方法を教えて，その後，その方法に慣れれば，自然に規則も分かるだろうという立場で教えています．いわば，普通に使っている言葉を標準的な話し方に矯正するだけで自然に文法的なことも分かるだろうというのと同じですね．しかし，英語のような外国語では自然に文法が分かるほど多くの言葉を耳にすることも目にすることもないので，ある程度は文法から始めないと習得が難しいということになります．

言葉における法則である文法はそれほど厳格なものではなく，要は伝わればよいのですが，数学の法則は文法よりもはるかに厳格です．間違ったことをすれば伝わらないだけでなく，危険さえ伴います．だから，ある程度進んだ数学では規則のほうを重視し，その上で方法を考えるというようにします．小学校の高学年くらいでは，方法と規則のどちらを重視すべきかということがはっきりしなくなってきています．それを典型的に示しているのが分数の計算ということでしょう．

では，その計算規則というのはどういうものかということですが，規則なので，すべての数に対して成り立つ形で表さないといけません．だから，文字式を使います．小学校でははっきりと文字式を使うことに慣れていないので，以前は丸，三角，四角などを使っていましたが，最近は英語を小学校でも教えるようになった影響もあって，それほど違和感はないでしょう．

それぞれの規則にはもちろんそれぞれの意味はありますが，数として考えるときは規則のすべてを満たすことが必要で，全体としての関係にこそ意味があるの

です．さて，非負の有理数が満たす規則を示すことにしましょう．

(1) （加法の結合性）$(a+b)+c = a+(b+c)$
(2) （加法の可換性）$a+b = b+a$
(3) （加法の単位元）$a+0 = a = 0+a$ を満たす 0 がある．
(4) （乗法の結合性）$(a \times b) \times c = a \times (b \times c)$
(5) （乗法の可換性）$a \times b = b \times a$
(6) （乗法の単位元）$a \times 1 = a = 1 \times a$ を満たす 1 がある．
(7) （乗法の逆元の存在）$a \neq 0$ に対して，$a \times b = 1$ を満たす b がある．これを a の**逆数**と言い，$\frac{1}{a}$ と書く．
(8) （分配法則）$a \times (b+c) = a \times b + a \times c$, $(a+b) \times c = a \times c + b \times c$

この (1) から (8) がすべての a,b,c に対して成り立つというものです．どれも当り前のように思えますね．自然数の場合には (7) だけが成り立ちません．有理数の場合には，(7) を使って，$b \neq 0$ に対して，割り算 $a \div b$ を $a \times \frac{1}{b}$ と定義するのです（そして $\frac{a}{b}$ と書くわけです）．だから，0 でない数によっていつでも割ることができますが，自然数に限定してしまうと，割れない場合もあります．小学校では割り切れないという言い方をしていますが，自然数の割り算は余りを考えるもので，有理数の場合のように一言で言い切ることができなかったのです．

確かに言い切ることはできるけれど，$\frac{a}{b}$ が何なのかはそれだけでは分からない．$\frac{a}{b}$ は $a \times \frac{1}{b}$ だったから，これに b を掛けると

$$\left(a \times \frac{1}{b}\right) \times b = a \times \left(\frac{1}{b} \times b\right) = a \times 1 = a$$

となります（上の規則だけを使っていることに注意してください）．つまり，$\frac{a}{b}$ は，「b を掛けると a になる数」になる数のことなのです．しかもこのことは，a と b が自然数でなくてもよいのです．それぞれが分数であってもよいのです．

それもこれも，こういう規則を満たす有理数という数の全体があるとしての話ですが，歴史的には，自然数の比の値を数として扱うための多くの努力の中から抽出してきた規則ですから，ないと困るというか，ないはずはないのですが，あることを厳密に示すとなると大変な作業で，たとえばランダウの本[56]にあるよ

うなことをしないといけません．しかし皆さんは，当分の間は先人の努力を信用して，分数の計算に慣れたほうが良いでしょう．

さて，分母と分子が自然数である分数の全体がこの規則を満たすのかというと，先に分数の計算の仕方が定まっていないと考えることもできません．$\frac{a}{b} \times \frac{c}{d} = \frac{a \times c}{b \times d}$ とするのはどうしてかということを悩んでいるというときに，それでは困りますね．しかも，この式はもともと a, b, c, d が自然数のときに考えていたのですが，上の規則を満たすすべての数に対しても成り立つべきですので，a, b, c, d がすべて分数であっても成り立たないといけません．こういう場合に，現実に成り立つ例を探すのはあまり役に立ちません．もちろん，頑張って考えればそういう例を作ることもできるでしょうが，作ったからといってより良く分かったという気持ちにはなれないと思います．

小学校の掛け算の説明は長方形の面積の例で行うことが多いようです．2 年生で最初の分数が出てきて以来，「いくつに分けたいくつ」で押し通してきたのに，つまりスカラー倍に重心を置いていたのに，掛け算の説明では積に重心を移し替え，一応の説明が終わると主に計算の練習をすることをしています．だから，これで納得できる子はよいけれど，納得できない場合は悩むことになります．ただ，いま説明しているように，きちんと説明するのはとても難しいので，当分は，まあ小学校の間は，そんなものだと思って，というか，それでうまく行ってるんだからと思って計算に慣れておいたほうがいいんじゃないかなあ．

質問されたのに煙に巻いたような返事のままでは納得してもらえなさそうですね．では，考え始めると分からなくなったということを考えてみることにしましょう．「3 つに分けた 2 つ」という言い方は「何を分ける」のかが決まっていないとイメージが定まらないと言いましたが，実は $\frac{2}{3}$ を「何かを 3 つに等分してその中の 2 つを取る」という操作だと考え，その操作を行うことが $\frac{2}{3}$ を掛けることだと理解することもできます．そうすると，63 ページの規則 (4) をそういう意味だと考えることもできるわけです．$1 \times \frac{2}{3} = \frac{2}{3}$ の左辺を，1 という単位の大きさを表す数にその操作を施すことだと考え，右側をその単位で測ったあるものの大きさを表す数と考えるわけです．

だから，「3 つに分けた 2 つと 6 つに分けた 5 つを掛けるって言われても，3 つに分けてからもう一度 6 つに分けて，それから，どのように $2 \times 5 = 10$ 個を取れ

ばいいのか？」という問題をイメージを持って考えるには，何でもいいから特定の大きさのものを考えて，それに2つの操作を続けて行うというように考えるとよいかもしれません．何でもいいからある長さのものを考え，そのものの長さを単位として最後に得られたものの長さを考える．まず「3等分してその内の2つを取る」と $\frac{2}{3}$ の長さのものになります．それをまた「6等分してその内の5つを取る」わけです．6等分するとき，得られているものだけを6等分すると，単位としている最初の長さとの関係が分からなくなってしまいます．だから，3等分したものすべてに対して，6等分するのです．このとき，長方形の面積で話をしていれば，縦を3等分したあと横を6等分すると $3 \times 6 = 18$ 等分された小長方形が得られますね．イメージさえしっかりしていれば，長さでやっていてもちゃんと，元の長さの18等分をすることが分かるでしょう．そこで，第1段階で2個分の長さだったものそれぞれから5個取るのだから，$2 \times 5 = 10$ 個を取ることになる．これで分かってもらえるかな．

解説 少し難しいかもしれないけれど，63ページの規則だけから，掛け算の仕方

$$(*) \qquad \frac{a}{b} \times \frac{c}{d} = \frac{a \times c}{b \times d}$$

を導いてみましょう．このためには，$\frac{a}{b}$ をどう理解しているかが問題です．$\frac{a}{b}$ は $a \times \frac{1}{b}$ であると上で書いたのですが，「b 等分して a 個を取る」ことを忠実に式で表せば，$\frac{1}{b} \times a$ となります．そして，規則の (2) から，この2つの表示は同じであるということなのです．

　(*) 式の左辺が右辺に一致することを示すためには，63ページで注意したように，(*) 式の左辺に $b \times d$ を掛けたら $a \times c$ になることを示せばよいわけです．やってみましょう．63ページの規則の (4) と (5) を何回か使うと

$$\left(\frac{a}{b} \times \frac{c}{d}\right) \times (b \times d) = \left(\left(\frac{a}{b} \times \frac{c}{d}\right) \times b\right) \times d$$
$$= \left(\frac{a}{b} \times \left(\frac{c}{d} \times b\right)\right) \times d = \left(\frac{a}{b} \times \left(b \times \frac{c}{d}\right)\right) \times d$$
$$= \left(\left(\frac{a}{b} \times b\right) \times \frac{c}{d}\right) \times d = \left(\frac{a}{b} \times b\right) \times \left(\frac{c}{d} \times d\right) = a \times c$$

となります．最後ではまた，63ページでの注意を使いました．

また，$\frac{a}{b} \times c = \frac{a \times c}{b}$ だけなら，a, b, c が自然数のときには，「b 等分したものを a 個取ったものを c 個取ることは，b 等分したものを $a \times c$ 個取ることと同じである」という考えることから納得できるので，$\frac{a}{b} \times b = \frac{a \times b}{b} = \frac{a}{1} = a$ と，約分に違和感がなければ納得しやすいでしょう．

ただ，$\frac{a}{b} \times \frac{1}{c} = \frac{a}{b \times c}$ を納得しようと思えば，数を掛けるということを，意味で納得しておかないといけないでしょう．$\frac{a}{b}$ が b 分割して a 個を取ることなら，$\frac{1}{c}$ は c 分割して 1 個を取ることで，それは単に c 分割するだけのことと思ってもいいから，掛けることを操作を続けて行うことだと思うことができれば，b 分割したあとさらに c 分割することは，一度に $b \times c$ 分割することと同じだと思うことができます．これで納得できれば，$\frac{a}{b} \times \frac{1}{c} = \frac{a}{b \times c}$ を納得することも容易でしょう．あとは，次々と行うということを掛け算の意味として十分に納得できればそれでよいことになります．

|作法| 上の解説でも分かるように，数学としては 63 ページの規則を前面に出せば，スッキリと理解できることですが，日常の事柄との関係で理解しようと思うと，あちら立てればこちらが立たずというような思いをしなければならないことになります．

数学として分数の掛け算のやり方を飲み込んだ上で，それを様々な事柄に適用してうまくいっていることを納得していくというほうが楽だろうと思います．もしも，数学がうまく適用できないことが起こったとしたら，まずは自分が間違っていることを思うべきです．しかし，それでも間違っていないという気持ちが強いのであれば，その数学の適用限界を超えたことを君が考えたことになるわけで，それはとても素晴らしいことなのです．

▶2.18 分数の割り算の新しいやり方を見つけたよ

学校では，「分数で割るときは，必ず分母分子をひっくり返して掛けること」と教わりましたが，意味が分かりません．それより，分母分子をそれぞれ分母分子で割るほうが分かりやすいと思います．たとえば $8/15 \div 2/3$ の計算を，$(8 \div 2)/(15 \div 3) = 4/5$ とするのです．

> ぼくがやったように，分子どうし，分母どうしで割り算を行っても正しい答が出たのは，たまたまそうなっただけなのでしょうか．それとも，計算法としては間違っているのでしょうか． 　　　　（小学6年，男子）

回答 間違ってはいません．それどころか，割り算が掛け算の逆演算で，分数の掛け算の方法が分母どうし，分子どうし掛けることとして知っているならば，君のやり方こそが真っ当なやり方だと言えます．だから，残念ながら "新しい" というわけではありません．

ではなぜ小学校ではそう教えないのでしょうか．教えている先生もあるだろうと思いますが，実際にこのやり方でいつもやることにすると間違いが起こりやすいのではないかと思います．分母分子をひっくり返して掛けるというやり方のほうが，理由は分かりにくいけれど，覚えやすいということがあって，間違えにくい方法を教えるようになっているのでしょう．

しかし，何にしても，教えられたやり方に疑問を抱き，自分で正しい方法を見つけたのは素晴らしいですね．

解説 しかし，この計算法がたまたま正しい答えを導いただけで，方法としては間違っているかもしれないという心配をする理由は何なのでしょう．もしかすると，具体的な数値で行うからかもしれません．その数値では正しくても違う数値で成り立つかどうか分からないわけです．もちろん，算数では具体的な数値で色々なことを説明するわけで，それは歴史的にも，1600年にヴィエートが文字式を使うことを始めるまではそうだったのです．

では，君のやり方どおりに文字式で書いてみましょう．そしてそれを約分する，つまり，分母分子に同じ数 cd を掛けてみると

$$\frac{\frac{a}{c}}{\frac{b}{d}} = \frac{\frac{a}{c} \times cd}{\frac{b}{d} \times cd} = \frac{\frac{a \times cd}{c}}{\frac{b \times cd}{d}} = \frac{ad}{bc} = \frac{a}{b} \times \frac{d}{c}$$

となって，ひっくり返して掛けるという小学校で習う方法と一致することが分かります．その方法の正しさは1つ前の質問の中でこれ以上はないほどに説明されています．その説明ではもちろん具体的な数値が使われていますが，その使い方

から，どんな数値に対しても成り立つ議論だということが分かりますね．

今の場合は，具体的な数値で理解する場合，$\dfrac{a}{c}$ や $\dfrac{b}{d}$ が割り切れる場合の例を考えるため，かえってうまくいきすぎるような感じを与えるのかもしれません．このように文字式で確かめれば，本当にこの方法が正しいことを確認できるでしょう．

作法 君のやり方は正しいのだから間違えずにできるのならいつでもそのやり方でやればいいのだけれど，やっぱり教えてもらったようにやったほうが良いと思います．もちろんそれも同じように正しいから，数値によって使いやすい方を使ったらいいのだけれど，どういう場合にはどちらを使うという原則を持っているべきです．いけないのは，原則なしにどちらも使うことで，そうしているうちに混乱して間違った使い方をすることになりがちなのです．そうならないように気をつけないといけません．

▶ 2.19 正方形は長方形？

> この間の数学の授業で先生が，「正方形も長方形の一種だ」と言っていました．僕は，小学校のときからずっと，正方形は長方形とちがう図形だと思っていたので，びっくりしてしまいました．でも，数学の先生がこわい先生だったので，どうしてなのか質問できませんでした．本当はどうなんでしょうか．
> (中学2年，男子)

回答 小学校では正方形は長方形ではないと教えられたのですか？

難しいですね．長方形という言葉には「長」いという字が使われているので，辺の長さがどれも等しくて，どれかが長いということのない正方形は長方形ではない，ということなのでしょうか？

長方形のことを，以前は矩形(くけい)と呼んでいたのです．英語では長方形は rectangle と言いますが，この rectangle は直角というラテン語から来たもので，角 (angle) がすべて直角であるという意味なのです．矩形もまったく同じことを表す言葉なのです．

だから，正方形の内角もすべて直角なのだから，正方形は長方形なのです．算

数と数学という区分けの問題ではなく，これが国際標準なのです．

では，小学校で，正方形を長方形でないということになっているとしたら，それを間違いと言えるかというと，必ずしもそうであるとは言えないかもしれません．それは定義の問題だからです．小学校での長方形は，正方形でないものだけを言うと定義されているなら，（国際標準と違っているとしても）それはそれで間違っているとは言えません．ただ，中学以降の「数学」での長方形の定義と違う定義だというだけのことです．

どちらの定義のほうが正しいかということは言えません．どちらが便利かということがあるだけです．著者は数学の整合性を大切に考えるので，正方形は長方形であるということになる定義が好きです．

解説 実は，長いという字を使うようになったのは第2次世界大戦後のことであり，それまでは矩形(くけい)と呼んでいたので，こういうことは問題にならなかったのです．初等・中等教育で使うことができる漢字が制限されることになり，「矩(く)」という文字が使えなくなったのです．だからと言って「長」という字を使う必要はなかったのですが，使ったために，「ながしかく」というように呼ばれることまでが起きて，正方形に長方形と異なるという感覚が生まれたということでしょう．

言葉の問題のような話し方をしましたが，言葉というより概念のあり方の問題なので，なぜそのような定義のほうがよいかということを，似たような状況で，概念の問題として説明しましょう．

「正三角形は2等辺三角形か」という問題を考えます．この場合には，素直に，「正三角形は2等辺三角形である」と考えることができるのではないでしょうか．だったら，「正方形は長方形である」ということも，同じことですね．

この場合なぜ素直になれるのかということを考えると，2等辺，つまり「ある2つの辺の長さが等しい」という文の中に，もう1つの辺と等しくてはいけないという意味合いが含まれていないからだと言ってよいでしょう．

概念を構成していくとき，低位の概念はより一般な概念に含ませていくほうが自然だということです．

そういうことは数学には限りません．たとえば，あなたは人間ですね．ですから，人間だったら誰にでも起こることはあなたにも起こります．

2等辺三角形という言葉を聞いた瞬間に，「底角は等しい」ということが頭に浮

かびましたか？　誰もが学ぶ，幾何学らしい本格的なものとしては最初のものと言ってもよい「2等辺三角形の底角は等しい」という命題がありますね．中世の修道院でこれを学ぶ修行僧たちがこの命題の証明を「ロバの橋」と呼んだことでも有名です．

　この文章は命題としては少しスローガン的な言い方で，より数学的にちゃんとしている（作法にかなっている）言い方ならば「三角形の2つの辺の長さが等しければ，その対角の大きさは等しい」とするのでしょうが，使う側が分かっているのならそれほど厳密な言い方をしなくてもいいでしょう．感覚を重視してラフな言い方をしてもよいが，必要ならばいつでも厳密な言い方ができるというようにすることが，作法と言えば作法でしょう．

　それはともかく，正三角形の定義をどうするかということです．「すべての辺の長さが等しく，すべての角の大きさが等しい三角形を正三角形と言う」ということにしますか？　それは正しいのですが，その条件をすべて一々確かめないといけないのでは大変ですね．しかし今は，それを定義として話を進めましょう．

　しかし，「すべての辺の長さが等しい三角形を正三角形と言う」としてもかまわないわけです．スローガン的に言うなら「三等辺三角形は正三角形である」ということが導かれるからです．そのことが，上の「2等辺三角形の底角は等しい」という命題から得られます．よりちゃんとした形の命題を見れば，ただちに得られることも分かりますね．

　また，「ロバの橋」の逆命題「三角形の2つの角の大きさが等しければ，その対辺の長さは等しい」という命題にも慣れているということがあれば，「三等角三角形は正三角形である」がすぐに導かれます．

　正方形の話に戻りましょう．正方形は長方形であり，ひし形であり，平行四辺形であり，台形でもあります*6．そのように理解すれば，たとえば，正方形が平行四辺形だから，正方形の対角線は互いに他を2等分するし，正方形は対角線に

---

*6 これは数学特有の言い切り方で，分かりはするが違和感があるという読者は少なくないかもしれない．そういう場合は，「正方形は長方形の一種であり，ひし形や平行四辺形や台形の一種でもあります」と言い換えるとイメージが落ち着きやすくなるかもしれない．自分の数学的世界を作ることが目的なので，自分なりのイメージに読み替えて理解するようにするとよい．

　もちろん，正しくない読み替えをする危険性もあるが，恐れずにするほうが良い．間違っていたら，そのうちイメージがずれてきて大きな違和感を感じるようになる．そのときにイメージの見直しをすればよい．過ちを恐れて立ちすくむより，過ちを恐れず突き進み，過ちに気づいたら改めればよい．それが若者の特権でもあるのだから．

よって面積の等しい4つの四角形に分割される．また，正方形がひし形だから正方形の対角線は直交するし，正方形が長方形だから2本の対角線の長さが等しいということが分かります．それらは正方形の性質ではあるのですが，より低位の対称性を持つ，より広い対象に対して成り立つ性質であるわけです．

そういうことが，図形の定義を，より包括した対象に含ませるように定義することで，自然に導かれるというわけです．だから，そのようにするほうが，より作法に適うということになるのです．

作法 小学校では先生の言うことに従っておいたほうが良いでしょうが，中学以降は，正方形は長方形であるという作法に従ったほうが良いでしょう．

これらに限らず，概念の定義は，考察する数学のレベルに合ったものとするのだとも言えるし，合ったものがよいのだとも言えます．しかし，美術や音楽などで，子供のうちから本物に接するほうが良いという考え方があるように，数学でも厳密な考察に耐えるように，最初から正しく理解するほうが良いという考え方もあります．

そこまで来ると，数学の作法というより，生き方の作法といったほうが良いかもしれません．作法に絶対はありませんが，作法があるということには何かしらの理由があるものです．守らなければ，何かしらの生きにくさがあるかもしれません．それを知った上で，どんな作法を選ぶかはあなた次第です．

▶ 2.20 立方体を描いてみたら

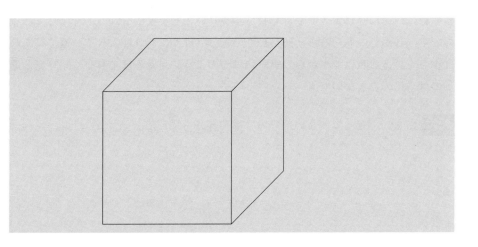

> この図は立方体の図ですよね．先生が黒板に描くときはこういう図です．この前，大きいサイコロを親戚の家で見たことのですが，こういうふうには見えなかったような気がします．
>
> 気になったので，そのサイコロの写真を撮ってみました．そして，写真とこの図を重ねようとしたんですが，どういうふうにやっても上手くいかないんだけど，何がおかしいのでしょうか？　　　　（小学校4年，男子）

回答 重ならないのは実は当り前なのです．つまり，黒板に書かれた図と写真の図は違うものなのです．写真の図は，カメラのレンズの焦点から投影した影と考えることができます．実際には焦点からカメラのフィルムへと思うべきですが（現在のカメラにはフィルムのないことが多く，仮想的に考える必要があります），焦点に光源があって，考える物体に当たった光がその向こうのスクリーンに作る影と考えるのが分かりやすいでしょう（実際には光の向きは反対ですが）．

上の図は実物としての立方体から実際に得られるようなものではなく，仮想的に言うなら，無限の彼方から見たものということになりますが，実際に無限の彼方から見ようとすれば，こんなに大きくは見えず，いわば点のようにしか見えないでしょう．

では上の図はどういうものなのでしょう．それは，立方体というものを観念的に理解しやすくするための概念図とでも言うべきものです．

つまり，面が6面ですべて正方形であること，それゆえ垂直な線，水平な線，斜めの線は，それぞれすべて平行で長さが等しいことを見て取れるようにしてあるのです．しかし，もちろん，同じ長さの線分も近くにあれば大きく，遠くにあれば小さく見えるわけですから，実際にはそのように見えるはずもなく，写真と違うのは当然のことなのです．

解説 さらに，見えていない部分の3本の線分も描いて，

2.20 立方体を描いてみたら　73

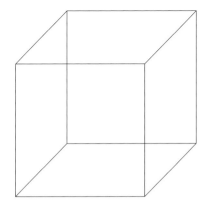

とすることもあります．4本ずつの垂直な線，水平な線，斜めの線が，それぞれすべて平行で長さが等しくなっています．垂直な線と水平な線の長さを変えれば直方体を表すことになります．

　正面から見ないと正方形も正方形には見えず，一般には平行四辺形（のよう）に見えます．平行とか長さが等しいとか言っても，それは平面図形としてはそうなるということで，見る位置によってはそうは見えないのだけれど，脳の中で調整してそのように見えていると思ってしまうわけです．

　紙や黒板の上に書かれるので，平面図形は厳密にその形であると思ってもいいけれど，もともと立体図形は，投影図にするか概念図にするかして平面上に表現するしかないものだったのです．上の図でも，見えるはずのない裏側の線も描き込むことで，どこからみても立方体であることを表現（主張）しているわけです．

　立方体や直方体の場合，それぞれ平行な3対の平面が直交しているわけです．直交すること自体は明確に図に指示することができず，それ自体は推測してもらうことにし，3対の平面がそれぞれ平行であることを強調した図になっているわけです．

作法　もちろん，視点を決めることで立体図形がどのように見えるかを数学的にきちんと述べることができます．だいたい高校での座標幾何の知識があればできます（教科書ではいやだと思うなら，たとえば『直線と曲線』[24] はいかがでしょう）．

　立体図形の図の場合，どういうように平面図に変換しているのかを確かめておかないと，完全な理解はできないと思っているほうが良いでしょう．

# 第3章
中学・高校の数学の「作法」

　大学で数学を学ぶようになって，中学と高校で学んだ数学に改めて疑問に思う学生が少なくない．高校までに感じていた疑問や思い違いは思ったよりも多く，前章と同じように，質問に答えるという形で本章の話を進めることにしよう．

　また，高校までに学び知った数学が大学で学ぶ数学と違う種類のものと感じることで，大学での数学学習に疎外感やら拒否感を抱くこともあるようである．そのような問題の起こる理由や，大学で学ぶ数学についての問題については第5章で扱うことにし，本章では，高校までの数学での思い違いを修正することにする．その修正をすること，少なくとも修正を要することに気づくことが，大学で数学を学ぶ心構えと準備になる．それが大学で学ぶための作法というべきものと言えるかもしれない．

▶3.1　数学が分からないといけないのか？

> 数学が分からないといけないんですか？　数学が分からないとバカ呼ばわりされて腹が立つ．
> 　　　　　　　　　　　　　　　　　　　　　　　　　　　（高校2年，男子）

回答　「いけない」というのが倫理的な意味なら，そんなことはありません．
　数学が分からないという意味なんですが，数学の試験の点が低かったということですか？　それとも，授業か何かで，多くの人が分かる数学の議論が理解できなかったということですか？　バカというのは，馬と鹿の区別がつかない，というのが元の意味なので，普通の人なら知っている知識に欠けるということを指しているだけです．軽蔑語を使いたがる人は，得てして言葉の意味を知らないことが多いので，あまり気にしないことですね．
　気にしないでもいいといわれても気になるとしたら，もしかするとバカ呼ばわ

りする人が実はあまり数学ができるように見えない，または数学以外では出来の良くないように思える人だからかもしれませんね．だから余計に悔しい，ということでしょうか．

　効果のある解決法は，その人より数学が分かるようになるか，数学ができる人ができない人を馬鹿にすることはないということを確認することくらいでしょうか．

　両方を別々にやるのは大変かもしれませんが，一石二鳥の良い方法があります．見回して数学が一番できる人を探して，その人に数学を教えてもらうのです．勇気を出して声をかけてみましょう．よほど嫌な性格をしている人でない限り喜んで教えてくれると思いますよ．まあ，事情があってそうできないときにも，そうやって訊いてくれた人に悪い感情は抱きにくいものです．一番でなくても二番か三番くらいに教えてくれる人がいるでしょうから，教えてくれそうな人を探すことです．数学のトップグループの人たちと仲良く話をしているというだけで，バカ呼ばわりはされなくなると思います．ついでに本当に数学も教えてもらってください．もしかすると，君には隠れた数学の才能が眠っているかもしれません．

[解説] それは学ぶ人の置かれた状況によることでもあります．大学で理科系学部に進むのであれば，ある程度の数学が分かっていないといけないでしょう．もちろん倫理的に「いけない」というのではなく，「苦労をする」とか「先に進めない」とか，数学を使わずに述べられていることの意味を真に理解することができないから「困る」だろうというほどの意味です．

　では，そういう道に進むのでなければ，数学が分からなくてもいいのかといえば，やはり分かったほうが良いだろうなあ，とは言えます．むかし，ファーブルの『昆虫記』が大いに流行ったことがあります．ある程度の向学心のある子供は皆読んだものです．僕などは，1 巻の途中までしか読まなかったので，どちらかと言えば落伍者の部類ですね．しかし，全巻読み通すほどの愛読者になったからといって，昆虫学者になるわけでもないし，生物学を学ぶようになるわけでもなかったようです．

　読者たちは，理科系の学問だけでなく，文化系の学問に進むものもいたし，学問ではない道に進んで行った人も多かったのです．それでも，『昆虫記』を読んだことは履歴にも，人生にも役に立ったのです．『昆虫記』の 1 巻さえ読み終わらなかった落伍者の僕が言っても信用してもらえないかもしれないことですが，数学

だって，直接的に役に立たなくても，きっと役に立つと言いたかっただけです．

作法 バカにされて嫌だと思う気持ちをバカにされない工夫をするという方向に向けることです．一人でできなければ助けてくれそうな人を探す．何にしても，自分のうちに閉じこもることだけはしてはいけません．自分だけでなく，あらゆる人を不幸にします．

▶3.2　－－2と書いちゃだめなの？

> 数学の試験で，計算の途中で，3－－2＝5と書いていたら，先生にひどく怒られ，「答えはあってるけど，こんなことをしてたら，大学受験で不合格にされるぞ」と言われました．そういうものなんでしょうか．
>
> （高校1年，男子）

回答 一番関心があるだろうと思われることに最初に答えると，このことだけで大学受験で不合格にされることはありません．採点する人によっては，無作法だということで1点か2点，減点されることがあるかもしれませんが，それ以上のことはありません．

では，なぜ先生がこう言ったのだろうかということですが，ぜひ直してもらいたかったから，受験のためということにしたのでしょう．受験のせいにしなくても君が言うことを聞いてくれると思っていれば，こういう言い方はしなかったのではないでしょうか．

さらに理由があるとすれば，説明しても分かってもらえない可能性のある，かなり微妙な説明をする必要があるからでしょう．$-$ という記号が2つ続けて書いてありますが，この2つの $-$ は実は違うものなのです．前の $-$ は引き算という演算を表すもので，後ろの $-$ は符号なのです．

解説 -2 というのは，1つの数です．符号である $-$ と2という数字を組み合わせて書くことで，2という数（厳密には2という数字で表された数）の負数，つまり，2を足すと0になる数を表しています．

3.2 $--2$ と書いちゃだめなの？

$a-b$ というのは，a に b を引くという演算を施した結果として得られる数を表しています．つまり，その数を仮に c と書くと，$b+c=a$ を満たす数が一意的に決まるので，その数を表すのです．問題は $a=3, b=-2$ なのだから，$-2+c=3$ となるような c を求めることであり，答として $c=5$ が得られます．

そのことが分かっているのなら，$3--2=5$ と書いてもかまわないのですが，こういう書き方をしていると，間違いが起こりやすいので，$3-(-2)=5$ と書くようにと先生は言っているのでしょう．こう書いたほうが丁寧であることは確かです．間違いもしにくいでしょう．つまり，作法に適っているわけです．括弧を付けることで，計算の順序がはっきりするわけですね．

それでも，そのように書いてもいいのではないかと思うかもしれませんね．では，$3---2$ と書いたらどうなるのでしょう．最初の $-$ は引くという演算の記号で，3つ目の $-$ は符号ですが，2つ目の $-$ は何だと考えたらいいのでしょうか？

もし作法に適う書き方で，$3-(-(-2))$ と書かれていれば迷うことはありません．2つ目の $-$ も符号です．引き算を表す符号と考えることはもちろんできません．もしそうなら，$a-b$ のように2つの数の間に置かれていないといけないのですが，2つ目の $-$ の前には $-$ があるので，何から引いてよいのか分からなくなります．

ただ，そういう場合は間に 0 を入れるという方法もあります．しかし，作法を守っていないと，つまり $3---2=3-0--2$ としてしまいがちで，そうすると，$3---2=3-0--2=(3-0)--2=3--2=5$ となってしまいます．作法を守りながら 0 を入れると，$3-(0-(-2))=3-2=1$ となるでしょう．この場合問題なのは，演算は前から順に行なうという原則があるのに，後ろから計算するのが正しいように見えることです．

改めて，負号について考えてみましょう．b という数に対し，$d=-b$ とは $d+b=0$ を満たす数のことだったのですが，これは -1 という数を掛けることと同じになります．証明しておきましょう．

$$(-1) \times b + b = (-1+1) \times b = 0 \times b = 0$$

ですから，負号の $-$ を置くことは -1 という数を掛けることになるので，

$$3---2 = 3-(-1)\times(-1)\times 2 = 3-1\times 2 = 3-2 = 1$$

となるわけです．1つの式の中に + と × がある場合には，× を先に計算するという決まり（約束）がありますから，計算の順序について迷うこともなくなるでしょう．

　逃げ方はもう1つありますね．引き算という演算をなくしてしまうことです．$a-b$ を常に $a+(-b)$ に置き換えてしまうことにするのです．そうすれば − は常に負号だと考えることができて，負号を置くことは −1 という数を掛けることと同じなので，計算の順序の問題には曖昧さがなくなるでしょう．上の場合だと，

$$3---2 = 3+(---2) = 3+(-1)\times(-1)\times(-1)\times 2$$
$$= 3+(-1)\times 2 = 3+(-2) = 3-2 = 1$$

ということになります．

作法 ただ，こういうような細かい式の変形は，迷ったときだけ行うことにしてください．一々こんな面倒なことをしていると計算が嫌になります．嫌になると得意にはなれません．得意になれば，嫌がらず，むしろ楽しくすることができるようになります．

　大丈夫，慣れればすぐにできるようになります．なかなか慣れない人のために，慣れるまでの中間に「作法を守れ」ということがあるわけです．作法を守って，$3-(-(-2))$ と書いてあれば，どういうように考えるかということも迷わずにすむでしょう．

▶3.3　マイナスとマイナスをかけるとプラスになる？

> 　マイナスとマイナスをかけるとプラスになるっていうのがどうしても納得できません．たとえば，$3-(-2)=5$ となる理由が分かりません．
>
> （中学1年，女子）

回答 似たような質問が2つ重なって，どちらを先に答えたらいいか分からなかったのですが，質問された順に並べました．

　マイナスを勉強し始めたところなのでしかたのないことでもあるのでしょうが，

3.3 マイナスとマイナスをかけるとプラスになる？

この質問からはマイナスに対する誤解と思い込みが感じられます．

マイナスとは何なのでしょう？ 「マイナスを付けた 2 つの数 $-a$ と $-b$ を掛けたら，プラスの数になる」という理解をすることもできます．マイナスを，「マイナス」と呼ばれる記号である符号 $-$ をつける操作だと考え，それを 2 回繰り返すという意味に理解することもできます．前者なら $(-a) \times (-b) = ab$ と，後者なら $-(-a) = a$ と表すことができます．もちろんどちらも成り立ちますが，意味も，成り立つ理由もまったく異なります．

質問者の意識では，こう書いたときの a や b は正の整数であることは当然のことと考えられているのでしょうが，もちろん a や b は（正でない）整数だけでなく，有理数でも，実数でも，複素数でも成り立ちます．むしろ，成り立つように数を拡大していくのですが，それぞれに成り立つことは証明しなければいけません．（この種のことを厳密に知りたければ，少し難しいけれど，たとえばランダウ[56]を見てください．）

ここでの $-$ はともに符号ですが，前問で回答したように，$3 - (-2) = 5$ では前の $-$ は符号ではなく，引くという演算を表しています．質問者はこの 3 つの状況を混同していて，それからくる不安定感が理解を妨げているといえるでしょう．

解説 $3 - (-2) = 5$ については前問での回答を見てもらうことにして，ここでは 2 つ目の問題を考えることにしましょう．

a を自然数または整数として，$-a$ を考えるときは，

$$(*) \qquad\qquad a + (-a) = 0$$

を満たすものとして規定されます．この式は a と $-a$ に関して対称で，和が可換（この場合 $(-a) + a = 0$）なので，$-(-a) = a$ となります．この議論は有理数でも，実数でも複素数でも同じですが，自然数だけしか数だと考えていない場合には $-a$ という数は存在せず，$-a$ に当たる数を何らかの形で定義して，種々の数の計算規則を証明してから初めて，それを $-a$ と書くことにすれば $-(-a) = a$ となる，という議論をする必要があります．

上の議論には小さなギャップがあります．それは a に対して $-a$ となる（つまり上の式 $(*)$ を満たす）数が一意的に定まるということです．その証明は簡単なのでやっておきましょう．$a + b = 0, a + c = 0$ を満たす数 b, c があったとすれば，

$$b = b+0 = b+(a+c) = (b+a)+c = (a+b)+c = 0+c = c$$

となって，$b=c$ となります．この注意は実はとても重要なことで，つまり引き算という演算がきちんと定まることを保証しているのです．($a-b$ が $a+(-b)$ と定義されるからですが，自然数だけの世界ではまた別の仕組みが必要になります．)

$-(-a) = a$ が分かっていれば，もう 1 つの $(-a) \times (-b) = ab$ も簡単に分かります．そのためには $(-1) \times (-1) = 1$ が分かればいいだけですが，それは

$$\begin{aligned}
(-1) \times (-1) &= (-1) \times (-1) - 0 = (-1) \times (-1) - 0 \times (-1) \\
&= (-1) \times (-1) - ((-1) + 1) \times (-1) \\
&= (-1) \times (-1) - ((-1) \times (-1) + 1 \times (-1)) \\
&= ((-1) \times (-1) - (-1) \times (-1)) - 1 \times (-1) \\
&= 0 - 1 \times (-1) = -1 \times (-1) = -(-1) = 1
\end{aligned}$$

となるので，疑問の余地なく了解できるでしょう．

しかし，この議論で納得してもらえるうようなら，このような質問は出てこないかもしれません．中学で最初に負の数を学ぶとき，小学校で算数を習ったときのように例を使って納得させるということになっているのですが，その例では納得できなかったということなのでしょうね．例には，道が東西に走っていて，西に 2m の場所を東に −2m と表すとか，収入に対して支出を表すとか，数直線を使って 0 より左にある数を 0 からの距離に − を付けて表すとか，すこし程度が高いけれど，左回りの角を正の数，右回りの角を負の数で表すとかが考えられます．

これらの例で − を付ける（マイナスという演算を施す）ことは，逆向きになる（回れ右をする）とか，貸借関係を 2 人だけの話にしてよければ相手側から見るとか，数直線を原点に関して点対称をとるとか，角が紙の上に書いてあるなら紙の裏から見るとかすることに当たっています．これらの例のどれかで質問者が納得してくれればよいのですが．

作法 イメージとしてのマイナスに振り回されず，数学としてちゃんと理解することが第一です．納得のための説明で使われるものはあくまでも例にすぎません．数学として −（マイナス）を理解してほしいものです．その上で，いろんな現象がそういう数学で表現されているなあと納得する．それが王道というものです．

▶3.4 数学って数の学問じゃないんですか？（文字式なんかいらない）

> 中学に入って数学を習うようになったけど，小学校の算数と違って，何をやっているのか分からない．数学は数の学問だろうと思っていたけど，文字式が出てきて，数なのか数でないのかワケが分からない．
>
> （中学1年，男子）

回答 こういう「何がなんだか分からない」という質問には答えようがありませんが，文字式を使うことの戸惑いというのは中学で最初に多くの生徒が出会うことなので，そういう問題として回答することにしましょう．

　数学は数の学問じゃなかったのか，という八つ当たりのような質問は文字式に対する嫌悪感からのものかもしれませんが，それにも答えておきましょう．数学という言葉は今の意味では明治になってから使われるようになったのです．その事情についてはたとえば，『文明開化の数学と物理』[17]という本に書いてあります．「数学」は mathematics という英語の訳ですが，元はギリシャ語のマテーマタから来ていて，ラテン語ではマテマチカと言い，古くからある言葉ですが，これも今の意味で使われるようになってきたのは19世紀になってからです．それは，大雑把に言って「学問の技術」という意味で，数の学問という意味はありません．つまり，数だけの学問ではなく，諸学の基礎である技術の集成であるという意味合いのものだったのであり，実は今もその名の通りのものなのです．

　ただ，数というのはそういう技術の中でも最も基本的で，役に立ち，便利なものであると言うことができます．高校までの比較的やさしい数学では数と関係のない数学の分野は図形や順列組合せくらいしかありませんが，それらも長さや面積や角，また場合の数などといった数と関連づけて始めて広く応用ができる形になると言うこともできます．

解説 文字式というのは文字を使って表された式です．式は，記号も含めた文字の有限列のことですが，一定の規則というか作法を満たしている必要があります．

　中学に入ってまず負の数を学び，それから文字を使った式の操作を学びます．

$a+b$ とか ax とかいう式を考えるとき，a, b, x は数の代わりに使うんだと教えられ，それで「代数」と言うのかと納得します．

代わりというのは数でないということだろうか，やはり数でないといけないんだろうか．そういう違和感がこの質問の趣旨なのでしょうか．文字を使って数量関係を表すということは，1600 年にフランソア・ヴィエートという人が始めたことで[*1]，それは日本で言えば関ヶ原の戦いのあった年なのです．人類の歴史から言えば比較的新しく，学ぶのに困難を感じても当然という面もありますが，江戸時代より前からあると思えば，周知の技術と思えなくもありません．

文字式を学び始めるとき，まず文字式で許される操作を習います．その操作も，その文字が数，特に自然数や分数（有理数）を表しているときに行うことができる演算であり，その演算が満たすべき規則について学ぶことから始まります．だから中学数学に慣れるまでは，「なぜ文字なんか使うんだろう．文字は数なんだろう．数の計算で成り立つ当り前の規則を偉そうに文字式で言い換えてみたって，何も新しいことも面白いことも出てこやしない．その上，a, b, c も x, y, z も同じように数を表すのになぜだか違うものみたいに扱う．a に 2 を代入したら a^2 は 4 になるなんて当り前のことを延々とやるのはつまらないし，嫌になる」と考えても，むしろ当然なのかもしれません．

著者も中学で文字式を学びました．そのときには難しいとも思わなかったし，退屈だとも感じなかったような気がします．なぜだろうかと考えてみたら，退屈だと思う暇もなく先に進んでいたからのような気がします．（中学の）文字式で学ぶことは小学校で学んだはずの数に関する規則の確認みたいなところがあって，難しいことはありません．難しくもないことを延々と時間をかけると，かえって難しいことのように感じられるものです．著者が学んだ中学校は中高一貫の受験校だったので，中学 1，2 年の 2 年間で中学 3 年分の数学を済ませます．

数学を習得するにはじっくりと底の底まで見通すということも大切ですが，スキップでもするように軽快に進んでいくことも必要なのです．もちろん，どちらが良いかは場合によります．学ぶ対象にもよるし，学ぶ側の状況にもよります．

文字式を学ぶときに計算規則を学ぶのだと言われてもうれしくはないでしょう．具体的な計算よりも規則そのものに注目し，規則を意識することに慣れるためだ

[*1] 『解析教程上』[45] には彼の著書からの引用があり，そこには 2 次方程式と 3 次方程式の解法が写真で再現してあります．

3.4 数学って数の学問じゃないんですか？（文字式なんかいらない）

と言われても，そんな当り前の規則を意識的に学ぶことにどんな意味があるのかと思うでしょう．数で慣れている計算規則だから当り前に思えるけれど，慣れていなかったらそんな規則を守れと言われてもそんな気にはならないでしょう．だから，慣れ親しんでいる数の計算規則から始めるのです．

文字式の計算を学ぶ効用は大きく言えば2つあります．1つは具体的な計算と離れて，計算規則というものに関心を持たせることです．数に関するもの以外にも計算規則はあります．むしろ，数以外に数学の対象があると言ったほうが良いかもしれません．そういう対象を定義するのに，計算規則を前面に出すことがあります．つまり，ある種の計算規則を満たすものという数学的対象を考えることができるようになるのです．19世紀末に微積分の基礎の反省が行われ，それが数の深い理解へと進んでいき，さらに数以外の対象を考察するようになって，20世紀以降の数学は非常に豊かなものになっているのです．

もう1つは，たとえば，$ax+b$でもax^2+bx+cでもいいのですが，そこに使われているa,b,c,xは数の代わりに使われてはいるが，文字によって役割が少し違います．最初はどれも自然数や整数だけで考えているが，慣れてくると，有理数でも同じだろう，実数でも同じだろうというように話が進みます．a,b,cとxは同じ種類の数であることから離れて，別種の数でもいいことに気づきます．a,b,cは整数でもxは実数（つまり，直線上のすべての点を表す）でもいいことにしていきます．これに違和感を感じさせないためにグラフを使うのです．$y=ax+b$のグラフは直線だということを実感させるためだけに中学2年までをかけます．障害なく理解できる生徒にとっては2年の時間は必要ありませんが，関数とそのグラフという抽象性を体得するのが容易でない生徒も少なくありません．それが何となく分かったところで，$y=ax^2+bx+c$のグラフを小出しにしていき，中学終了時までには直線でも円でもない曲線の例として放物線を理解させ，と同時により一般な関数に対して親しみを与えるようにします．

これが中学数学の主要なテーマなのです．理解しにくい生徒にとっては3年かけても難しいが，すっと分かってしまう生徒にとっては2年も必要がないくらいのことです．両者を分けるのは些細なことです．学習者自身の心の中の壁です．意味のないそういう壁を心の中にいったん作ってしまうと，それを崩すのはなかなか難しいのです．素直に受け入れて心に壁を作らないで済めば，それが一番いいのですが，一旦こじれると難しいのは人の心でもあるのです．

作法 文字を特別のものと見ず，数が仮面をかぶっているだけだと思えばよいのです．仮面だけで議論が進むことに違和感を感じないまでに慣れたら，それでいい．できれば，形式だけでどこまでいけるかというゲーム感覚，いちいち具体的な計算をしなくてもぐんぐんと進めるスピード感，それらを味わうことが，数学のようなお勉強でもあってよいのだという，ある意味での自由性を感じてほしいのです．

▶3.5　0 は偶数ですか？

> 0 が偶数だって習いました．私にはそう思えません．だって，偶数というのは 2 で割ることのできる数ですよね．0 を割るなんて，どうしてできるんですか？　　　　　　　　　　　　　　　　　　　(中学 2 年，女子)

回答 質問者は授業中は比較的分かっているようなので，何がわかっていないかを少し聞いてみたら，驚いたことに，0 が数であるという認識がないようなのです．どうやら数とは何かということがはっきりしていないようです．

0 が偶数であることを納得させたら，すぐに「∞ は偶数ですか？」という質問が来てもおかしくない状況ですね．

数とは何かについてはある程度分かっているとして話します．詳しく知りたければ，[21], [36], [39], [47], などを見ていただくといいでしょう．ここでは，「偶数」と「割る」ということについて誤解があると言っておきます．

0 は整数であり，数とは 2 で割ることのできる数ではなくて，2 の倍数である整数のことなのです（違いがあるのが分かりますね）．だから，0 は偶数です．

解説 高校までは 0 を自然数とみなさないことのほうが多いので，混乱が生じているようです．

最初，偶数や奇数という言葉を習うとき，自然数に対する概念だったでしょう．だから，0 については考える対象外だったようです．この質問者にとって，−1 や −2 などは数なのですが，0 は 10 進記数法のための便利な記号にすぎないという認識だったようです．0 が数であることの説明をしたら，最後には分かってくれ

ましたが，驚くようなことだったようです*2．

　本書の読者は大学で数学の講義を受けることが前提なので，0が数であることを説明する必要はないでしょう．ただ，0が加法に関する単位元であること，つまり，

$$\text{すべての } a \text{ に対して} \quad a + 0 = 0 + a = a \quad \text{が成り立つ}$$

によって特徴づけられていることを述べておきます．ここで，a は自然数としても，整数としても，実数としてもよいのですが，その範囲ではあらゆる元に対して成り立つとしています．

　そうすると，すべての a に対して $a \times 0 = 0$ となります．つまり，0はすべての数の倍数になっているのであり，2の倍数にもなっています．証明しておきましょう．

$$a = a \times 1 = a \times (1 + 0) = a \times 1 + a \times 0 = a + a \times 0$$

となるので，両辺から a を引けば $a \times 0 = 0$ が得られる．

　負の数を知らない人には，これでは証明ではないという人がいるかもしれないので（多分，そういう人はこんな質問をしないとは思いますが），

$$a + b = a + c \quad \Rightarrow \quad b = c$$

ということが，非負整数の世界で成り立つのです（厳密に示すこともできますが多少面倒なので，知りたければ大学で数学科に入ってください）．釣り合っている天秤から，同じ重さの錘(おもり)を取り去っても釣り合っているという意味のことです．

作法 0は整数であり，割り算は掛け算の逆演算です．偶数や奇数は整数（ときには自然数）に対する概念です．だから，例えば $\sqrt{2}$ や π は偶数でも奇数でもありません．

---

*2 吉田洋一『零の発見』[55] という0を数と考えることだけをテーマとする本があるくらいで，0についてちゃんと教えてもらうという機会は案外ないのかもしれません．

▶3.6 0を0で割る？

> 0で割ってはいけないのではないですか？ 0を0で割るのはそのままではいけないけれど，極限の計算ではそういうこともある，そういうのは不定形というのだと，家庭教師の大学生に言われました．でも，そういうことってどういうことか，聞きそびれてしまいました．
>
> （高校2年，女子）

回答 3.10節でも解説しますが，極限としての $\frac{0}{0}$ は，本質的に微分の定義に出てくるので避けることはできません．しかし，決して0で割っているわけではありません．2.7節でも言ったように，割り算を掛け算の逆演算と考えたとき，何を答としても良いことになり，演算には答が1つだけという美しい世界というか，そういった気持ちになれないので，0を0で割るのもやめておこうということだったわけです．

極限としての $\frac{0}{0}$ の不定形というのは，分母と分子それぞれが何かしらのものの極限で，極限に到達するまでは0になっていないものを考えているのです．だからそれまでは割り算はちゃんとした値になっていて，その極限が意味を持っている場合を考えているのです．決して，分母分子それぞれの極限を取って0にしてから割っているわけではないのです．

解説 0で割ることはあくまでも悪いことです．答のない演算になるか，答が無限に出てくる演算になるからです． $\frac{0}{0}$ の不定形の問題は，0で割ることの問題ではなく，極限をどう取るかという問題だったのです．

作法 0で割ってはいけません．極限を取る場合でも，極限を取るその途中で0になることになったら，その部分を外して極限を考えてもいいのかを考えないといけないのです．つまり，極限を取る際にも0で割ってはいけません．割ることになるようなら，それを避けることができるかどうか，を考えないといけません．できればいいけど，できなければやはり，割ってはいけないのです．

▶3.7 0を無限個足しても0だよね？

> 長方形は，線分が無限個集まったものと思えますが，線分の面積は0で，0は何個足しても0だから，本当は，長方形の面積は0になるという話を聞きました．どこかで誤魔化されているように思うのですが，どこか分かりません．それとも，本当に，長方形の面積は0なんでしょうか．
>
> （高校3年，男子）

回答 長方形の面積は0でなく，線分の面積は0ですし，長方形は線分が無限個集まったものと考えることができますね．とすれば，「0は何個足しても0だ」というところしかありません．

問題は何か．足すというのが単に数としての和なら，いくら足しても0のままです．長方形や線分を点の集まりだと思えば，集合です．集合の大きさには，1対1対応するものは等しいと思うことで定まる濃度というものがあり，有限集合ならば濃度は集合に含まれる点の数になります．そう思えば，実は長方形と線分の濃度は同じで，連続濃度というものになります．3.16節で述べる実数全体の集合の濃度です．1点の集合はもちろん，点の数としては1です．整数の全体は可算個あるので，可算集合になり，線分や長方形は連続濃度の「個数」だけ集めてくるから，連続濃度になるわけです．

1点の長さは0で，面積は0です．そのまま足すだけでは，0でなくてはなりません．もしもそうなるというなら，あらゆるものは0で測られることになりますが，それでは測る意味がありません．長さは比較的簡単なのですが，面積はすでに複雑な問題なのです．

解説 面積とは何なのでしょう．集合としての大きさではありません．集合が構造を持っているときには，集合としての大きさではなく，その構造に見合った大きさを測ることができるし，そうする必要が生まれます．面積は平面集合としての広さを測るもので，長さは直線集合としての長さを測るものなのです．

どんな図形でもというわけにはいかないのですが，ある程度ちゃんとした図形には次元が定義され，次元に見合った大きさを測ることができます．それでも，2

次元の図形でさえ十分に複雑で，微積分の土台にできるほどにしたいということであれば，ルベーグ測度というものを考えないといけません．もちろん，図形の質の良さに合わせて，もっと分かりやすい測度も定義できますし，用途に合わせて種々の測度が定義できます．それらは大学の数学科にでも行かないと普通は習わないものだったのですが，近年では数理物理学以外にも，アクチュアリー（保険数理）や経済数学でも測度論を土台にした理論を使うようになっています．

上の問題のポイントは，図形の単なる和というだけでは，長さにしても，面積にしても，単なる和にはならないし，構造の変更を伴うほどに和を取れば0でない値が生まれるということです．一言でいえば，内点（B.5.19節参照）を持つほどに和を取らなければ0のままだけど，そうすれば0でなくなるということです．

|作法| 直観に合わないこの種の詭弁に出会ったら，変に考え込まずに，できるだけちゃんとした解答をしてくれる先達を探すか，理解できるほどの（かなり大量の）勉強をするかのどちらかですね．

▶3.8　0乗って何すること？

> どんな数でも，その数のゼロ乗は1になるというのが理解できません．なぜ，そうなるのですか？　そもそもゼロ乗って何ですか？
>
> （高校3年，男子）

|回答| 0でない数 a，たとえば $a=2$ に対して，$2=2^1, 2^2, 2^3, \ldots, 2^{10}$ を表にしてみると，

n	1	2	3	4	5	6	7	8	9	10
2^n	2	4	8	16	32	64	128	256	512	1024

などとなって，指数が1つ増えるごとに2倍になっていくわけだから，指数が1つ減るごとに半分になるでしょう．$n=0$ の場合を考えると，つまり，2^0 を考えることができるならば，2の半分で1になるしかないでしょう．

また，n が負の場合も考えれば，

n	0	-1	-2	-3	-4	-5	-6	-7	-8	-9
2^n	1	$\frac{1}{2}$	$\frac{1}{4}$	$\frac{1}{8}$	$\frac{1}{16}$	$\frac{1}{32}$	$\frac{1}{64}$	$\frac{1}{128}$	$\frac{1}{256}$	$\frac{1}{512}$

と自然に繋がっていますね.これから見ても $2^0 = 1$ であるのが自然だと分かりますね.$a = 2$ でない場合にも,$a^0 = 1$ であるのが自然ですね.

解説 いつでも $a^0 = 1$ であるのが自然だとは言いましたが,もちろん $a = 0$ は上の議論では除外されています.0^0 はいくつなのかという問題を受けることもありますが,ついでに答えておきましょう.

まず $a \neq 0$ の場合を考えます.自然数 n に対して,a^n をどう考えるかですが,すべての n に対して一斉に考えることは不可能なので,定義も数学的帰納法で行います.

$$a^1 = a, \quad a^n = a \times a^{n-1} \ (n \geq 2)$$

とします.厳密にはこれから,$a^i \times a^j = a^{i+j}$ であることを $i + j \leq n$ に対して成り立つことを示して,a^n の指数の n がどういう構造を持っていても同じ値を定義していることを示すという手順を踏むのですが,高校までならそこまでしなくてもいいでしょう.

実は,今は $n = 1$ から始めましたが,$n = 0$ から始めるほうがいろいろ面倒なことをスキップできるのでいいのですが,それは細かいことです.

大切なことは,

$$a^m \times a^n = a^{n+m}$$

が成り立つように定義されているということで,n に対して成り立つ範囲を大きくしていくという感じです.それを感じられたら,今度は n を小さく,つまり,負の方向に大きくしていっても成り立つように定義できるものなら定義したい.それは $a^{-n} = \dfrac{1}{a^n}$ としたらできると思えたら,$n = 0$ のときに $a^0 = 1$ と定義することが自然であることが分かるでしょう.

さて,0^0 の話をしましょう.そのままでは議論もできないので,外挿(がいそう)することにします.

$a = 0$ で,$n \geq 1$ なら,$a^n = 0^n = 0$ となりますね.ここで,$n = 0$ とすれば $0^0 = 0$ とするのがいいかもしれません.しかし,0^0 が定義できるようなら,$0^{-1} = \frac{1}{0}$ も定義できると考えてもよさそうで,そうすると,

$$0^0 = 0^{1-1} = 0^1 \times 0^{-1} = \frac{0}{0}$$

となります．2.7 節や 3.6 節で述べるようにこれは不定形で，指数法則を満たすようには決められないということです．

上の例では離散的な極限だったけど，連続極限で意味があるものがあるかという意味では，$a \neq 0$ では $a^0 = 1$ なのだから，$\lim_{a \to 0} a^0 = 1$ としてもいいように思うかもしれません．しかし，$\lim_{(x,y) \to (0,0)} x^y$ という形の極限があればいいけれど，その場合，$(0,0)$ へのどういう経路でも同じ値に近づかなければ極限が存在するとは言えないのです．

作法 指数法則 $a^m \times a^n = a^{n+m}$ があらゆる m, n に対して成り立つようにしたいというのが指導理念です．成り立つなら法則は簡単な形のほうが良い，というのを目指すのが一番の作法です．

▶3.9　1を3で割ると，3がいつまでも続くのか，無限に続いた先の数なのか？

> $\frac{1}{3} = 0.33333\ldots$ というのはどういうことですか？　左と右は等しいのですよね．分数の方は分かるつもりです．加減乗除もできますし，大小比較もできます．立派な数ですよね．しかし，右の方の…というのが分からないというか，いつまで経っても3が続くということは分かるのですが，途中で止めたらいけないわけだし，無限に続けていった先，というのは見えもしないし，……　やっぱり分からない．分からなくてもいいものでしょうか？
>
> （高校3年，女子）

回答 右の $0.33333\ldots$ が何かということを考えていないのが問題なのです．何なのだろうというのは，ある程度たくさん3を並べていったときに，そこで止めたものは分かるが，無限に続くと言われると，無限に続く操作は想像はできても，それが確定した何かしらのものと考えることができないということなのでしょう．2.14 節では，1つ3を増やすことの意味を割り算の筆算を使って説明しましたが，それはあくまで，概数が精度を少しずつ上げていくというプロセスとしての説明

でした．精度を上げていく先に何かある数を考えることができるかどうかということが最大の問題なのです．一歩一歩のプロセスは理解できても，その先にある何かを想定できないというのが，質問の趣旨なのです．

それが想定できてしまえば，あとの辻褄合せは多分あまり違和感なく理解できるのではないかと思います．

解説 その気持ちの悪さは大学に行って実数論を勉強してもなお残るものかもしれません．実数論では，何種類かの実数の定義をするのですが，それは同値であることを証明されても，なお，信じることができるかどうかは感性の問題であると言えるのかもしれません．そうした定義された実数と，本当にあるはずの数とが同じであるということは言えないのです．「はず」と感じるあり方が人によって違うからです．

実数論は19世紀の終末期に作られ，20世紀の初めに完成したもので，まだまだ人類にとってなじみの少ないものです．実数論は理性の作り上げた大きな殿堂のようなもので，初めての人には入りにくいもののようです．

それでも，$\frac{1}{3} = 0.33333\ldots$ はまだ分かりやすいのです．つまり，$\frac{1}{3}$ という数はあるわけです．右側がそれに近づいていく表示だということが分かればよい．$0.33333\ldots$ が何か完成した数だと感じないのはあたり前で，次々と3を加えていく表示はそこに近づいていくことを表しているだけのものだったからです．

つまり，0.33 は $0.3 + \frac{3}{10^2}$ であるということで，0.333 はそれに $\frac{3}{10^3}$ を加えるということです．つまり，3を書き加えるごとにそれが小数点以下 n 桁なら，$\frac{3}{10^n}$ を加えるということだったわけです．3を n 個書き加えたものは

$$\frac{3}{10} + \frac{3}{10^2} + \frac{3}{10^3} + \cdots + \frac{3}{10^n}$$

であるわけです．点々を書くのはそう書いても多分わかるだろうという了解があるからですが，点々の部分をはっきり書くためには

$$\sum_{k=1}^{n} \frac{3}{10^k}$$

と書いたほうが良いわけです．こうすれば，途中の点々の部分に何が書かれているか，ごまかすことなく書かれていることになります．

さて，$\frac{1}{3}$ を 0.33333... と書くということは

$$\frac{1}{3} = \sum_{k=1}^{\infty} \frac{3}{10^k}$$

と書くべきところを省略しているのだということが納得できましたか？ 2.14 節で筆算で説明したことから分かってもらえると思います．ここで，n 桁まで書いてあるものと左辺との差は

$$\frac{1}{3} - \sum_{k=1}^{n} \frac{3}{10^k} = \sum_{k=n+1}^{\infty} \frac{3}{10^k}$$

となるので，つまり差は $n+1$ 桁以下のところにある，つまり $\frac{1}{10^n}$ より小さいことが分かりますね．どんどん 3 を書き加えるということは，この n をどんどん大きくするということだから，差がどんどんと小さくなるということであり，$\frac{1}{3}$ にどんなに近い数であっても，その 2 数の差よりも小さくなるわけで，0.33333... が近づく先は $\frac{1}{3}$ 以外にはないから，0.33333... で，無限に 3 を書いたら（書くことができたら）それは $\frac{1}{3}$ を表すしかないということになります．

これが，$\frac{1}{3} = 0.33333...$ の意味だったのです．実数論で難しいのは，この行き先が分かっている場合ならこれでいいけど，分かっていない場合にどうしたらいいかということなのです．その説明はやはり大学の微積分で習うまで待ってもらうしかないでしょう．それでも何とか今知りたいというなら，著者が書いたものですが，[18] の 1 章から 3 章までを読んでもらうといいでしょう．どんどん小さくなる先には 0 しかないことを，アキレスと亀の話をヒントに説明してみました．もやもやとした雲のようなものが何かに吸い込まれていくと先に何かがないといけないだろう，という感じの説明ですが，普通の教科書よりは感覚をなだめることができるのではないかと思っています．

作法 先に行ったら分かることだから悩まないでもいいのか，気になるならとことん悩んだほうが良いのか，難しいですね．場合によるというわけではない．気になることがまるでないというのも自分がないようで嫌だし，気になって悩んだからといって分かるわけではないというのも困る．一番いいのは，悩むなら分

かるまで頑張ることだけど，数学では簡単のことのように見えることがとんでもなく難しいことであることも少なくない．だから楽しいと思える時もあれば，だから嫌なんだと思うときもあるでしょう．

　ある程度は悩んだほうが良いけど，ある程度自分に納得ができるまで悩んだら，分からなくてもしばらく悩むのは休むのが良い．ときどき思い出して悩むうちにわかることもあるし，忘れたころに教えてもらうこともある．悩んだことを忘れないでいるというくらいが，作法というものでしょうか．

▶ 3.10　高校の極限は嘘？

> 　数学 II の授業で，関数の極限を習いました．そのとき，先生が，実はこの極限は嘘で，本当の極限は大学で習うんだと言いました．もし，今やっている極限が嘘だとしたら，そんなものを勉強しても仕方がないんじゃないかと思うのですが，どうなんでしょうか．　　　　　（高校 2 年，女子）

回答　極限に限らず，高校で習う数学が「嘘」であるという言い方は，一種の誇張であると言ったほうが良いでしょう．誤解を生じにくい言い方をするなら，「高校で習う数学には大学で習う（はずの）数学が持っている厳密さの基準を満たさないものがある」といったことになるでしょう．

解説　この問題は極限についてばかりではありません．場合によってさまざまに異なる原因や状況があるので，場合に合わせた話をする必要があります．しかし，この種の問題に答えるのが本書では最初なので，極限の問題には限らないような，少し一般的な話から始めましょう．
　数学で扱う厳密さには，いくつものレベルがあります．数学の発展の歴史の中で，段々と厳密さが高度になってきたものもあります．高度な数学の場合はそういうほうが多いでしょう．ですから，最初からあまり高度な概念を理解するのは難しいので，歴史の流れと同じように（行ったり来たりしながら），話を進めるほうが聞き手の理解が得やすいということがあります．しかし時には，数学の発展の流れとは関係なく，数学にあまり慣れていない学習者に対して，あまり厳密な

概念は受け入れにくいだろうという考慮から，敢えて低レベルの厳密さで述べるということもあります．

こういうことは初等教育の場で起こることが多いのですが，この場合さらに問題が生まれるのは，厳密さのレベルが低いだけではなく，数学的には誤りであるような述べ方を敢えてすることがあることです．そうした場合は，学年進行のどこかの時点で，そのような誤りを訂正する必要があるのですが，そういう訂正がはっきりとなされないことが多いようです．それにはいろいろな原因がありますが，学年が変わると教える教師も変わるということが一番の理由かもしれません．訂正が必要な時期というのは，実は学習者の習熟度や知識の深さによって異なります．たとえば，それによって，たとえ訂正が述べられたとしても，訂正であることを学習者が理解しない場合があるということもあるでしょう．訂正は既に行われているはずだと，教師が思いこむということもあるでしょう．また，この種の訂正はできるだけ自然になされるのがよいという立場から，教科書にははっきりした訂正の記述がなされないことが多いということもあるでしょう．

学年が進むとき，既に訂正がなされていると見なして，授業が進むということが多いことになります．だから，教師（別の人であることが多いでしょう）の語り口が自然と変わっているわけです．それに気づいた学習者が自然と自分の中の概念を訂正していく，というようになっているのです．

極限の問題は，幸いにも（？）後者ではありません．19 世紀末に厳密な定義がされるようになるまで，数学者も同じように考えていたのです．極限が有効に使われるのは微分法が生まれてからですが，ニュートンも極限を明確に意識しなかったために，古いタイプの学者から激しく批難を受けたくらいです．

極限の重要性をはっきりと認めたのは 18 世紀のダランベールで，百科全書の項目を書くときに，一般の人にも理解できるような形式を整える必要があったのでしょう（『解析教程』[45] 下巻参照）．このときのものが高校数学での極限の定義であると言ってもよいと思います．

x が限りなく a に近づくとき，$f(x)$ の値が限りなく α に近づくことを

$$\lim_{x \to a} f(x) = \alpha$$

と書き，x を a に近づけたときの $f(x)$ の極限値は α であると言う．

ですから，未熟ではあっても，間違っているわけではないのです．高校数学で扱う関数に対しては，この定義で対応できるのです．教科書に出てくる説明では

$$\lim_{x \to 3} x^2 = 8, \quad \lim_{x \to 3} \frac{x^2+1}{x^3+x-2} = \frac{3^2+1}{3^3+3-2} = \frac{10}{28} = \frac{5}{14}$$

のように，関数 $f(x)$ の $x=a$ での値が極限値になっているものばかりが使われています．そういう場合，$f(x)$ は $x=a$ で**連続**であると言います．高校までに出てくる関数は，もちろん，ガウス記号で表される関数のような例外もありますが，(その定義域の中では) 連続関数であると思ってよいものだけなので，上のような定義でも構わないのです．

だったら極限なんか定義しなくてもいいじゃないかと思うかもしれませんが，そうもいかないのです．微分 (微係数) の定義

$$f'(a) = \lim_{x \to a} \frac{f(x) - f(a)}{x - a}$$

では，値を代入すればいいというわけにはいきません．$\dfrac{0}{0}$ という**不定形**の極限という形になるからです．$f(x)$ が多項式の場合は因数定理によって，多項式の割り算を行うことができ，そこに代入すればよいので，高校2年までなら何も問題はないのですが，3年になると三角関数の微分が出てきます．そこでは，本質的に

$$\lim_{\theta \to 0} \frac{\sin \theta}{\theta} = 1$$

であることを使います．これも $\dfrac{0}{0}$ の不定形ですが，値を代入することはできず，極限が1になることの証明が必要になります．この証明は高校の教科書に載っており，それなりに納得できる説明になっていますが，厳密かといえば，そうも言えません．しかし，それは極限の定義を厳密にすれば分かるというものではないのですが，今の話題とはまた別の話です．

$\lim_{x \to a} f(x) = \alpha$ の大学で習う定義を書いておきましょう．

$$\forall \varepsilon > 0 \ \exists \delta > 0 \ \forall x \ |x - a| < \delta \ |f(x) - \alpha| < \varepsilon$$

です．ここで∀は B.4.1 節で，∃は B.4.2 節で詳しく述べる論理記号です．これが大学の数学で悪名高き「ε-δ 論法」です．この論理式の読み方をあげておきましょ

う.「どんな $\varepsilon > 0$ にも $\delta > 0$ があって，$|x-a| < \delta$ を満たすどんな x に対しても $|f(x) - \alpha| < \varepsilon$ となる.」

図でも描きながら，この文章を何度も読んでみると，きっと状況が分かると思います．分かるまで何度でも読むということができるなら，きっと分かると思います．3度くらいで意味が分かったと思えたら，あなたはきっと大学の数学に馴染むことができるでしょう．何度か考えて，今わからなくても，大学で出会ったときにきっと違和感なく接することができるでしょう．それでいいと思いませんか．

|作法| 限りなく近づけば限りなく近づくという定義では判定がしにくいが，厳密な定義をすれば判定できるような関数が多くあるということくらいを分かっていてもらえば，高校2年では十分でしょう．まずは，この定義で判定できる例に親しむことによって，極限に対する感覚を大雑把につかんでほしいというのが，この時点での教師側の立場だと言ってもいいでしょう．

「嘘だ」といった先生は誠実だと言ってもいいでしょうし，公式を覚えるだけでは駄目だということをショック療法的に伝えたかったのかもしれません．

▶3.11　無限を考えることができるのか？

　無限は数ではないと教わりましたが，では何なのですか？　そのようなものを考える意味は何ですか？　　　　　　　　　　　（高校2年，男子）

|回答| 無限を辞書で調べると，「数量や程度に限度がないこと」とあります．つまり，無限というのは何かしらの状態のことであって，数と呼べるようなものではないということです．たとえば，自然数の全体は $1, 2, 3, \ldots$ といつまでも続き，ここまでという限りがない，つまり，自然数の全体は無限にあると言えます．また，自然数全体の集合の濃度は無限であるという言い方もします．

また，限りなく大きくなってくことを無限大に近づく（発散する）という言い方もします．極限というのは使ってみると便利な概念なので，このような場合にも極限が無限大であるという言い方をします．

いろんな形で無限という状態を論じていると，あたかも無限というものがあっ

て，数と同じではないが，同じように扱える部分もあり，そのようにすれば便利ということも見つかってくる．そこで，∞ という記号を用意して，数と似たように取り扱うことがあるわけです．

それについては次節に述べることにしますが，少し注意しておくべきことがあります．限りがないという状況を表しているのですが，限りのなさというのは一通りではありません．無限大にも，正の無限大だけでなく負の無限大と言うべき状況があります．$-\infty$ という記号を使えば，そういう状況も表せます．

また，$1,2,3,\ldots$ と続いていった先の無限大の，その先はないのだろうかという問題もあります．数のそういう特性だけに注目したとき，順序数と言いますが，この最初の無限順序数を ω と書きます．これには普通の数と同じような和と積が定義できます．たとえば，$\omega+1$ は $2,3,\ldots,1$ と並べたときの 1 の順序数になるし，2ω は $1,2,3,\ldots$ を 2 段に書いた 2 段目の先にあるものを表します．ω^2 も，もっと先も考えられます．無限にも階層があるということですね．

しかし，数が持っているすべての性質を持っているわけではなく，1 列に並べたとしたら，こうも考えられるというだけのものです．実は無限には，順序数としての無限でない無限もあり，そこにもまた無限の階層があるのです．大学へ行って，数学科にでも進まないと，授業で教えてもらうというわけにはいきません．集合論と集合論を踏まえた高度な数学にでてくるわけですが，そういうことを述べた日本語の教科書もいくつかあるので，興味があるなら探してみてください．

作法 限りのないという漠然としたものでなく，無限を手の上に乗せるように見たり，操作することができるようになっています．集合論はそのための道具です．現代数学は集合論の上に書かれています．本格的でなくとも，若いうちから少しずつ慣れておくといいかもしれません．ただ，中途半端な理解をすると却って先に進む際の妨げになることもあります．集合論をかじろうというなら，簡単な啓蒙書を読むのではなく，デデキントの本[39]に当たって砕けるくらいの気持ちでじっくり読んでみてほしいものです．それを読んでみて難しくて歯が立たないと思うようなら，また，1 年か 2 年経ってから読み直してみるというようにしてみたらいかがでしょう．

▶ 3.12 ∞ は数なのか？

> ∞ は数でないから，式に代入してはいけないと言われました．たとえば，2^∞ としてはいけない．
>
> $2^\infty = \infty$ というように書いてあるのを見たことがあります．式の答には ∞ と書いてもいいんだろうか．代入しちゃいけないけど，答にならいいなんて，すごいご都合主義だ．
>
> それに，∞ は数だと思ったり，思っちゃいけないと考えたりする．それも，都合によるみたいだけど，どんな都合なんだろうか？
>
> （高校2年，男子）

回答 数と思ってもよい場合と悪い場合を書いておきましょう．要するに，四則演算との関係ですが，

$$\infty + \infty = \infty,\ 2 \times \infty = \infty,\ \infty \times \infty = \infty^2 = \infty,\ 2^\infty = \infty,\ \infty^\infty = \infty$$

などは成り立ちます．$-\infty$ も考えられ，

$$-\infty - \infty = -\infty, 2 \times (-\infty) = -\infty, \infty \times (-\infty) = -\infty, -\infty \times (-\infty) = (-\infty)^2 = \infty$$

は成り立ちますが，

$$\infty - \infty,\quad \frac{\infty}{\infty},\quad (-\infty)^\infty$$

などは考えることはできない，というか，何とか考えようとしてもあまりに多くの可能性があって，演算として確定しないのです．

さて，どんな都合でこういうことになるのかということですが，そのためには，成り立つという場合に，それがどういう意味で成り立つのかを考えておかないといけません．

解説 数と思ってもよい場合とは書きましたが，数と思ってよいというためには，数の概念を大幅に変更しないといけません．高校までの数学とはかなりかけ離れているので，数と思わないほうが良い，と思っているのが良いでしょう．

3.12 ∞ は数なのか？

前節でもいったように，無限とは限りなく大きくなるという状況を表しているわけです．ということは，「何が」ということを考えないといけませんが，数列の極限なり，関数のある点への極限の値なりを考えるくらいでしょう．集合の濃度が無限であるということもありますが，それで四則を考えるのは，対応する集合算を考えないといけないので，数学科にでも進まないと習わないでしょう．

さて，数列 $\{a_n\}$ に対して，有限の値 α に収束するということ（これについては B.5.8 節参照）に似た仕方で，極限が ∞ であることが定義できます．$\lim_{n\to\infty} a_n = \infty$ は，n が限りなく大きくなるとき，a_n も限りなく大きくなることであるとします．そうすれば，$\lim_{n\to\infty} a_n = \infty$ かつ $\lim_{n\to\infty} b_n = \infty$ と仮定すると，$\lim_{n\to\infty}(a_n + b_n) = \infty$ が成り立ちます．$\infty + \infty = \infty$ はこのことを表しているのです．ほかの場合も，

$$\lim_{n\to\infty} 2a_n = \infty, \ \lim_{n\to\infty} a_n b_n = \infty, \ \lim_{n\to\infty} 2^{a_n} = \infty, \ \lim_{n\to\infty} a_n^{b_n} = \infty$$

であることを表しているのです．これらは厳密に証明することができます．

$\lim_{n\to\infty} c_n = -\infty$ であることもちゃんと定義されます．$\lim_{n\to\infty} a_n = \infty$，$\lim_{n\to\infty} b_n = \infty$，$\lim_{n\to\infty} c_n = -\infty$，$\lim_{n\to\infty} d_n = -\infty$ とするとき，

$$\lim_{n\to\infty}(c_n + d_n) = -\infty, \ \lim_{n\to\infty} 2c_n = -\infty, \ \lim_{n\to\infty} a_n c_n = -\infty, \ \lim_{n\to\infty} c_n d_n = \infty$$

が成り立ちますが，

$$\lim_{n\to\infty}(a_n - b_n), \ \lim_{n\to\infty}(a_n + c_n), \ \lim_{n\to\infty}\frac{a_n}{b_n}, \ \lim_{n\to\infty} c_n^{a_n}$$

については何も言えないということです．

たとえば，$a_n = n, b_n = 2n, c_n = n^2, d_n = -n$ とおけば，前の 3 つの極限は ∞ で，最後のものの極限は $-\infty$ ですが，

$$\lim_{n\to\infty}(a_n - b_n) = -\infty, \ \lim_{n\to\infty}(b_n - a_n) = \infty, \ \lim_{n\to\infty}\frac{a_n}{b_n} = \frac{1}{2}, \ \lim_{n\to\infty}\frac{c_n}{a_n} = \infty, \ \lim_{n\to\infty}\frac{a_n}{c_n} = 0$$

などとなり，$\lim_{n\to\infty} d_n^{a_n} = \lim_{n\to\infty}(-n)^n$ は振動発散して，有限の値にも，$\pm\infty$ にもなりません．

関数の場合に，$\lim_{x\to a} f(x)$ を同じように考えることができ（これも B.5.8 節参照），同様なことが成り立ちます．

作法 正しく理解しないまま，単なる類推で事を進め，その類推が成り立たなくなったからといって文句を言っても仕方がありません．類推するとしても，それがどういう範囲で成り立つのかを理解した上で行うことが重要なのです．

▶3.13 無限の足し算は答が1つにならない？

> $1-1+1-1+\cdots$ を $(1-1)+(1-1)+(1-1)+\cdots = 0+0+0+\cdots$ と計算すれば0になりますが，$1+(-1+1)+(-1+1)+\cdots = 1+0+0\cdots$ とすれば1になります．何か不思議な感じがします．無限個の数の計算というのは，答が1つにならなくてもいいのでしょうか？（高校2年，女子）

回答 答とは何かということが問題だということですね．もしこの和があるなら，それを S とおけば，$S = 1-S$ となるから，$2S = 1$ となって，$S = \dfrac{1}{2}$ となると言うこともできます．これで答が3つになります．

計算の答が3つもあるということは，不思議なことというものではなく，答がないというべきなのです．

解説 B.5.9節で述べるように，級数は部分和の作る数列だと考えて，その極限が存在するときに級数の和と呼ぶのです．この級数の部分和は $1, 0, 1, 0, 1, 0, \ldots$ となり，振動して極限を持たないのです．

作法 有限項の和ならいつでも値が確定するけれど，無限項の場合は確定する場合も確定しない場合もあります．何らかの意味で確定するときだけ，その和を考えるわけです．ないものをあると考えるから，不思議が起こるわけです．

▶3.14 数学は，無限に関する科学である

> 「数学は，無限に関する科学である」と聞きました．ぼくは，数学というのは，数の計算に関する学問かと思っていたのですが，違っているのでしょうか．無限は数ではないし，ここで言ってる数学は僕の習ってる数学

とは違うものなのでしょうか？　　　　　　　　　　（高校1年，男子）

回答　誰に聞いたのですか？　高校まででそういう言い方をすることはあまりありませんが，確かにそういうことも言えるでしょう．

　有限個しかないものなら，原理的にはすべてに当たり，すべてを数え上げればいい．もちろん，そういう対象に関する数学もありますが，手段が限られるのでかえって難しい分野になります．有限数学とか，組合せ論というのはそういうタイプのものです．

　しかし，それ以外のものはたいていは無限に関するものです．あからさまに無限という言葉が使われていなくても，対象が無限個ある中に単純な形の命題が成り立つことを目指すものが多いのです．幾何学にしても，解析学にしても，代数学にしても，何かしらの性質や条件を満たすあらゆるものに共通な何かを求めるという形のものがほとんどです．そして，その対象は無限にあるのです．

　たとえば，幾何でも，三角形について何かを言うとき，あらゆる三角形に対して成り立つようなことを考えるわけです．三辺合同という条件があるので，3辺の長さを与えれば三角形が決まりますが，ということは3つの数を与えるごとに三角形が決まるわけで，つまり，合同でない三角形は3次元的な量に対応しているわけです．

　ほかのものでも同じようなことが言えます．数学の対象を何かしら規定するとき，その性質を満たすすべてのものを対象とし，それが満たす何かを求めるということになります．

作法　ものの見方にすぎないとも言えますが，そういうように見ることで，数学に対する考え方がおおらかなものになってくれるのなら，結構なことだと思います．

▶3.15　dx 分の dy と読んではいけない？

　$\dfrac{dy}{dx}$ は分数ではないので，dx 分の dy と読んではいけないと先生に言われました．同じ形式のものは同じように理解する，という方が数学的な気

がするのですが. (高校3年,女子)

回答 そうですね，高校までの公的見解としては $\dfrac{dy}{dx}$ は分数ではないのですが，分数と考えることができないわけではありません．ただし，それは大学でも初年級の微積分でもそうは教えないし，多くの人にとって分数ではないということになるでしょうね．

では何かといえば，ニュートン商と呼ばれる分数の極限なわけです．分数もどきではあるのだから，「dx 分の dy」と読んではいけないと，あえて言う必要があるのかということが問題になります．

分数だと思えば，分母と分子それぞれに意味があるように考えてしまいますが，3.6 節で述べたように，極限としてしか意味がないのに，分母と分子それぞれの極限は 0 です．分母分子の極限を取ってから割るのではなく，割ったものの極限を考えるのだ，ということを強調したいということで，そういう教え方をするのだと思います．

そう理解した上でも，「dx 分の dy」と読んでいると，それぞれの極限を考えたくなってしまいがちだから，読まないほうが良いのだろうと思います．

解説 実は，dx と dy にそれぞれ意味を持たせ，その分数だと考えることはできます．しかし，そのとき，dx と dy はもはや数ではなく，別の空間の元ということになり，言うならば，「無限小」と呼ぶべきものになり，dx を x の微分と呼ぶことがあります．値としての 0 ではなく，限りなく 0 に近づく，その在り方を，線形な部分だけ取り出してある空間を作り，その元だと考えるということなのですが，そういう考え方をする数学もあるんだと，頭の片隅に置いておけば十分でしょう．

作法 読むなと言われたら，読まないことです．わざわざ自分で誤解の海に這い込む必要はないでしょう．それでも読みたいなと思えば，読んでよいかどうかをしばらく考えていてからしたほうが良いと思います．

読むなと注意をしてくれる先生は良い先生だろうと思います．「どうしてもだめなの？」とか，「読むと困ることがあるの？」とか訊いてみたらいかがでしょう．本当に良い先生なら，教えてくれるか，一緒に悩んでくれるでしょう．

▶ 3.16 有理数は無理数より少ない？

> 有理数と無理数では，同じ無限個あるといっても，本当は，無理数のほうが多いと聞きました．無限にも多い少ないがあるのですか？
>
> （高校3年，男子）

回答 無理数は有理数でない実数ということです．だから，実数全体の無限が有理数全体の無限よりも一段と大きな無限であるということなのです．何度か触れていますが，無限にも階層があって，多い少ないということがあります．

解説 事実を少しだけ述べておきましょう．一番小さな無限集合が自然数の集合であることは分かりますね．

2つの集合の大きさが等しいのは，2つの間に1対1対応があることだということを抑えてください．自然数全体の集合と1対1対応のある集合のことを，数えることができるという意味で**可算**であると言います．実は，有理数全体の集合は可算集合なのです．つまり，有理数の全体には，$1, 2, 3, \ldots$ と番号を付けることができるのです．この意味で可附番集合であるという言い方をすることもあります．

ところが，実数の全体に番号を付けることができないのです．証明は，できると仮定すると矛盾が出るというもので，本当に実数全体の集合のほうが大きいという感じは得られないのです．

その感じを持つために少し説明をしましょう．そのために少し記号を用意します．集合 X が可算であることを，$\#X = \aleph_0$ と書いて，X の**濃度**はアレフ・ゼロであると言います．$\aleph$（アレフ）はヘブライ文字のアルファベットの最初の文字です．

さて，2つの可算集合の和は可算になる，つまり，$\#X = \#Y = \aleph_0$ であれば，$\#(X \cup Y) = \aleph_0$ なのです．さらに，可算個の可算集合の和も可算になる，つまり，$\#X_i = \aleph_0 (i \geq 1)$ であれば，$\#(\cup_{i \geq 1} X_i) = \aleph_0$ となります．証明はちゃんとした集合論の本なら何にでも書いてあります．

さて，X_1 が有理数全体の集合だとすると，それと同じ大きさの数の集合が可算個あって，それを全部足しても可算のまま，つまり，実数全体よりも小さな集合

です．つまり，X_1 以外の集合の元はすべて無理数であるわけで，いかに無理数がたくさんあるか，分かるというものです．

作法 これは集合論の最初のハイライトなので，集合論の啓蒙書にもそれなりには触れてあるでしょう．これだけで満足するならそれでもいいですが，さらに進みたいのなら，入門書でもいいからちゃんとした教科書を最初から読んだほうが良いでしょう．

▶ 3.17 「類推と証明は違う」って言われても

> 偶数と奇数を足したら奇数になることを証明しなさいという問題を出したら，$1+2=3, 2+3=5, 4+3=7, \ldots$ など 10 例を挙げて，これだけやって成り立つんだから正しいと言う生徒がいました．
>
> 類推と証明は違うんだと言っても，きょとんとして，何を言われているのか分からないようです．どう教えたらいいのでしょうか？
>
> また，奇数と偶数が交互に並んでいるのだから，偶数の奇数個後ろは偶数になれないんだから奇数になるしかないと言う生徒もいました．これなんか，事情がよく分かっているようにも思えるし，証明ではないという気もするし，どのように指導したらよいのでしょうか？　　　（中学校教師）

回答 難しい問題ですね．小学校ではあらゆる算数の規則を例示で教えてきたわけだから，それで納得させられてきたのに，中学に来てそれではだめだと言われても，納得できないのは生徒のほうかもしれませんね．

個別の例で成り立っていることと，すべての例で成り立つことを証明することとは違うことであることをどう納得させるかという問題です．そういう問題だと思えば，生徒それぞれの状況を見ながら対処できるのではないでしょうか．

解説 問題は，奇数と偶数という「言葉」ではなく，きちんとした数学的対象としての奇数や偶数の一般形を規定できるかということです．というか，ということだけです．

偶数は 2 の倍数というのが定義で，奇数は 2 の倍数でない整数です．言い換えはいろいろできますが，偶数はある整数 n に対して $2n$ と書くことができる整数のことで，奇数はそれ以外ですが，整数は 2 で割ると，余りは 0 か 1 しかないので（整数の割り算の定義が何かは 2.14 節にありますが，その定義から直ちにわかります），すべての整数は，ある整数 n に対して $2n$ または $2n+1$ と書けます．

それが済めば，$2n + (2m+1) = 2(n+m)+1$ とすることで，証明は終わるわけです．だから，越えるべき問題は偶数と奇数の一般形が書けてしまうから，例示ではなく，任意の偶数と奇数の和を考えることができているということが大切なんだと了解させることを目指せばいいのではないでしょうか．

作法 生徒が何を了解事項としているかということと，例示ではすべてを表すことができないということ，さらにすべてを表す方法があること，この 3 点を押さえれば良いでしょう．

▶3.18 虚数を使えばどんな方程式でも解ける？

> 「虚数を使えばどんな方程式でも解ける．$\sqrt{i}$ だって，i の式で書けるんだ」と先生が言っていました．どんなふうに書けるんでしょうか．
>
> （高校 3 年，女子）

回答 $\sqrt{i} = \pm\left(\dfrac{\sqrt{2}}{2} + i\dfrac{\sqrt{2}}{2}\right)$ です．

解説 解き方だけやっておきましょう．$z = \sqrt{i}$ が複素数を使えば書けるというのだから，$z = x + iy$ と書いて，2 乗すると

$$z^2 = (x+iy)^2 = (x^2 - y^2) + 2ixy = i \quad \Rightarrow \quad x^2 = y^2, \; 2xy = 1$$

が得られる．$2xy = 1$ から，x と y は同符号であるから，$x^2 = y^2$ から $x = y$ が得られる．だから，$1 = 2xy = 2x^2$ が得られ，$x = \pm 1/\sqrt{2} = \pm\sqrt{2}/2$ が得られる．

「虚数を使えばどんな方程式でも解ける」というのは，誤解なのか，誇張なの

か，ともかく，字義どおりに言うならば嘘ですが，質問者が「先生」の言ったことを忠実に書いているかどうかも問題ですので，少し説明をします．

どんな方程式もというのを，どんな代数方程式もと言い換えれば，正しいと言えます．代数方程式というのは，多項式 = 0 という形の等式を満たす変数の値を見つける問題のことです．たとえば，

$$P_1(x) = 3x+4; P_2 = x^2+5x-3; P_3 = x^3+3x-4; P_4 = x^4+4x+3$$

などが多項式で，上の例では P_i の次数は i で，1次式から4次式までの例になっています．ここで数字で表されている数は係数と呼ばれています．

実は，4次方程式までは係数に関する代数式，つまり，四則演算と根号を有限回使った式で表すことができます．つまり，解の公式があるのですが，5次以上の代数方程式には解の公式はありません．見つかっていないのではなく，存在しないことが証明されているのです．

では，どんな方程式でも解けるというのはどういう意味でしょうか．具体的な式で表すことはできませんが，方程式を満たす数，つまり解が存在するということです．しかし，2次方程式 $x^2+1=0$ ですら，実数の解は存在しません．その解である虚数単位 i を含むように実数を拡大したものが複素数です．そして，数の世界を複素数まで広げれば，解はその中にあるということです．

さらに，多項式の係数を複素数まで許すことにしても，複素数の中に解が存在することを証明することができます．これを**代数学の基本定理**と言って，19世紀にドイツのガウスが証明しました．

これは非常に重要な定理なので，その後実に多くの証明が見つかっています．微分トポロジーを使った証明や複素関数論を使った証明が比較的見通しが良く，美しいと言えるようなものなのですが，証明に取り掛かるためにはかなりたくさんの数学の知識が必要となります．

作法 大学に入って学ぶ数学にはいろいろなテーマがありますが，この定理の証明が分かるようになるというのは1つの目安になるでしょう．目標を持つと，そのために必要な知識の勉強もあまり苦にならないものです．面白そうなお話に興味を持つのは結構なことですが，それを理解するために必要な知識を少しずつでも増やしていって，足元を固めることも大切です．

虚数が授業で出てきたのであれば，$\sqrt{i}$を求めることはあなたにもできたことは上に示したことから分かるでしょう．先生が「なる」と言ったらできることなのかどうかは決まっていませんが，やってみて確かめてみることはできます．できるかどうかはやってみないと分からないし，できなくてもいいのです．そのときやってみたことが後になって何かの役に立つものなのです．

▶3.19 虚数の数学って？

> 教育実習の先生から，飛行機の設計には，虚数の数学を使うんだと教えてもらいました．虚数の数学というのは，高校で私たちの習っている数学とは違うものなのでしょうか． （高校2年，男子）

回答 飛行機は空気という流体の中を移動するから，逆に考えると障碍のある領域の中の流体の運動を解析するという問題になります．2次元の流体の運動を解析するとき，複素数を使うと精密な解析をすることができます．実際の運動は3次元だけれど，3次元での流体の方程式を解くのは非常に難しく，2次元での結果を参考にするのです．だから，流体力学の教科書には複素数を使って解析する章があります．多分，そのことを実習に来た学生は言ったのでしょう．虚数の数学というものはありません．実数でない複素数を虚数といいますが，複素数を使った数学は，代数学にも幾何学にも解析学にもあります．それらの議論の中では，実数だけを用いた有効な議論はできないと言ったほうが良いでしょう．

複素数の数学は高校で習っている数学とは違った印象を与えるでしょうが，違った数学というわけではありません．むしろ，高校までの数学の上に積まれたものです．本当に積み上げるために，大学に入ってから高校までに習った数学の見直しをするけれど，違う数学ではありません．

解説 実際の流体には粘性もあるし，圧力によって伸縮性もあります．しかし，そのような流体の運動を解析することは難しいので，数学的に理想化して，粘性のない非圧縮性流体の運動方程式が考えられ，解かれます．それらが十分に解析できてから，粘性のない圧縮性の流体，さらに粘性のある流体の運動の問題に進

むのです．それらもまずは 2 次元の領域で考察され，3 次元に進んでいきます．

　2 次元の粘性のない非圧縮性流体でさらに渦なしの場合には，複素数を使うと解析が非常に簡単に行われる．たとえば，流体力学の標準的な教科書である，今井巧『流体力学』[6] でも 1 章を割いて詳述しています．さらに同じ著者にはその名もずばり『複素解析と流体力学』[7] という著書があります．

作法 質問をしろと言っておいて言うのも何だけれど，質問からは君の関心がどこにあるのかがはっきりしません．何が知りたいのかを少し考えてから質問したほうがより適切な答えが得られると思います．

　虚数について，技術的な質問もあったが，噂話のようなものの確認といったものが多かった．複素数は高校のカリキュラムにあったりなくなったりするので，ここで最低限の言葉だけ述べておこう．

　虚数は実数でない複素数のことで，複素数は，実数 x, y を使って，$z = x + iy$ と書かれるもののことである．ここで，虚数単位 i は $i^2 = -1$ を満たすものとし，$\sqrt{-1}$ とも書く．演算の規則は実数のときに成り立つもの（63 ページに挙げたもので，可換体を定義する規則）がすべて成り立つようになっている．実数の全体を $\mathbb{R}$，複素数の全体を $\mathbb{C}$ と書く．

　x を z の実部，y を虚部と言う．$y = 0$ の複素数が実数で，$x = 0$ の複素数を純虚数と言う．$\bar{z} = x - iy$ を z の共役複素数と言い，$|z| = \sqrt{z\bar{z}} = \sqrt{x^2 + y^2}$ を z の絶対値と言う．$z = 0 \Leftrightarrow |z| = 0$ が成り立つ．

　$\{z \in \mathbb{C} \mid |z| = 1\}$ は複素平面上の単位円周で，原点 0 を中心とし，半径を 1 とする円周であり，その上の点 z は θ を使って，$z = \cos\theta + i\sin\theta$ と書くことができる．

　$z \neq 0$ であれば，$\left|\dfrac{z}{|z|}\right| = 1$ であるので，ある θ に対して，上のように書けるので，$z = |z|(\cos\theta + i\sin\theta)$ と書くことができ，これを複素数 z の極表示と言う．θ は z の偏角と言うが，2π を法としてしか定まらない．

▶3.20 虚数を j で表すの？

> 電気の講義で，虚数を j で表すと習いました．この j は，高校で習った i とは違うものなのでしょうか． （大学2年，男子，工学部）

回答 同じです．電気，特に電気回路などのテキストでは電流を i と書くことが標準になっているので，それと区別するために i の隣の j を使うのです．また，数学の他の分野で j を使うこともありますが，電気関連の数学の中で使われることはまずないので，混同することはないだろうということです．

解説 同じ数学的対象を違う記号を使って表すことはままありますが，虚数単位 i は非常に広く使われているので，かえって問題になるわけです．

作法 何事にも「郷に入っては郷に従え」ということがあり，従わない場合にはそのことを強く意識している必要があります．

▶3.21 虚数を使う世界で一番美しい公式

> 虚数を使う，世界で一番美しい数学の公式というのがあると聞きました．どんな公式ですか． （高校3年，男子）

回答 オイラーの公式 $e^{i\pi}+1=0$ を美しいと思う人は多いようですが，世界で一番美しいと言って良いかどうかは分かりません．物理学者のリチャード・ファインマンは「すべての数学のなかでもっとも素晴らしい公式」と言っています．あなたはどう感じますか．

解説 0と1は整数を定める基準となる大切な数で，π は幾何学で重要な超越数である円周率で，e は解析学で重要な超越数である自然対数の底であり，階乗級数 $\sum_{n=0}^{\infty}\dfrac{1}{n!}$ の和でもある．i は代表的な虚数である．

公式を $e^{i\pi} = -1$ と書き直しても心は同じで，いろいろな性質を持った数の代表選手を非常にコンパクトにまとめた公式で，余分なものは1つもありません．そういう点で，簡潔で美しい公式であると言うことができます．

しかし，この公式を味わうには，意味が分からないと仕方がないでしょう．例えば，レオナルド・ダ・ヴィンチの傑作だといっても，何を描いているのか分からないままで美しさを鑑賞できるでしょうか？

さて，その意味を知るには少なくとも，それぞれの数の意味，組み合わせられる関数の意味を知らないといけません．π を数として厳密に定義するのは高校までの知識では少し難しいが，それは仮定するとして，指数関数

$$e^x = \sum_{n=0}^{\infty} \frac{x^n}{n!}$$

を定義し，この定義域が実は複素領域まで広がることを確認し，さらに，θ が実数のとき

$$e^{i\theta} = \cos\theta + i\sin\theta$$

となることを示し，という順に話が進んで，やっと，$\theta = \pi$ を代入して，オイラーの公式にたどり着くのです．

高校までの知識だけを仮定して，これらの筋道をある程度丁寧に述べることにすると1冊の本になります．実際にそういうことをしている本も何冊か世の中にはあります．

作法 知りたいのは数学なのか，単なる世間話なのか，はっきりさせてから質問してほしいものですね．数学として知りたいのなら，それだけの覚悟を持って，必要な勉強をしてください．モナリザの美しさの秘密を，1日や2日，ルーブル美術館に行って，モナリザの前に立ち通したとして，自分のものにすることができる人がどれだけいるでしょうか．

▶ 3.22 虚数の時間って？

> SF小説で，虚数の時間というのが出てきました．どんな時間なのでしょうか． （高校1年，男子）

回答 どんな時間かという質問の意味をどう取るかということによりますが，普通，時間は長さや重さのようなものと同じで実数によって計ります．他の意味や関係を忘れ，その実数を複素数にすることができたら，どうなるだろうかという空想の話だと思っておいたほうが，夢があるというものです．真っ直ぐ進む時間ではなく，回り道をする時間！ SFでは多分，そういうイメージをフィクションとして膨らませたものだと思います．

解説 物理学の基本的な方程式は微分方程式で，中でも重要なニュートンの運動方程式やアインシュタインの相対性理論の方程式に現れる関数の変数は実数です．波動や熱や電磁波の方程式は偏微分方程式ですが，状況によっては複素変数を使うと便利なことがあります．

　変数を実数から複素数にする一般化を発想することができるようになって，複素変数にすると理論がどうなるかということも調べられています．そうしたことがまったく非現実的であるというわけではありません．というのは，いったん一般化して時間変化を考え，現実世界として実数への断面を取るとか，断面を変形して考えるとかすることによって，何かしら見えなかったことが見えるということもあるのです．時間変数に対しても複素数にすることが考えられていますが，今のところ，現実世界に具体的に適用できるものではないと思います．

第4章 大学入学の心構えの「作法」

　新入生を見ていると，入学試験のための技術は磨いても，大学入学のための心構えやら予備知識やらをあまり持っていないように感じる．近年は新入生が最初に受ける「講義」に，オリエンテーションだけのものがあるが，それはそういうことの必要性が無視できなくなったからだろう．そのときや大学紹介などの行事で高校に出向いたときなどに受ける質問から選んで答えることにしよう．

　小学校や中学校の場合，卒業式まではそれなりに授業があり，式でそれまでの日常と切り離されるので，次の学校への入学式までの間の何も義務のない時間がそれなりにはっきりと意識され，人にもよるのだろうが，それなりに生き方や心構えというものの切替えの準備ができるようである．

　しかし，大学入学前は，入学試験というイベントがある．高校によっては，卒業式まで1月以上も休校状態で，入試に備えさせるところもある．合格しても，1校だけの受験ということは少なく，次の大学の試験があったりする．すべてに落ちれば（人によっては再度の）浪人生活をどう送るかを考えなければならない．

　合格した大学の中から入学する大学を決めて，やっと暇な時間ができる．

　ここで問題なのは，大学で何を学ぶかということを考えている人が少ないことである．大学を卒業したあと何をしたいのか，そしてそのために大学で何をどのように学ぶのか？　それを考えているように見えない．

　決まらないのは仕方がない．決められないのももっともである．しかし，考えてみることくらいはしたほうがよい．本来，受験する大学・学部を決めるときに，大学を出た後どのように生きたいのかは考えておかないといけない．それを考えずに入試先を決められないだろうと思うのだが，大学や予備校や塾など，受験者の希望ではなくむしろ成績によって，それも何となくというか，受験指導の先生などの意見の影響のほうが強いのではないかと思われる．

　大学に入ってやっと自分のことを自分で決められるようになる．しかし，大学

に，しかも何学部かに入っているわけだから，卒業後の進路はかなり限定されることになる．もちろん，大学に入ってからでも進む道を変えることはできる．できはするが，かなり強い意志を持たないと難しい．親や先生の意見でなく自分だけの意思で受験校を決めることができるためには，意志の強さも必要だが，成績もある程度はあったほうが良い．そのほうが受験校の選択の幅が増える．何のために勉強するのかという問いに対する，今の社会における解答の1つだと言っても良い．つまり，進路選択の自由をある程度確保するために役に立つのである．

やりたいことやなりたいものが若いときからはっきりしているのなら良いが，そうである人は少ない．はっきりしているなら，あとは強い意志で頑張り抜けば良い．その道に進むのに必要のない勉強はしなくても良い．しかし，必要がないということはあらかじめは分からない．むしろ，忘れた頃になって，役に立っていたことに気づくことがあるものである．何が役に立つのか分からないのだから，余裕があればやれることはやっておいたほうが良いのだ．鉄は熱いうちに打てというのはそういうことでもある．余裕がなくなるほど頑張りすぎるのはあまり良くないが，余裕があるかないかは自分では分からない．試行錯誤で，やり過ぎたと思えば休憩し，休みすぎたと思えば頑張ればよい．

いったん進路を決めて，ある程度進めば，他の道には進みにくくなる地点まで来る．そのときにその道への才能がないと気づかされるのは辛い．できれば，自分に才能があるかどうかある程度は確かめてから進路を決めたいと思うのも人情である．

そこで数学の出番というわけでもないが，本書のあちこちでも言っているように，数学がある程度できると，進路選択の可能性をできるだけ広く持ったままでいることができる．だから，数学ができなければ世界の終わりだと思う必要はないが，数学がある程度できるようになっておくのがお勧めというわけである．

そこで，むしろ「数学の」ということを限定するわけではない，大学に進むための心構えの作法を考えてみたい．

▶ 4.1　入試は済んだ，もう勉強はしたくない

> 　僕は勉強が嫌いだ．大学に行かないと負け犬のように思われるのが嫌だったから，とりあえず入試に通ってみせた．入試勉強も，時々は面白くないこともなかったけれど，やっぱり嫌だった．何のためにやるのか分からない．就職してから役に立ちそうもない知識を詰め込んで，時間の無駄だ．
>
> 　大人が我々を判断し，ふるい分けするだけのもの．大学生は大人だと思ってもらえるのだろうか．だったら，僕もそっちの仲間になる．なりたいわけではないし，裏切り者のような気がしてそれも嫌だが，いつまでも弱者でいる気も起こらない．
>
> 　特に数学は嫌だ．あんなもの，なんの役に立つのだ．
>
> 　　　　　　　　　　　　　（入学試験に受かって虚脱状態の浪人生）

回答　大学で学ぶということは，学ぶ意思を持って学ぶということです．学ぶ目的を持たずに大学に入っても意味があるとは思えません．

　君の気持ちの中では，大学に入学できたのだから，とりあえず敗者にはならずに済んだが，勝者になったという気持ちがしないということのようですね．それはやはり，目的を持っていないからでしょう．目的を持ち，それを達成するためのステップとして大学入学を考えていたなら，小さくとも達成感はあったでしょう．

　人生を勝者と敗者に分けるという考え，勝者になるために頑張るというのは，若いうちなら悪いとも言えません．より大きなものを達成するためのエネルギーになることもあるでしょう．

　君の質問からみると，知識は就職後の役に立つことにしか意味がないように見えます．しかし，君がどういうところに就職したいと思っているのか，質問からは見えません．というより，質問からは就職先についても，ある種のレベルについての希望はあっても，職種についての目標があるようには見えません．それで，必要になる知識かどうかをどう判断するのでしょうか．

　目標があるなら，それに必要な知識を大学で学べばよいのです．まずすることは，入学が決まった大学で，君の所属がどこまで限定されているかを確認するこ

とです．その中で，君の目標に沿った学習が出来るかどうかを調べることです．できるのなら，それを頑張ればよいし，できなければ，それを可能にするような転身をすることです．すでに入試に通ったのだから，無能のせいで大学に行かないという人はもういないでしょう．どの大学にも君の目的に沿う道がないのなら，大学に行かなくてもいいのです．目的に向かって進めばいいのです．

人生の目的があればそうすればいいのです．なければ，大学時代をそれを見つけるためだけに使ってもよいのです．人生の目的はそれほどにも重要なことです．大学にもよるけれど，そういう猶予期間としての役割なら，今の大学はかなり上手に果たしてくれるかもしれません．

そうそう，腹立ち紛れに，数学の悪口を言うのは止めてください．悪口は正々堂々と正面から言うように．言われたら，多分傷つくけど，真面目に答えてみようと思います．

解説 のしようがないですね．

彼だけでなく，最近入ってくる学生の多くにやる気のないことを嘆きもし，心配もしています．人生の目的を見つけられないのが理由で，大学で学ぶ意欲にも欠けるということのようです．

しかし，人生の目的などというものが誰にも簡単に見つかるというものではありません．見つからないと言って，漫然と待っていて見つかるはずもないでしょう．人生が二度あれば，そして一回目の反省に立って二度目の人生を生きることができるのであれば，ともかく何でもしゃにむにやってみて，失敗しても反省をしてやり直せばよいのですが，そういうことはありません．しかし，そうでないからといって何もしないでいては何も変わりません．

夢を持つことです．できれば，実現不可能ではないが，かなり難しそうな夢がよいでしょう．他人に笑われても，自分でその夢を信じなくてもいいのです．ともかく夢を持ち，それを実現するために何をすればいいか，しなければいけないかを考え，努力する．当然，実現困難なほどの夢ならば，壁にぶち当たる．その壁にぶち当たったとき，それをどう回避しようとするか，どう克服しようとするか，自分の姿を観測するのです．

そして，夢を少し低くするか，夢の形を変えてみるか，それとも逆に夢を少し高くするか．そこで何を決断し，何を実行するかということを観測するのです．こ

れをしばらく繰り返せば，最初に仮に想定した夢とは違う，夢ではない，実現可能な目標が見つかることでしょう．

若いときは一度しかない．健闘を祈る！

作法 などありません．作法など糞くらえというものです．ともかくやってみましょう．今熱くならずに，いつ熱くなるのですか．

▶ 4.2 数学と物理のどちらに進むべきか

> 東大か京大の理学部が志望の高校生の娘がいます．純粋数学か理論物理を専攻して，将来は研究者か高校教員になりたいと言っています．本気で目指せば合格すると思いますが，研究者になるのは無理ではないかと思うので，博士課程進学は賛成できません．
>
> 数学と物理のどちらがいいのでしょうか．大学での物理や数学は高校で学ぶものとは違うようですが，私も，もちろん娘もそれは分かりませんので，娘は難しいほうにしようかなと怖いもの知らずのことを言っています．私の心配など柳に風と受け流しています．昔はそういう娘が可愛らしかったのですが，将来のことを考えると今は心配でなりません．
>
> また，学力があるのだから，地方の国立の医学部に進学してほしいと思うのですが，理学部の理論系の就職事情はどんなものなのでしょう．
>
> （出来のいい娘を持って心配で仕方がない父親）

回答 もしも高校の先生になるというのが現実的な目標だというなら数学をお勧めします．高校教師の需要は数学担当のほうが多いからです．

研究職のポストの数は数学よりも物理のほうが多いのですが，希望者もずっと多いので，より狭き門です．研究職を目指して，うまくいかなければ高校の教師にでもなろうと思っているようでは，研究職につける見込みはほとんどないと思ったほうが良いでしょう．

研究職だけを目指すというなら，うまくいかなければ一生を棒に振ってもよい，という覚悟がなければ難しいでしょう．理学部にはそう思って入ってくる人がほ

とんどなのです．それでも，学年で数人しか研究職に就くことができないのです．もちろん，そういうことを一切考えず，（他人から見れば）スイスイと結果を出して，研究職に就く人もいないではありませんが，そういう人は均（なら）せば10年で数人というくらい稀（まれ）です．

数学か物理かの問題ですが，それは一生の問題なのだから，簡単にどちらとも言えません．学問そのものとの相性もありますが，研究体制との相性ということもあります．どちらがいいということはありません．ほかの大学ではそうはいきませんが，東大でも京大でも，どちらを選ぶかはほぼ2年ほどの猶予期間がありますから，入学してから決めることができます．

作法 悲観的な予想ばかりのようですが，思いがけずうまくいくこともあるし，人生，何が起こるかわからない．嫌いなことをするよりも，好きなことをやって生きるほうが幸せかもしれません．

あなたの質問だからこのように答えましたが，娘さんの人生は娘さんのものです．気の済むようにさせてあげたらいかがでしょう．成功したら喜んでやり，失敗したら慰めるくらいしか，親のできることはありません．

▶4.3 大学の講義は高校とは違うんですよね？

> 大学入試でいくつかの大学には通ったんですが，受験指導の所為とは言わないけれど，大学に行って何がしたいということがありません．受験，受験で，気持ちがそっちに行っていて，大学で何がしたいということを考えたことがないのです．
>
> これから気持ちを入れ替えて勉強したいと思うのですが，大学では，決まった授業を受ければいいというわけではないようですね．自分で決めなきゃいけないから，しっかり考えて勉強するんだぞと，合格報告に行ったとき担任の先生に言われました．
>
> 大学の講義って，どうなっているのですか？ 落第というのもよくあることのようですが，どういう様子か教えてください．
>
> （大学入学が決まった高校3年，男子）

回答 最近では高校でも導入されている場合もありますが，高校までと大学以降の教育制度での大きな違いに，単位制があります．つまり，高校までは，特別な例外を除いて，カリキュラムは学校から与えられているものですが，大学では自分で選ぶものだということです．

「卒業単位」というものがあります．講義，演習，実験，実習にそれぞれ単位数が定まっていて，それを決められた一定数以上とらないと卒業ができません．それぞれによって，単位数も違います．単位の認定は，期末や年度末に受けますが，それによって半期もの，通年ものという言い方をします．多くは試験によりますが，レポートやら，授業での発言や態度やら，製作物などで認定を受けることもあります．その出来によっては，認定を受けられないこともあって，「単位を落とす」ということが起こります．高校までと異なるのは，単位を落とすことは特別に異常なことではないということです．

個々の講義を受けるか受けないかは学生の自由意志によります．もちろん，卒業要件としての単位には，所属する学部や学科によって，単位の総数や，講義などの種類別の最低限の単位数などの縛りがあって，単純ではありません．所属する学部や学科により，必修単位が多いことも少ないこともあります．「必修単位」とは，その種の科目の単位を落とすと，他にどれだけ多くの単位を取っていても，卒業することができないもののことです．しかし，かなり多くの自由裁量の余地があり，「選択単位」と呼ばれる種類の講義をどのように選ぶかということが，大学生活のその人なりの色彩を決めると言っても過言ではありません．

また，一定の範囲の講義群の中で一定数以上の単位を取ればよいという，「選択必修」という単位もあって，その選び方が学習成果の密度を決めるという意味合いもあります．必修単位というのは，所属する学部・学科の学生の必要最低限のレベルを教授者側が要求するものですが，多くは2年の後半から3年次以降に学ぶ，より専門的な諸事項のために必要な基礎知識なり基本技術の習得を目的としています．

4年次（卒業年次）には，「卒業論文」を書くか「卒業研究」をすることになっており，実は，卒業要件としての単位数を満たしていても，論文が「通ら」ないと，卒業できないという仕組みになっています．これらのことには"かなり"専門的な内容が要求され，それに取り組むための最低の知識技術が必修単位なのだか

ら，よほど相性が悪いのでない限り，必修単位はカリキュラムで設定されている年次に落とさず，取っておくことが望ましいのです．

　1年生用の必修科目の講義を聴きに来ている卒業年次の学生を教えることがあります．この単位を落としていて（その程度の学力で），卒業研究ができるのだろうかと心配になりますが，そういう場合にも真面目に講義を受ける学生とそうでない学生がいます．

　真面目に受けている学生に訊いてみると，その講義の内容が必要になっているという認識をしていて，ある程度は自習しているようです（既に受講したことがあるはずなので，そのときの教科書は持っています）．何とか卒業研究に必要な程度のことは分かるが，この際きちんと分かっておきたい．2年や3年のときは，学部の必修単位が重なったために受けることができなかった，という事情であることが多いようです．

　大学での教育は学生が自分で決めるのだと言っておきながら，必修単位を取得する重要性を述べてしまいましたが，もしも，必修単位の教科内容がとても自分に合わないということであれば，それは所属する学部・学科の選択を誤ったということであり，やり直したほうが良いと思われます．

|作法| 必修科目が自分の性格に合わなければ転学科，転学部，さらには転学も考えたほうが良いでしょう．

　学生はまだ若い．やり直しはできます．しかし，人生は一度しかありません．そして人生は短い．やり直すのなら早いほうが良いし，何度もやり直さないほうが良いことは良いのです．だから，そのようなことは，単に気に入らないからではなく，自分の人生の目標を見つめ直してからにしたほうが良いでしょう．

▶ 4.4　大学数学は受験数学とは違うもの？

　　大学数学って，受験数学と根本的に何か違うのですか？　違うとすれば，
　　何が違うのですか？　　　　　　　　　（大学入学が決まった浪人生，男子）

|回答| 内容的には数学に違いはありません．違うのは数学に対する姿勢や心構え

の方です．違和感を感じるとしたら，姿勢の違いを支える言葉遣いの違いや，言葉に対する繊細さでしょう．

しかし，こういう質問をするのは，おそらく受験数学が本物の数学とは違うのだろうという思いとか，もしかすると希望のようなものがあるからでしょうね．大学では本物の数学に会えるという希望を持って，大学に進んでもらいたいものです．

解説 高校までの算数・数学と大学以降の数学には本質的な違いがあります．少し前までは，ずいぶん前になるかもしれませんが，そのことに気づいてもらうために，大学に入学したての講義では，あえて，数学世界特有の言葉遣いと概念を強調するようにしたものでした．それが多くの学生に，数学に対する取っ付きにくいという印象を与えるようになったのでしょう．それがむしろ好ましいと思える学生が数学科に進学しようと思ってくれれば結構です．そういう一種の踏み絵のようなものだと考えられていたのかもしれません．

著者などは，そういう策略にまんまと引っかかって，物理というか素粒子論をやろうと思って入った大学の2年生になる頃には，数学科に行こうと思うようになっていました．高校までに培ってきた知識体系とまったく異なる世界を提示されて，はなやかさに幻惑されてしまったのです．著者の入学した大学では，理学部生として入学し，2年次から3年次に進む際に，数学科・物理学科・化学科・地球物理学科・動物学科・植物学科に分かれるという制度でした．だから，希望する学生の人数が定員数を超える学科に進みたければ，分属試験というものに通らなければいけなかったのです．大学に入ったら，もう重大な試験がないという，楽園ではなかったのです．

大学受験のときには志望校の選択も一切相談せず，だから何の意見も言わなかった父親ですが，数学に進むと告げたときには，「数学では食って行けんぞ」と一言だけ言いました．それでもいいと答えたのですが，そのときにどれほどの覚悟があったでしょうか，いま思えば赤面ものですね．数学にそれほどの魅力を感じていたかと言われたら，そうだったと言えるほどの気持ちがあったかどうかは覚えていません．ただ，他の道に進んで，気に染まないことをして一生を送りたくないとは思ったのです．

考えてみれば，異文化としての数学に入れ込んだのは著者のかってな思い込み

であり，多くの学生たちには，数学は躓(つまず)きの石であったし，今もそうであるに違いありません．本章ではそういう，数学特有の概念や言葉遣いを解きほぐしていくことにしましょう．数学特有の概念というより，概念のあり方が数学特有なのですが，だからこそ，数学の世界に魅せられていないと分かりにくいことになります．

▶ 4.5 大学で数学を勉強するほうが高収入になるって？

> アメリカの話だったと思うのですが，大学で数学を勉強した人としない人とでは就ける職業に違いが出て，生涯賃金としては相当に差ができるという話があると聞きました．日本でも，同じようになっているのでしょうか？
> (高2，男子)

回答 そうですね，そういう統計があるという話を，アメリカの人の書いた数学の勧め的な本で読んだことがあります．ただ，その場合は，大学入学のときや，卒業後の進路を決めるときに，数学的知識を問われる大学，学部，研究室，職種というものがあるということだったと思います．その上で，どういう統計処理をしたかは分かりませんが，生涯賃金に換算した報告書からの表がありました．

日本では，それほどきっぱりした数値は出ないかもしれませんが，少なくとも，ある程度以上の数学を習得したかどうかで，職業選択の幅が変わるということはあると思います．端的な言い方をすれば，理科系学部に行っても小説家や公務員にはなれますが，文科系学部に行ってノーベル物理学賞の受賞競争に参加することは不可能であると言ってよいでしょうね．

解説 20年以上前に講義でこういう話をしたことはありますが，ある意味そういう選択を済ませて大学に入ってきた学生にはどうも当事者意識がないようで，聞き流されてしまった覚えがあります．それに，数学者の身で数学のこういう効能を話すと，それがいかに正しくても，公平な目で見てもらえないということもあって，こういう話はしないようにしてきました．

しかし，[8]や[9]のような調査報告を見ると，最近様子が変わってきたようです．

報告書が読みにくければ，たとえば，和田秀樹『なぜ数学が得意な人がエグゼクティブになるのか』[58]には読みやすい解説があります．就職時にはあまり変わりがなくても，というかむしろ有名校の文系のほうが高収入なのですが，40歳をすぎるころになると，あまり有名でない大学の理系の卒業生の収入のほうが多くなるという調査結果があるのです．もちろん平均です．

これらを読む前もそういう傾向はあるだろうと思っていたのですが，それは役職に就くのは文系が多くても，役職の数は少ないので多くの人は役職に就けないわけだから，平均すれば，文系のほうが低くなることもあるだろうと思っていたからなのです．

しかし，この報告によれば，役職に就く割合も理系のほうが多くなってきているようです．それは日本の会社の体質もアメリカのものに似てきているということによるようです．つまり，年功序列制の崩壊や成果主義が強まっていることが原因のようです．役職に出世するのも人間関係だけでなく，というかそれよりも会社にとって何をなしうるのかということが問われる時代になってきたようです．上のような報告書にもはっきりと傾向の変化が現れているようで，上の調査よりも10年以上前の調査では，まだ文系優位が認められていたようです．

以前は会社で役に立つことは社内教育で行い，素質さえあれば社内でじっくり育てたほうがよいという風潮があったのですが，会社にそういう余裕がなくなってきて，すぐに役に立つ人材を採用するという傾向になってきたということもあるようです．さらに付け加えれば，大企業でさえ時代の変化とともに倒産や業務内容の縮小や変更を余儀なくされることが少なくなく，そういう際の転職のしやすさでも理科系のほうが有利だということもあるようです．つまり，時代（状況）の変化に対応する能力が理科系の教育を受けた人のほうに多い，というかそういうような時代の変化が起こっているということかもしれません．

作法 理科系文化系を問わず，未来の自分のために大学で何をするのかということです．それがはっきりしないとしても，何をどう学ぶかくらいは考えたほうがよいでしょう．標語的に言うなら「ブランドに頼らず自分に頼れ」ということになるでしょうか．

▶4.6　部活やバイトしても卒業できる？

> 大学に合格しました．大学に入ったら部活とアルバイトをやりたいと思いますが，少しくらい授業に出ないでも卒業できるものでしょうか？
>
> （合格通知が届いた受験生，男子）

回答　可能か不可能かという点でだけ答えるなら，できるとしか言えません．
　この質問者がどういう状況で訊いているかが分からないのでこれ以上のことは言えませんが，バイトをする必要があるが，そんなことをしていて卒業できるのかという意味なのでしょうか．それなら，大変だけど可能だから頑張ってくださいと言いましょう．
　しかし，何のために必要なのかが問題です．仕送りが少なく生活するのに必要だというのか，親に負担を掛けず経済的に自立する必要があるのか，バイトをして稼いだ金で好きなように遊びたいから必要だというのか，バイト先が決まっていて諸事情によりそこで働く必要がある，とかなのでしょうか．
　大学は卒業しさえすれば良いというものではありません．それは，入学さえすれば良いというものではないのと同じことです．それとも，入学さえすれば卒業しなくてもいいのでしょうか．
　さて，アルバイトについては，経済上やむをえない場合を除いて，しないで済むならしないことをお勧めします．その分勉強したほうが良いのです．もちろん，その勉強は大学が提供するものに限る必要はありませんが，その場合には非常にはっきりした未来に対するヴィジョンを持っている必要があります．そうでなければ，どういう勉強をしたらよいかも分かり難いのではないでしょうか．
　大学を就職のためだけのものと割り切っているのであれば，アルバイトの種類によっては，例外的に採用に有利にカウントする会社もしくは職種があるかもしれませんが，一般的には，アルバイトをしたからといって有利になることはないと思ったほうが良いでしょう．前節でも言いましたが，会社は採用時点で志願者がどういう能力を今持っているか，卒業時に持つようになるか，または採用後に持つことが期待できるかということを判断して採用を決めるというように変わってきています．

部活やサークルも同様です．そこでやることを生涯の仕事にする覚悟でするならよいのです．たとえば運動選手で，能力を高めプロになるか，企業スポーツのある入社したい会社があるような場合もあるでしょうし，演劇や芸能などの能力を高めプロへの道へ進む場合もあるでしょう．しかし，そのような場合，大学は単なる場でしかなく，それぞれの進路を持っているのですから，ある意味で，大学を卒業する必要もないのだから，好きなようにすればよいでしょう．

　プロにならなくても生涯の趣味にしたいという場合に，それをいけないとは言えないし，言う気もありません．しかし，その場合は，卒業後の生業は別にあるわけだから，それに役に立つ（はずの）勉強を（それなりには）頑張らないといけないでしょう．

　解説　これは，大学に何のために入ったのか，という問題です．卒業後にどういう人生を想定しているかという問題でもあります．
　就職試験では面接が重要であることが多い．大学入試でも面接諮問をすることがあるので分かるのですが，面接の練習というか，面接のノウハウを覚えてきて，その通りに話す受験生が大半です．もちろん，あまり無作法なのは印象が悪いのですが，そうでなければ，型通りの受け答えをする受験生は，その時点で不採用です．面接で見るのはペーパー試験では読み取れない，個人的な能力や性格，特徴を見るためであって，面接の作法をよく覚えてきたかどうかではありません．特に逆効果なのは，受験校なり会社なりの良い所を言い立てて，だから受けに来たんですというときに，受け入れ側のほうで世間的に思われている特徴をあまり好ましく思っていなかったり，別の特徴のほうを自負しているようなときです．言い方にもよりますが，かえってカチンときて，それだけで不合格ということもありえます．

　作法　バイトした金で何をするか，部活で培った技能をどう人生に活用するのか．そういうこと考えた上なら，やればよいでしょう．それで失敗しようと，成功しようと，自分の選択なのだから，諦めもつくし嬉しさも倍増するでしょう．
　ただ，数学を勉強することが将来何の役にも立たないと思って数学の勉強を軽んじることは，危険だからやめたほうが良いですよ．将来，どんな局面で役に立つか分かりません．あれを勉強しておけばよかったと嘆いている人生の先輩は，表には現れにくいけれど，かなり大勢いるのです．

信じたくないのならそれもいいでしょう．しかし，それが自分の選択だったことだけは忘れないでほしいものです．

▶4.7　宇宙という本は，数学の言葉で書かれている？

> 数学の授業で，先生が，「宇宙という本は，数学の言葉で書かれている」と言っていました．すごく格好の良い言葉だと思ったのですが，意味がよく分かりません．どういうことなのでしょうか．　　　（高校1年，女子）

回答　ガリレオ・ガリレイが「宇宙という壮大な書物は数学の言葉で書かれていて，数学抜きではその一言も理解できない」と言った，ということは有名です．宇宙が単に天空のことでてなく，我々の居住世界を含む広大な世界であることを認識し始めたのがガリレオだったと言えます．

　風や雲や雷は地表からそれほど遠くないところにあるけれど，どのようにして起こるのかは分からない．分からないものは神の仕業として，人智を超えたものとする．願うことはできても知ることはできない．生活に非常にさらに大きな影響を持つ月と太陽はさらに遠くにあるが，ある程度その動きは分かる．それを整理したものが暦です．長い間の観測と，それを整理する膨大な作業の末に周期現象であることを知った．さらに日食と月食の理解から，2つの天体の地球からの距離の違いが分かる．星は天球に張り付いているように見えるが，この距離の差の認識は天空の広がりの大きさを知らせてくれる．さらに，星の中で極端に明るい少数の星が奇妙な運動をすることに気づき，惑星と名づけ，観測の積み重ねによって，それ以外の星たちよりも我々にずっと近いところにあることを知った．さらに，ガリレオが木星に4つの衛星があることを望遠鏡で確認した．それは地球が木星と同種の天体であることへの認識につながる．これこそが地動説の世界に与えた大きな衝撃だったのです．

　そして，これらのことを観測から推定するためには，幾何学が必要だったし，幾何学により，運航の将来を予測することもできる．それらは，星に神を比定し，神の計らいと言っているだけではなしえないことであり，ガリレオの言葉につながったのです．

この後ニュートンの微積分の発明により，惑星運動の詳細を記述，予報することができるようになり，人工の星を打ち上げることもできるようになったのです．物理理論も進み，相対性理論と量子力学が生まれ，宇宙の誕生の仕組みが解明されるようになってきました．それらはすべて数学の言葉で書かれています．数学と物理にはほとんど違いがありません．あるのは，数学はありとあらゆる世界の姿を研究することに対し，物理は我々が現にあるこの世界の在り方にのみ興味があると言ってもいいでしょう．

解説 とても本書の大きさでできることではありません．本気でしようとすれば，何百冊もの本が必要でしょうし，それを少しでも理解するには，これからたくさんのことを学ばないといけないでしょう．

作法 宇宙を理解するためにどんな数学が使われているのか，どれくらい勉強したらそういう数学まで到達するのか，そういう気持ちで数学の勉強をしてみたらどうでしょう．受験数学も数学ですが，その先にそういう数学が待っていると思うと楽しくなってきませんか．

▶4.8　数学が役に立ってる気がしないんですが？

これまで勉強してきた数学は小学校の算数以外，世の中の役に立つような気がしません．大学で習うことになった数学はもっと役に立つようには思えません．必修の講義があるのに，数学の勉強をする気が起こらないので困っています．　　　　　　　　　　　　　　　　　　（大学1年，工学部，男子）

回答 数学が役に立たないという意見はよく聞きますし，算数も役に立たないという人も少なからずおられますが，そこを説得する必要がないのは少し安心します．現在算数で教えている内容は，数千年来人類が獲得してきた数学にかかわる応用で，ひろく役に立ったり，教えやすい部分をまとめたものであると言うことができるので，役に立つあり方というのもわりとよく認知されているのでしょう．教えやすさという点から，非常に役に立っているのに算数の教材になっていないものものもありますが，それは授業時間との兼ね合いもあり，仕方のないことで

しょう．

　大学で学ぶ数学の多くはそれに比べて比較的最近になって発見されたもので，それらはほとんどは応用上の重要性から発見されたものなのです．したがって，ほとんどが本質的に役に立つものばかりなのです．ただ，専門性が高くなって，実際に役に立つ状況を見聞きする場面を作ることが難しいのです．

　教程の上から初めに来るのがニュートンの微積分学で，1687 年に『プリンキピア』の初版が出版されて広まっていったので，約 330 年なわけです．それ以降オイラーの多くの発見（18 世紀），フーリエによる熱の理論（19 世紀）やマクスウェルの電磁気の理論（19 世紀）など様々なことが数学を用いて展開されています．大学で，理学部なら植物，動物，地質などの博物学的な部分を除いたすべて，工学部ならほとんどすべての科目の教科書は数学的な記述のないものはないと言ってよいくらいです．それ以外の分野でも，多くの対象を扱うような分野では統計学を通した数学理論抜きに理論を作ることはできません．

　大学初年級で習う数学は，その後に学ぶ専門分野で必要な共通の基礎知識なので，それを等閑（なおざり）にしていると先に進んで何も理解できなくなる可能性があります．数学を役に立たないと言うことで勉強しないことの言い訳にするのはかまいませんが，しないことで被（こうむ）るデメリットがあることは覚悟する必要があります．

　確かに，数学の研究に進む人に必要な数学と，数学を道具として使う人に必要な数学は同じではありません．といって，現在の応用分野で使われている数学だけを学んで済ませば，その後のその分野の発展によって必要となる数学理論が変化したときにまったくついていけないということも起こるのです．

作法 使うかどうかわからないことを学ぶというのは余裕がないとできないわけですが，無駄の効用という観点から考えてみてください．痩せ尾根を歩くことを想像してください．足を置いた場所だけで支えられているわけで，それ以外の場所はあるだけ無駄なのですが，実際には，その無駄な場所がなければ足がすくんで歩けないでしょう．

　何を学ぶべきか，何を学んだら有利か，何を学ばなかったら損か，というようなことを考えることも悪いわけではないけれど，それを選ぶときに考えたこと以外のことが起こる可能性があるからこそ，無駄と知りつつ学ぶわけだから，むしろ，学ぶこと自体に価値というか，喜びを感じるというようにするほうが，結局

はお得なのではないでしょうか．

　無駄になったと思っても，後でまた役に立つ局面が出てくるかもしれないわけだし，自分の今に役に立たなくても，これまで多くの役に立ってきたことは，未来のあなたの役に立つかもしれないということです．

▶ 4.9　主観と客観

　高校までいろんな勉強をしましたが，受験勉強は文科系にしたので，数学は数学 I と数学 A までしか勉強しませんでした．

　浪人して予備校に通っていますが，時間が空いたのでとってみた数学 B が妙に面白くって，理科系の数学の勉強にはまってしまいました．

　僕は歴史や哲学が好きだから文科系を選んだんですが，自然科学の客観性ということを本で読んだりします．「我思うゆえに我在り」と言ったデカルトが好きで，主観こそが一番大切だと思ってきました．しかし，デカルトの『方法序説』の付録に『屈折光学』『気象学』『幾何学』があって，それが彼の方法論を例証するものだということを知って，分からなくなっています．

　主観なのか客観なのかと悩んでいたら，あるとき，数学の証明問題の授業を聴いていたら，その議論は客観的ではないだろう，と先生が注意しました．考えて考えて，深く事物に沈んでいき，そこで得ることは極めて主観的なような気がするのですが，客観的であることがその思考を評価するということになりますよね．

　今から遅いかもしれませんが，数学って面白いかもしれないと思うようになりました．でも，それは受験の数学とは違うような気がします．理転するのは大変だから，大学に入って勉強する数学が僕が思ったようなものじゃないと困るんですが，どうなんでしょう．　　　（文科系受験の浪人生）

回答　主観と客観のどちらかを選ばないといけないですか？　また，そのことで志望の学部を変える可能性があるということなのですか？

質問の趣旨が分かりません．主観と客観について何かしらの勝ち負けを付けたいように見えますが，それと君が思っている数学とがどういう関係にあるのか？

第1章を読んでもらえばわかると思いますが，数学が客観の権化のように思うのもある種の誤解なので，それを前提にした質問にはそこから答えないといけないことになります．数学との関わりについては，似たような質問があるので，そちらを見てもらうことにします．数学概念の定義についても悩めば眠れないようなことがあります．

主観と客観の問題についても，若い時に陥りがちな堂々巡りにもなっているようで，君が思うようなことは当然これまでも多くの人が考えてきたのです．それを勉強して自分の立場を決めるのもよいし，そういうことは無視して自分の思索を深めるのもよいでしょう．

主観と客観について，どういう観点で問題にするかということを考えておかないと堂々巡りから抜けられないと思います．「どちらが正しいか」，「どちらが世界を正しく反映してるか」，「どちらを信じる方が幸せなのか」というように考えてみるわけです．そういう風に考えてみると，どちらを選ぶということについての考え方が変わってくるのではないでしょうか．

解説 デカルトのことを調べてみるとデカルト観念論という言葉にぶつかります．自分が考えるということを基礎に置いていることをそう言うのかと思うでしょうが，実は少し違います．観念論は英語では Idealism と言います．初等的な英語の知識では「理想主義」と訳したくなる言葉ですが，デカルトは，プラトンのイデアを発展させたものなのでこう言うわけです．大雑把に言えば，「事物の存在と存り方は，当の事物についての idea（イデア，観念）によって規定される」というものです．同じものですが，日本語の訳語は一定しません．存在論においては唯心論，認識論においては観念論，倫理学説においては理想主義と訳されています．それが同じことを意味すると思えますか？　それが自分で考えるということの大切さです．

Idealism の対義語は Materialism で，よく「唯物論」と訳されます．唯物主義とか，倫理学では物質（物欲）中心主義，美術では実物（描写）主義とも訳されます．「観念や精神，心などの根底には物質があると考え，それを重視する」考え方であり，観念論のほうは「物質は精神の働きから派生」すると考えるわけです．

このようにギリシャ哲学以来多くの人々が議論し，変形し，派生してきます．あなたが考えていたこととかなり違ったもののような感じがするでしょう．

今はそれほどではないでしょうが，著者が大学に入ったころはまだイデオロギー論議が盛んで，考え方の問題としてかかわっているといつの間にか学生運動やら，政治活動に引き込まれていく友人も少なくありませんでした．自分なりにしっかり考えてそこに踏み込んでいくのならそれもいいのでしょうが，雰囲気と成り行きでそうなるのは感心できるものではありません．

主観と客観について思弁的に悩むこととイデオロギーとは関係がないのですが，それに引き込まれる危険がないではないので，老婆心的な回答になりました．

作法 進学する大学を選ぶときに自分の好みを重視するのはいいですが，それは生涯の趣味のための基礎的素養を身につけるためなのか，それとも職業選択のためなのか，はっきりしないままというのは問題でしょうね．それを二者択一と考えてみれば，多くの人は後者を選ぶと思います．

だから，その観点で大学と学部と学科を選ぶべきだと思います．著者自身はやりたくないことをして生きても仕方がないと大見得を切って進学して，進む方向は少し変わったけど，大幸運のおかげで数学をすることで生きていられています．いろんな関門を，多分ぎりぎりだったんだろうけど，それを乗り越えてきたから今があります．乗り越えられなかったら家業を継ぐという約束をしたことがあって，おかげで親に大見得を切ることができたわけですが，ある意味，綱渡りのような人生だったですね．

自己責任という覚悟を持てば何をしてもよいのですが，滑り止めを用意するような生き方の場合，もちろんそうでない場合もですが，「悩むのなら目的をもって悩む」ということを心掛けてください．

▶4.10 数学が分かるとはどういうことか

受験勉強で数学の問題をたくさん解いて，もちろんできる問題もできない問題もあった．問題によっては，解答を見たあとで，理解はできても絶対に思いつかないだろうと思うようなものある．大学に受かるだけならこれでいいんだけど，僕は大学教授になりたいと思っているので，それだけ

> では駄目だろうと思う．
>
> 　入試問題だって作らないといけないだろうし，大学で勉強する数学はもっと難しいだろうし，勉強する数学だけでそれ以上は必要がないのか，不安でいっぱい．　　　　　　　　　　（工学部に合格したばかりの受験生）

回答　大学に入る前から教授になるつもりなんですか？　小学生や中学生が将来の夢として学校の先生というのと同じようなものだと思ってよいのでしょうか．彼らは自分たちが学んだ先生という存在に憧れてそういう夢を語るのでしょうが，君の場合は，職業として，まだ実像を見たこともない教授というものなりたいと言っているわけです．教授になろうとするかどうかは，教授なるものを大学で観察してから改めて考えたほうが良いのではないでしょうか．

　受験数学を難しく感じ，その延長線上にあるだろう大学で学ぶ数学という教科について，その難しさだけが心配なようですが，工学部なら工学部でそれぞれの専門に特有の難しさがあります．また，大学で学ぶ数学には，これまでに学んだ数学とは異なった種類の難しさがあります．受験数学の延長線上にあるわけではないので，その難しさを楽しめるかもしれません．不安を持っているだけでは何もいいことはありません．先輩も同級生も同じ環境にあって勉強しているのですから何とかなります．

　ただ，何とかなるだけであって，教授になれるのは同級生の中に一人もいないということのほうが多いので，教授になるという夢はおそらく入学後しばらくすると泡のように消えてしまうでしょう．もちろん，それを目標にして，同級生ばかりでなく先輩たちも追い抜くだけの努力をすれば不可能なことではありません．目の前に現れる課題をすべてこなし，その上で自分独自の目標を設定しながらそれを克服していく，ということを続けたら，夢などと言っていなくても，自然に教授になっているかもしれませんよ．

解説　数学が分かるというのは，数学という教科の中で出される問題に解答を与えることができることである，という意味に取っている人が多いようです．

　もちろん，そういう問題に解答ができる能力は，数学を学ぶ上でも数学を作る上でも役に立つことは確かです．数学ができると他人（ひと）に思われるためには，そう

した能力はあったほうが良いだろうと思います．しかし，そう思っている限り，大学でちゃんとした数学を学ぶことになったとき，戸惑うでしょうし，正しく数学に向き合えないということになりかねません．

　数学ができると思われたいのか，それとも数学ができるようになりたいのかという問題でもあります．

　数学を多くの人に教える立場になって久しいですが，数学ができるようになってほしいとまでは思いませんが，数学が分かるようにはなってほしいと思うのです．もちろん，できるようになることは本人にとっても役に立つことだから，できるようにならなくてもいいというわけではないのですが．

　では，数学が分かるというのはどういうことでしょうか．それは実に難しい問いです．著者自身も分かっているとは到底言うことができません．しかし，数学が分かるためには数学を学ばねばならなし，数学をしなければならないのです．

　<u>作法</u>　「十で神童，十五で才子，二十過ぎれば只の人」ということにならないために，大学に入ったら，これまで以上に勉強する覚悟で大学においでください．

第5章
大学入学後の数学の「作法」

　学びの作法は，数学限定のものももちろんあるが，そうでない普遍的なものも多い．そういう作法がある程度できていれば，後は大学での講義をきちんと受ければ自然に数学における作法は身につくことが期待できるというようなものでもある．そして，これができていなければ，どんなに数学をがんばって勉強したつもりでも，なかなか身につかないということも起こるのである．

　小中学校での作法もあるにはあるが，それは意識する必要がないほどのことで，普通に勉強していれば自然に身につくほどの作法でもある．それに，大学にまで行き着けなくなっても困るので，本章では，（数学に即しながら）大学に入学したことから始めて，大学で学ぶことに関わる作法を考えてみよう．

　高等学校までがほとんど義務教育化している現況では，高校までと大学以降とでは，学びの作法は本質的に異なる．もちろん，自分自身を自分で教育する態度と姿勢は重要で，本書も無駄にはならないと思うが，高校までは，まずは学校での教育を無視することなく，それぞれの思いに応じてそれをこなした後，余裕があったら，本書の中から自分にあった作法を見つけて実践するのが良いだろう．

　本章は，大学の新入生に対して，著者がオリエンテーションをするという気分で書かれている．著者が大学に入学した時代は，学生はみな何のために大学に入って来たかが分からないということはなかった．つまらないものであったかもしれないが，みな「志」を持っていた．それもほとんど実現しそうもない高い志を．

　大学に入り，クラスに属し，初めて一緒に講義を受け，自分より頭のいい人，多くの知識を持つ人，豊かな人間性の持ち主，鋭さはそれほどでなくても高い視座を持っている人など，自分より優れたところを持っている多くの人を知る．

　また逆に，高校では自分より頭がいいと思っていた人が，大学の講義やセミナーの中で，案外大したことがなく，自分のほうが優れている点のあることを見いだすこともある．

… 第 5 章 大学入学後の数学の「作法」

▶5.1 数学はいつでも正しい？

> ほかの学問と違って数学はいつでも正しいから好きなんだと，数学科の先輩が言っていました．絶対に正しいと思われていたニュートン力学が間違っていて，今では相対性理論や量子力学が正しい理論だと本で読んだことがあります．数学だけがいつまでも正しいなんて本当なんでしょうか？
>
> (大学 1 年，理学部，男子)

回答 絶対的な意味での正しさというものはありません．物理や数学での正しさはむしろ分かりにくいかもしれません．

正義感ということがありますが，正義に感じるということなのでしょうか．その正義とはなんでしょうか？ たとえ何であれ，絶対的な正義というものがないことは，戦争が正義を振りまわして行われることからも分かるでしょう．正義には価値観が伴い，価値観はそれが通用する世界というか，共同体によって変わるのです．絶対的で不変な正しさはありません．

相対的で変化する正しさならあるのかと言われたら，あなたの「正しさ」は一体何なのですか？ と訊き返すしかないようです．

解説 物理はこの世界を理解するためのものだから，むしろ最初から誤差を含んでいるのです．ある一定の誤差の中で厳密に主張できることを考察しているのです．だから，理論と技術が進み，より精密に，そしてより広範囲のものを扱うようになると，以前の理論の適用範囲を超えることがあり，改めてそれを含むような理論を作ることがあるわけです．ですから，そういうものを扱う際には古い理論は役に立ちませんが，それまでに考えていた範囲でなら元の理論で十分に役に立つのです．たとえば，ボールを投げたり，ロケットを飛ばすのにはニュートン力学で十分で，量子力学はいりません．ロケットの運動に相対性理論を使わねばならないことになるには，光速に近い速さまで飛ばす技術ができてからのことです．そういう時代がもし来れば，そのときは相対性理論を使うことになりますが，それまではSFの話ということです．

それに引き換え，数学の理論は正しかったものが正しくなくなることはありません．それはむしろ，数学が絶対的な正しさを持つことがないからだと言った方がいいのですが，これ以降の話の前に 1.2 節を読んでおいてください．

さて，数学は絶対的な正しさを持たないという意味を説明しておきましょう．もともと数学は，人間がさまざまな状況で出会う解決すべき問題の解決法の集積だったと言うことができます．大雑把に言えば，その部分が「算数」であると言えるでしょう．そのときは，正しさという感覚を持てていたと思うし，世間的に受け取られている数学の正しさはそういうものでしょう．数学もその延長上にあったので，高校までの数学もそういうものだと言うことができます．そこまでは，無意識の適用限界を持った，正しい理論だと言うことができるでしょう．その意味で，数学と物理はそれほど違ったものではありません．

ただ，19 世紀末に強く意識されるようになった数学の基礎の反省，それは解析（微積分）でも幾何でも起こったのですが，その反省によって数学は現代的な数学に生まれ変わるのです．反省して作り直してみれば，それはユークリッドの昔からの数学の本質であったという思いが確認され，数学はそういうものであったという意識が生まれたのでしょう．

それは数学の公理論的構成です．言葉（概念）を定義し，それらがどう振る舞うか（公理）を仮定し，世界を設定します．そしてその世界で何が起こるかを調べるのです．つまり，仮定した世界の中で起こることを調べているだけですから，現実世界で成り立つかどうかには一切関係がないという立場なのです．そこで問題になる正しさは，論理の運用が正しく行われたかということだけです．もちろん行っている数学者はただの人間ですから間違うこともあります．それは間違った論理の運用を行った人の間違いであって，確立された数学の間違いではないということになります．

では，数学は現実とは何の関係もないのなら，何の役も立たないのではないかと思われるでしょうが，それが役に立つのです．湯川秀樹が，数学はどうしてこんなに役に立つのだろうと語っているのを読んだことがありますが，実際，とても役に立つのです．

数学の主張は命題の形をしています．命題は常に真偽が確定しているわけではないけれど，数学では真偽が確定するものだけを扱うのです．どうしてそんなことができるかと言えば，単独の命題を取り扱わないからです．つまり，数学で扱

う命題はすべて仮言命題なのです．$P \Rightarrow Q$ という形の命題です．命題 P が成り立つなら命題 Q が成り立つ，というものです．P が成り立つかどうかは数学の問題ではなく，数学を応用するときの問題です．数学はあくまでも $P \Rightarrow Q$ という形の命題が正しいかどうかしか考えません．高校で真理表を学んだ人にはピンとくるでしょうが，P が偽であれば Q が真であろうと偽であろうと，$P \Rightarrow Q$ という命題は真になるのです．もちろん，数学でも，わざわざ偽にしかならないような P を考えることはありません．まあ，時々は，技術的な理由で，偽である P を考えることもあって，それが初学者には 躓 きの石になっているようなのですが．

しかし，$P \Rightarrow Q$ という命題が真であると数学で確立していれば（ある定理が数学において証明されていればという感じのこと），あとは P が真であることを確認できれば，Q がどんなに不思議な命題であっても Q が成り立ってしまうのです．

歴史的な問題としては数学でも，ある状況で成り立つことを求め，調べ，証明するわけで，P が成り立つ状況を確認したうえで Q が成り立つことを示すというか，成り立つような Q を探すということをするわけです．そして，$P \Rightarrow Q$ という命題を作り，それを証明すると，重要なものなら何々の定理と言われるようになるわけです．すると，これは，未来永劫，いつまでも，人間の思考の在り方が変わらない限り，正しくあり続けるわけです．環境が変わって，P が成り立つようなことが滅多になくなったとしても，$P \Rightarrow Q$ という命題の正しさは変わりません．

作法 物理の理論は適用範囲の変化とともに正しさが変わりますが，数学の命題の正しさは変わりません．もちろん，環境の変化によって役に立たなくなるということはあるかもしれません．上の説明で言えば，P が真になるようなことが起こりにくくなればということです．

正しいことが役に立つとは限らない，という真理は数学を学ぶと自然に身につくのですが，正しいことは常に正しいということも身につきます．頑固でしかも柔軟な人になれるかもしれません．

▶5.2 大学の数学の講義は聴いても仕方がない？

先輩から，大学の数学は，講義を聴いても仕方がない．それより，自分で演習書の問題を解いたほうが良いと言われました．そういうものなのでしょうか． 　　　　　　　　　　　　　　　　　（大学1年，工学部，男子）

回答 大学の講義に何を求めているかということでしょうね．実際にはいろんな意味で個人差があるので一概に言い切ることはできませんから，まず一般的なこととして答えることにしましょう．

君の先輩の言うようなことが妥当であるのは，教科書が長年変わらず，試験問題の傾向もレベルも毎年変わらないという状況のときだけのような気がしますが，どうなのでしょうね．

演習書の問題を解くということですが，大学の数学では初年級の微積分と線形代数とそれを少し進めた応用分野（微分方程式，ベクトル解析，関数論，フーリエ解析，ラプラス変換，フーリエ変換）以外には，問題だけを集めた本はあまりありません．演習書があるのはその分野の入門的教育内容がかなり長い間定まっているということですから，演習書を片っ端からやれば，数学を応用する分野に進む人には実力が付くというものでしょう．

高度な数学に進むと演習書はありません．あちらこちらの教科書にある問題を探して解く，自分で問題を作って解くということをすることの延長線に数学の研究があるわけです．

それは個人の努力としては大いに推奨すべきことだとは思いますが，講義を聴いても仕方がないということになるとは思えません．講義でのライブ感でしか得られないものがあるはずです．すべての教員の講義でそれが得られるかと言えば難しいかもしれません．もちろん個人差もあるし，教員との相性もあるでしょう．ライブの中では，教科内容以外のことが得られることもあるでしょう．

最初から駄目だと言わずに講義に出てみたらいかがでしょう．よほど相性が合わなければ，それから教科書を自分で読み込む，さらに対応する演習書があればそれに取り組む，というようにすればどうでしょう．自分で問題がある程度解けるようになると，わけのわからないことを言っているばかりに思えた講義の意味

が分かるということもあるかもしれません．

解説 教科書に練習問題が少ないということが問題なのですが，それはある意味仕方のないことでもあるのです．つまり，高校までの教科内容は指導要領によって制約を受け，科目の入替えはあるものの内容が増えたり深まったりはせず，交代するだけであるようなことも起こります．指導要領の改訂は大体10年ごとに行われるので，実際に教育を受ける人にとっては特別の過渡的学年に当たらない限り，いわば天から与えられるようなものです．

　しかし，ほかの学問でもそうですが，数学も日進月歩しているし，ほかの学問からの数学的能力の要求も変化し高度化しています．その対応は大学3年以上ですることになり，高校までとのギャップが大きくなっているので，1,2年のときに習得しておくべき内容は増えているのです．しかし，大学での教科についても文部科学省の指示がまったくないわけではなく，2年間の基礎教育，教養教育を簡素化して速く専門に進むようにという傾向にあります．

　つまり，その2年間の基礎教育，数学で言えば，微積分と線形代数と統計学にぐっとしわ寄せがきているわけです．そこでどうするかということですが，具体的な教授内容については教師の独自性が守られているので，学科によってまた教師によってさまざまな形があるわけです．少ない時間に多くの内容というわけで，対処法は大きく2つです．説明はほとんどせず，知っておくべき（と教師が考える）事実を並べていくのが1つで，その場合，教科書や公式集を板書するだけに近い講義になるでしょう．もう1つは理解してもらうことを重視して，基礎的な項目に絞る，したがって多少高度な項目をカットすることです．その場合にも，本を読めばわかることは省略して初心者が陥りやすい部分を丁寧に解説するタイプと，基礎的事項を確実に解説するタイプに分かれます．

　まあ，実際にはそれが混じったものになるでしょうが，学生にとってはいくつも同じタイトルの講義を聴くということはあまりないので（そういうことをする強者(つわもの)も以前はいたものですが），自分の好みと合う合わないということが起こるかもしれません．講義の単位は取りやすいものを選んで，実際には単位と関係なく面白い講義を聴くというような器用なことをする学生も最近は少なくなりましたが，違法でない範囲でやるのならやってもかまわないのです．

作法 高校までと違って，良い教師か悪い教師ということは分かりにくい．立場によっても違うし，どういう教育を受けたいかということによっても違う．あるとしたら，親切な教師か不親切な教師ということでしょうが，大学で何を求めるかによっては親切な教師が良い教師とは限らないという不思議なことも起こります．

　大学教育に何を求めるのかということをはっきりと自覚することが，第一歩だということであり，何もせずに口を開いていれば餌を入れてくれる鳥の雛のようなことをしていることは許されない，というか，認められないというのが大学なのです．

▶5.3　講義の受け方にコツがあるのでしょうか？

> 　1年生の微積分や線形代数のときは教科書もあったし，練習問題をやると講義の内容が少しは分かったような気がしたのですが，2年になって専門的な数学の講義では教科書のないものもあって，やるように指示される演習問題もないので，講義の内容が自分に分かっているかどうかが分からない状態です．どうしたらいいのでしょうか？（大学2年，理学部，男子）

回答 5.2節は初年級の講義の場合の話ですが，今回は専門に進んでからの話であり，事情はかなり違います．専門といっても，その中でも基礎的なものと，先端への（比較的狭い）入口といった内容の講義に分かれます．2年生向けの講義ではまだ基礎的な部分でしょう．しかし，知識のギャップの大きさは初年級の時よりも深刻なので，多くの概念や技法がほとんど一筋道で展開されることになります．

　だから確かに，理解できる人にしか理解できないという講義になることも少なくないでしょう．しかし，そこはもう専門家になるための道に入っているのです．すべての人が専門家として生きていけるわけではありません．専門家になりたければそれなりの努力をしなければいけないでしょう．それについていけない人は別の道を選んだほうが良いかもしれません．

　しかし，これまでの教育の仕方やペースと違っているだけの戸惑いであり，自分にはその努力をする意思も能力もあるというのであれば，その戸惑いを払拭するようなヒントくらいなら答えられるかもしれません．それも，うまく行くか行

かないかは人にもよるし，努力の質や量にもよることだということは理解してください．

教科書を使っている場合，じっくり読み込み，分からなければ先輩や友人に相談することもいいでしょう．自分（たち）で問題を作り，解きあう．関連する書物（それはもう日本語だけとは限らない）を探し，自分に理解できない個所の別の形の解説や説明を探す．講義を教科書を理解するための場とするか，教科書を講義を理解するための補助とするか，という立場をはっきりさせるのもいいかもしれません．

もちろん，講義といっても，それは実際に講義室の中で行われる講義のことですが，半期なり通年なりのその講義の目標というものもあります．そういう場合には区別するために，講義コースと呼ぶことにしますが，その講義コースの目標を果たすために，実際の講義も，つまり教師も教科書もあります．

ただし，実際の講義は生身の教師が行うことなので，コースの目標の枠から外れたことも，直接に関係のないことも語られることがあるし，ときにはまったくの雑談ということもあるでしょう．実際の受講生（学生・生徒）を眼前にすると，コースの内容を教える前に押さえておくべきことや，コースの内容とは別のことであっても，やはり押さえておかねばならないことがあって，そういうことを強く感じたからこそ語られていることがあるのです．

作法 講義の受け方にコツはありません．それは自分で作るものです．講義ごとに違うかもしれないし，教授者ごとに違えないといけないかもしれません．そういう試行錯誤こそが，後に研究者になったときに生きてくるのです．

悩むことです．学び方にコツなどないということを悩みながら体感し，探しながら学んでいく．解答などありません．解答を探し続けることだけが作法なのかもしれません．

▶5.4　教科書があったりなかったり

微積分や線形代数の講義には教科書がありますが，先生はあまり教科書通りにやってくれません．教科書のどこをやってるのかと訊いたときには，

このあたりというように教えてはもらえるのですが，そのときはああそこなのかと思うのですが，すぐにどこだか分からなくなってしまいます．

先輩に聞くと，先輩が習ったときの教科書は違うもので，比べてみると，大体は同じようなのですが，順序が違ったり，定理の名前が違ったり，さらにはその定理もあったりなかったりしています．先輩のときは大体教科書通りに講義が進んでいたようで，悩まなかったという話です．

同じ名前の講義でこんなに違ってもいいのでしょうか．また，今年この単位を落としたら，来年も同じ単位を取らないといけないんですが，また教科書が違うだろうと今から心配です． （大学1年，理工学部）

回答 いいか悪いかなどと言っても仕方がないでしょう．違っていると思うのは表面しか見ないからで，どの講義でもきちんと聴き，予習復習をし，演習問題を解けば，同程度の理解と技術が得られる（はず）です．途中で放りだしてしまうと，そこまでの努力分の成果も得られないことが起こりえますが．

また，単位が厳しいと有名な先生以外は，ある程度まじめにやっていれば単位を落とすことはないと思っていいでしょう．単位を落とすことを心配せずに努力することですね．努力せずに単位を得る方法などというものはないと思ってください．数学の講義はだから，勉強をしたがらない学生には嫌われるのです．

知らないことを知る喜び，できなかったことができるようになる喜び，そういうものを知らないで大学に進もうとする学生は本来いないはずなのですが．義務教育でもない大学に，それなりの入学試験を突破して入ってきたのじゃないのですか．勉強して一定の知識と技能を得たことを認定するのが単位というものなのです．

同じ名前の講義がそれほど違いうるというのは，とても面白いことだとは思えませんか？ 著者自身も学生のころにはそうは思えなかったような気がしますが，その自由さこそが大学の良さなんだと思いますよ．大学の良さを1つでも2つでも体験して卒業してください．せっかく，人間として能力的にピークの時期の4年間を過ごすのだから，それを楽しまなくてどうするのですか．

解説 数学の教科書という言い方をするとき，高校までの教科書のことは忘れたほうが良いようです．むしろ，高校までの教科書は教科書でないと言ったほうが良いかもしれない．あるいは，高校から大学に入った学生にとって，大学に入ったら教科書はないと思ったほうが良いのかもしれません．

高校までの教科書は，文部科学省の定めた指導要領に従わないといけないという制約があるために，学問の自然な流れに従っているとは言えない構成になっていることがあります．だから，教科書だけでは新しいことを自習することが難しい，ということがあるのです．

理科系科学の研究者は思いもしないことですが，世間の人は教科書には正しいことしか書いてないと思っているようです．臨床数学教育を標榜していると ([15] 参照)，ときには教育学者の本を読むことがあります．ある大学で臨床教育の講座を担当していた河合隼雄がその著[23] の中で，「教科書に全部正しいことが書いてあって，読んだら全部分かるから覚えるだけでいいわけですよ．だからそれには何の探検もない」と言っているのを見て驚いてしまいました．もちろん，教科書を教えるだけではだめで，教育には工夫が要るということを言いたいために，敢えて教科書を持ち上げているのだとは思われます．しかし，初等中等教育に従事している教師の方の多くがこういう風に考えている，もしくは考えていると思われても問題がないと思っているということではあるでしょう．

本書をここまで読んできた読者には既に自明になっていることだと思いますが，教科書が無謬だということはあり得ないし，思ってもいけません．少なくとも科学を学ぼうとするときには．このことを心得て，初めて学問の門をたたく資格ができるのです．「教科書には間違ったことも書いてある」というのが，学びの作法書に書くべき第1ヶ条であるかもしれない．それくらいのことなのです．だから，何が正しいかは，自分で判断しないといけないのです．

数学の教科書は，数学のある分野の基礎知識を学びやすい形でまとめたものです．それをマスターすれば，その分野のどのレベルの位置にあることになるかは，教科書自身に書いてあるか，もしくは自然に了解できるだろうように書かれています．そう書かれているものが良い教科書なのです．

つまり，良い教科書もあれば，良くない教科書もある．高校までの教科書は，指導要領に沿った内容になっていて，多少の違いはあっても，本質的な違いはありません．

[作法] 自分に合わない教科書ということもあるでしょう．そういう場合はほかの教科書や副読本を読むことで補いをつけるというのはいい方法だと思います．勉強しないで何とかしようとするのではなく，より多く勉強することで克服する．

君の何かの夢を実現するための能力を培(つちか)うために大学に来たのだと言えるように，大学生活を過ごしたらいかがでしょう．

▶5.5 小学校の先生になるのに難しい数学はいらないのでは？

> 小学校の先生になりたいのですが，どうしてこんなに難しい数学を勉強しないといけないのでしょうか？　　　　　（大学2年，教育学部，女子）

[回答] どうやらあなたは旧国立大学の教育学部で，小学校課程と中学校課程が併設されているところの学生なのでしょう．小学校教員の養成だけをしているところでは，4年間に数学に関係した講義が半期2コマしかないということもありますが，併設している大学では，教科ごとに分かれているところが多く，その場合現代数学の入り口あたりまでの講義があるでしょう．中学校の1級の免許が取れれば高校の免許が取れるわけで，中学校課程の学生は高校教員になってもよいだけの学力が要求されます．そういう場合，小学校課程の学生もコマ数は少ないけれど同種の講義を受けるということがあります．あなたは多分そういう大学にいるのでしょうね．

さて，小学校教員にしかならないのだから，そんな数学の勉強をしないで済む大学に行きたかったですか？　どちらがいいと思いますか？

日本ばかりでなく，公教育というのは，その社会にとって有用な人材を作るためにあるわけですが，社会における役割が多様な現代では，基礎教育には特定の職業のためだけのものではない，共通の基盤を形成するためのカリキュラムが用意されています．先に進んだとき，さまざまな職種につくことが可能であるようにしているわけです．才能がある程度必要な職種も，一般常識程度があればよい職種もあります．人にはさまざまな能力があっても，年少時には隠れているというか，はっきりしないことが多いのです．ある意味で職業選択の時期を遅くするほど，自分の能力に合った職業を選ぶことができるわけです．職業選択の幅を広

く持つために，絶対に必要になるかどうかは分からないが必要になる可能性が高い知識や技能を学んでおくわけです．

　さて，あなたの場合ですが，小学校教師になろうとして教員養成の大学に入学して2年目なわけですね．それで，あなたはもう職業選択は終えたと思っているのですか？　もう何の苦労もなく小学校の先生になれると思っていますか？　卒業に必要な単位をそろえれば，小学校教員の免許が得られるようにカリキュラムが作られているわけですから，卒業できれば多分免許は取れるでしょうが，実際に教員になるためには，各県の教員採用試験を受けて通らないといけません．卒業については資格試験ですから，一定の知識と技能を身につけていればパスしますが，採用試験は競争試験ですし，しかも採用枠は県によってもまた年によっても変わります．教員が不足しているときは広き門ですが，足りているときは狭き門になります．生まれるタイミングを自分で選べるわけではないので，そこは受け入れなければ仕方がありません．

　そして，採用試験に受かったとしても，どこかの教師にはなれますが，教えたい学校を選ぶことは（10年くらいは）出来ません．「いい子」ばかりの学校に赴任できることは滅多にないし，どんな学校にもいろいろな種類の問題を抱えている子がいます．小学校で教えるべき知識がたとえ完全に身についていたとしても，それだけでは理解してくれない児童はいます．もしかすると，あなたに答えられないような質問をする児童もいるかもしれません．第2章で考えたようなことは分かっていないと困るでしょう．しかし，そこに書いてあることを本当に理解しようとしたら，あなたが今受けている講義くらいの知識はないと難しいと思います．だからこそ，そういうカリキュラムが組んであるのです．

　指導要領もほぼ10年ごとに変わります．以前は，小学校の教科内容はあまり変わらなかったのですが，変わることもあります．いちばん劇的に変わったのは，アメリカで流行ったニューマスが移入されたときでした．素朴集合論の用語が算数にも入ってきました．そのときには，教師の方の教育をどうするのかということも問題になりました．あなたが難しいと思っている数学を大学でちゃんと学んだ教師なら教え方の工夫をするだけで済んだでしょうが，内容が理解できない教師も少なからずいて，とても困ったということです．

　今受けている数学の授業が難しいので，それは必要ないと言ってほしいというように聞こえますが，どうなのでしょう．免許を受けるために用意されたカリキュ

ラムを嫌だと言っても仕方がない．大学によって多少の事情が違うから，自分の好みに合った大学を探せばよかったのです．

あなたにとって難しいかどうかが問題なのでしょうが，ある意味ではそれほどきちんと理解していなくてもいいのです．算数で教えることのすぐそばに，これほど難しいことが存在するということが分かっていれば，子供たちに質問されたときに，より適切な対応ができるようになるでしょう．

解説 をするまでもないほど長く回答をしてしまったので，数学以外からのコメントもあげておきましょう．ちゃんと仕事をする人は直接役に立つこと以外の勉強の大切さを述べています．

NHK の朝ドラ『あさが来た』の主人公のモデルとなった明治期の実業家・広岡浅子が従業員に対する評価として，「〜 は実に勉強熱心で，商売に向いています．少しも休まず，表裏がありません．ただ惜しむらくは，学力がないため秩序だった思考ができず，まとまりが悪いという欠点があります」と言っています ([28])．ここでいう学力は商業上の知識や技能ではないでしょう．直接はそういうものでない，広い視野と高い見地を育てるような種類の知識ではないでしょうか．

作法 などを言うよりも，自分に問いかけてみてください．自分はただ小学校の教師になればそれでいいのか？　「いい教師」にならなくてもいいのか？

熱血先生になれば何でも解決すると思っていないでしょうね．熱血先生というのは，必ずしもいい先生というわけではありません．子どもの状況に関係のない独りよがりになりがちなものなのです．それでもまだ，熱血先生になれればまだいいかもしれませんが，実際に教育現場に立って，熱血先生になることは簡単なことではありません．いろんな制約が現場にはあってドラマのようにいかないし，下手をすると教師のあなたのほうが不登校ということさえ起こるかもしれません．状況がどうであれ対処できる学力を今こそつけておくべきです．教師になってから，自分に学力がないことに気づいても独学するのは難しいですよ．今は，目の前に教えてくれる先生がいるじゃないですか．

▶ 5.6 詩人と数学者

> 想像力が足りないため，数学者になれず，詩人になった人がいると聞きました．反対じゃないかと思うのですが，そういう詩人が本当にいたのでしょうか？　いたとしたら，何という詩人か，教えてください．
>
> （大学 3 年，文学部，女子）

回答　フランスの詩人ヴェルレーヌには自分でそう言っていたという話があります．ヴェルレーヌは 19 世紀のフランスを代表する詩人で，代表作の Chanson d'automne（秋の歌）は上田敏により「落ち葉」という題で訳され，ある世代以上の日本人は誰でも知っているほど有名であり，「数学者になるほど想像力が豊かではなかったので詩人になった」という話も有名です．しかし，何歳のヴェルレーヌが，どういう文脈でこの述懐をしたのかが分からないので，解説のしようがありません．

　詩を書いた数学者もいたし，小説を書いた数学者も，戯曲を書いた数学者もいました．数学史の本を見ても書いてないですが，伝記を探してみると見つかることがあります．たとえば，幾人かの伝記をまとめた『数学者列伝』[32] で探してみると面白いかもしれません．詩を書いたら詩人だというのなら，数学者も詩人になれるというものですが，詩人も数学者も資格試験があって，それに通ったらそうなれるというようなものではありません．詩を書いてみたいと思い，実際に書いている数学者は多くはありませんが，実際にいます．いると言えるのは，そういう詩が残っているからですし，少しは自慢になるからです．

　同じように数は少ないかもしれませんが，最先端の数学の勉強をしたくて，実際にある程度やった詩人はいても不思議はありませんが，しかし，数学の勉強をした詩人はいるでしょうが，研究業績を上げたということは聞いたことがありません．

　多分，社会がそのように思っているから，数学者になりそこなった詩人が不思議に見えるのでしょう．ただ，数学者になるには，ただの感性だけでなく，ある程度の訓練と教育が必要で，詩人になろうというような人には難しいだろうということはあります．

感性だけで優れた数学者になったように見える例外的な人も，ないわけではありません．ラマヌジャンはそういう人で，彼が発見した多くの公式は詩人が詩を思いつくように何もないところから，いわば空中からつかみ取るように発見したように見えます．それは発見の途中段階の記録がないということなのですが，着想の影に多くの努力があったに違いないのです．彼は普通の意味での詩を書いているわけではありませんが，彼などは数学者になった詩人ということもできるでしょう．

作法 数学を学んだり研究したりするのに想像力が要ると，ヴェルレーヌのエピソードは言っているのだということでしょうね．作法に沿って数学を学べば想像力が鍛えられるはずです．もしそうでなかったら，学び方が悪かったのです．マキアヴェッリの言葉に「いかなる分野でも共通して必要とされる重要な能力が 1 つある．それは想像力だ」というものがあります．

▶5.7 「数式を読め」と言われて

> 先生に数式の意味が分かっているのか，ともかく読んでみろと言われて困ってしまいました．読めと言われても四則演算以外で式を読んだことがなかったし，多分式を書きながら先生が喋っていたことが読むということなんだろうなとは思うのですが，先生の喋っていたことが分からないのに，答えようがありません．　　　　　　　　　　（教育学部数学科 3 年生，男子）

回答 先生が喋っているのを聞いているだけでは分からないだろうと思うから，読んでみたらと先生は言ったのだと思いますよ．読書百遍而義自見（読書百篇，意自ずから見る）ということは，数学でも同じなのです．分からなくても，分からないなりに何度も何度も読めば分かってくるものです．

　式は文章なのです．それ自体意味を持つ文章なのです．もちろん読み方は固定されたものではなく，意味が正しければどう読んでもいいのです．むしろ数学的な意味は保ったまま，いろいろに言い換えることができるなら，言い換えてみた方がいい．そうするとより深い理解ができるということがあります．そのために

も，まずきちんと読んでみることです．

式を理解させるためというより暗記させるために，別の意味の文章を付すことがありますが，それはむしろ間違いを誘発しやすいので良いことだとは思えません．公式を覚えることを目指さず，使うことです．使っているうちに自然に覚えてしまうという方がよいのです．数学者には思いもよらないことですが，現在では高校までの数学を暗記ものと考えている生徒が多いようです．

著者がまだ子供だった頃，算数が暗記ものだったというような記憶はありません．また，計算が速くできても算数ができるとは言いませんでした．そろばんが達者でも算数ができるとは言いませんでした．今なら電卓の早打ちができても数学ができるとは言わないでしょう．文章題を工夫して解くことができるときに算数ができると言ったものでしたし，今でもそうなのだろうと思います．

解説 いろんな式を読んでみることにしましょう．

例えば，2次方程式の解の公式を考えます．$ax^2 + bx + c = 0$ の解は $x = \dfrac{-b \pm \sqrt{b^2 - 4ac}}{2a}$ ですが，この式はちゃんとした英語の文章を略記したものと考えることができます．その文章は x equals to minus b plus-minus the square root of b squared minus 4ac over 2a です．日本語でなら，「x は 2a 分のマイナス b プラス・マイナス b の 2 乗マイナス 4ac の平方根に等しい」となります．式を見ながらこう言うのであれば問題はないでしょうが，そうでないと，分母と分子がどこまでなのかはっきりしません．それをはっきりさせるために式があるようなものです．ここで，plus-minus と書きましたが，それは記号としてのもので，文章としてなら，plus or minus とすべきです．しかし，実際の講義では，こういう折衷式の言い方が多いでしょう．

それでも四則演算だけなら読み方に困るというようなことはないでしょう．＋を plus，－を minus，＝を equals to，または is equal to とし，掛け算は混乱しないようなら単に続けて言い，分かりにくければ間に ×(times) を入れる．割り算は分数にするのが分かりやすく，$\dfrac{b}{a}$ は b over a とすれば，b や a 自身が長い式でも一応は分かる．といっても，長ければ，式を書いて，それを指さししながらでないと分かりにくいかもしれません．そういう場合は式に「括弧」を入れて，「括弧」と呼んでしまうのもいいかもしれません．

$a = 1$ のときは $x = \dfrac{-b \pm \sqrt{b^2 - 4c}}{2}$ ですが，x equals to a half of minus b plus-minus the square root of b squared minus 4c となります．a half of の部分は one half times としてもよいでしょうし，over 2 でもいいでしょう．また，one second times でもいいわけですが日常的にはあまり使いません．古代エジプトからの習慣でしょうか．3以上なら，$\frac{1}{3}$ を one third，$\frac{1}{5}$ を one fifth などと言いますが，$\frac{1}{4}$ はまた特別で，one fourth と言ってもいいけど，a quarter と呼ぶことが多いようです．ただし，$\frac{2}{3}$ や $\frac{3}{5}$ などのように分子が2以上なら，two thirds や three fiths のように分母に当たる序数を複数形にする必要があります．これらは数学の問題というより英語の問題ですが，言葉を使う上での作法ということですね．

式と言ってもほかに，微分方程式や積分の公式などもありますが，それらは式を見ながら（指示しながら）読むことにすればそれほど困ることもないでしょう．多分，先生に言われて困っているのは，論理式なのではないでしょうか．

たとえば，3.10節でも触れた，関数 $f(x)$ が点 $x = a$ で連続であることの定義を考えてみましょう．

$$\forall \varepsilon > 0 \ \exists \delta > 0 \ \forall x \ |x-a| < \delta \ |f(x)-f(a)| < \varepsilon$$

です．読み方は「どんな $\varepsilon > 0$ に対しても，ある $\delta > 0$ があって，$|x-a| < \delta$ を満たすどんな x に対しても $|f(x)-f(a)| < \varepsilon$ となる」です．日本語の場合，何やら翻訳めいたことをしている感じになりますが，英語なら，「For any positive ε there exists a positive δ such that for all x with $|x-a|$ less than δ, $|f(x)-f(a)|$ is less than ε」となって，文章をそのまま略記したものになっていることが分かります．もちろん，ε は epslion，δ は delta と読むし，$|x-a|$ は the absolute value of x minus a と読むのです．

しかし，読み方と言ってもこの標準的なもの以外にも，数学的に同じ意味なら，違う読み方をしてもかまわないわけです．違う読み方というのは，違う見方，違う解釈ということになりますが，それが同じ意味というか，さらに深い意味を持つ…かどうかは，もちろん読み方に依るわけです．

まず最初の $\forall \varepsilon > 0$ ですが，「どんな正の ε に対しても」という意味だし，それ以外に考えてはいけないのですが，ある ε に対して以下のことが成り立てば，$\varepsilon' > \varepsilon$ に対しては自動的に成り立つわけです．だから，「どんな正の ε に対しても」ではあるけれど，その「どんな」は小さい方に強く意味が寄りかかっているわけで，「どんなに小さい正の ε に対しても」と言っても同じ意味だし，より「どんな」の

条件の難しさが強調されるわけです．

$\exists \delta > 0$ でも「ある正の δ があって」という意味ですが，「ある正の δ があって」以下のことが成り立てば，$\delta' < \delta$ に対しては自動的に成り立ちます．だから，「ある正の δ があって」も「ある十分小さな δ があって」と言っても同じ意味だし，より「ある」の条件の難しさが強調されるわけです．

これを合わせると，「どんなに小さい正の ε に対しても，ある十分小さな δ があって」としてもいいし，さらに，「正の ε をどんなに小さくとっても，δ を十分小さくとれば」としてもいいのです．そして，具体的に与えられた関数 f と点 a に対してこの連続性を示そうとするときには，この最後の言い方の精神で行うことになります．

つまり，正しい言い換えをいろいろと行うことで，つまり何度も何度も読んでいくうちに，状況の一番本質的な場面が何かを考え，想定することができるようになるのです．

|作法| 読めと言われてできないと嫌がるよりも，できなくてもいいから頑張ることで，頑張り続けることで，自分の立ち位置が深まっていく，ということをあなたに体験してもらいたくて先生は言っているのです．なぜそう言われるか分からずに反発するよりも，とりあえずは言われたようにやってみる．もし，やってみてうまくいけばしめたものだし，どんなにやってもダメなのならば，あなたには適性がないのだと諦めて別の人生を選択することを考える方がよいかもしれません．

人生万事塞翁が馬 *1 です．何がよくて何が悪いかは分かりません．いけないのは努力することを自分からやめることです．うまくいかずに努力の方向を変えるのは恥ではないのです．人生は一度しかないのだから，失敗しないで済む人生はないのだから，頑張れるだけは頑張ってみましょう．失敗したと嘆くのではなく，失敗できたことを幸せに思って，新たな道を歩けば良いのです．

どうなるか分かっている道を進むために大学に入ってきたのですか？　分からないことに挑戦するためではなかったのですか？

---

*1 中国の故事で，人生の幸不幸はそのときだけでは決まらないことのたとえ．不幸だと思ったことが後で幸せに転じ，逆に幸せに思ったことが後に不幸に転じるということを何度も繰り返したと，塞という名の老人が人生を振り返って述懐するという話から来たものです．

▶ 5.8 一般性を失うことなく

　専門の数学が入ってきて，先生たちの言葉遣いに悩んでいます．どうしてあんな難しい言葉を使うのでしょうか？　たとえば，「一般性を失うことなく」みたいな，現代語じゃなく，文語みたいな言い方ですよね．数学の先生って，頭が固いんじゃないのかなあって思うことがあるんですが，どうなんでしょうか．

　「一般性を失うことなく」なんて，普通の日本語じゃないですよね．聞いただけじゃどういう意味か分からない．あ，見ても分からないだろうって，隣に座ってる友達に突っ込まれました．

（大学2年，数学科学生，男子）

回答　数学に限らず，日本語の学術的な文章が文語的な表現になっていることは事実です．学術用語に文語的な表現が多いということにはそれなりの理由があります．頭が固いからというわけじゃなく，文語的な表現を使うことによって，日常から離れ，学問の世界に身を置くようにという，君たちへのメッセージだと思ってください．

　文語的表現を使っている場合には，言葉の日常的な意味を忘れて，その講義なり教科書なりに書いてある定義どおりに理解することが求められているのです．

解説　「一般性を失うことなく」という表現についても説明しておきましょう．
　英語の場合，日常的な言葉で数学も述べられているという言い方をよくしますが，このフレーズは without loss of genelarity の訳で，元のフレーズ自身英語の日常会話には出てきそうもない表現です．つまり，文語的表現には，日本語に翻訳する際，適当な口語的表現がないために文語的表現になってしまう場合と，元々文語的な表現であった場合とがあります．どちらにしても，厳密に表現しようと思えば，いくらでも厳密に表すことができる場合に使われているんだということを了解しておいてください．

　さて，このフレーズは「一般性を失うことなく，～であると仮定できる」という形で使われることがほとんどです．しかも，仮定した後，何かしらの命題，そ

れを P としておきますが，その P が成り立つことを示すという場合に使います．その命題 P は，〜が成り立っていないような，一般の場合にも成り立つことを主張するものになっています．

　このような表現が使われるには，〜が成り立っていれば，簡単か難しいかは別にして，命題 P を示すことができ，さらに〜が成り立つ場合の命題 P が成り立つということから，一般の場合の命題 P が成り立つことを示すことができるということが前提になっています．そういう場合には，完全に一般な場合であっても，ある操作を施すことによって〜が成り立つ状況を作ることができる．そういうときに，「一般性を失うことなく，〜であると仮定できる」と言うのです．

作法 今までの環境では経験しなかったことを経験したとき，誰しも感性がついていけないことがあります．新しい世界を経験して，わくわくしないのですか？　未知の世界に踏み入ることが用意されているのが大学なのです．知ってることだけを勉強するのでは，何のために大学に入ってきたのか分からないじゃないですか．

▶5.9　数なのか元なのか要素なのか？

　今ではあまり気にしなくなったのでいいのですが，同じもののことを言うのにいろんな言葉を使う先生がいます．トポロジーの講義のときが特に多いかな．

　新しい概念を定義して，例を出すときには，まだ，違う言葉でもその例の場合に合わせた言葉と分かるのですが，ちょっと難しい定理の証明なんかのときには，あっちこっちに絵を書いて，まったく同じものを指さして，「この数は」と言ったり，「こっちの元を持ってくると」と言ったり，「その集合の要素だから」と言ったりします．指をさしてるときはどんな言葉を使ってもそれを意味してるのが分かりますが，離れて書いてあるものも，数と言ったり元と言ったり要素と言ったりします．そのうち，「この元は数ではないから」という言葉が耳に入ってきたりして，わけが分からなくなります．

　たぶん，話している先生は分かってるんだろうし，時々質問している出来

のいい同級生がいたりして，君たちは宇宙人か，と言いたくなったりします．そういうことを言いたくなる気分になったときはもう，講義は何の話なのかさえ分からなくなっているのですが，どうしたらいいでしょうか？

(理学部数学科 3 年生，女子)

回答 先生はたぶん分かっているんだろうし，質問している同級生はきっと分かっているだろうというのが，あなたの感想であるのが質問から読み取れます．しかし，冷静に考えてそう思うのですか？

　数学科の 3 年生の講義なら先生は数学者のはずで，3 年生向けの講義の内容は熟知していると思います．ただ特に若い先生の場合，数学科の講義を初めて聴くことになる学生の中には数学者の世界の中で語られる言葉づかいでは理解できない者がいることに気づかないということはあるかもしれません．何しろ数学科に来た学生なんだから分かるだろうというわけですね．

　3 年生向けの講義になると内容は完全に数学の世界のことで，語られる言葉も数学の言葉になります．数学の言葉は基本的にすべて定義されてから使われ，同じ（音の）言葉でも日常での意味と全く異なることがあります．しかし，あまり厳密に言葉を使うと文章が長くなりすぎて，議論の展開に文章が追い付かないということが起こります．そういう場合には，暗黙の了解のうえで，言葉を省略したり，論理のつなぎの文章も省略することがあります．

　ここで問題となるのが暗黙の了解です．了解できるためには，そこで語られている数学の世界についてある程度以上の共通の認識がないといけないわけですが，教室にいるすべての学生にそれを仮定できるか，ということです．もちろん，できません．できるようになるまで細かい説明をすれば，文章を省略したよりも多くの時間がかかるし，それでも完全には理解できない学生がなくなるわけではありません．

　そういうことは個人授業なら可能ですが，どんなレベルでも集団授業では不可能なものなのです．そういうことは，小学校でも中学校でもあったことなのです．高校大学と進むにつれ，取り残される人の割合が増えていきます．肝心なことはそれは当り前のことだと認識することです．その上で，自分がそれにどう対処するかということです．

集団授業でのカリキュラムはすべての人が完全に理解することを目指して作られていません．分からなくてもいいのです．その分からなさを認識すれば，それに対処することもできます．

　もちろん，授業や講義の内容がすべてそのときに分かるごく少ない優等生になれるのなら，なればよいのです．なっておけば，その次のときも優等生であり続けるのはより容易になるでしょう．

　しかし，多くの，というかほとんどの人はすべてが分かるわけではありません．そのために，予習復習というのをやることが勧められるのです．あらかじめ大雑把にでも内容を知っておけば，自分に理解しにくいところが分かり，そこを重点的に授業のときに確かめることにすれば非常に効率がいいはずだというのが予習の効果です．予習のほうが効率はいいのですが，予習するには強い意志と内容の理解が必要で，一度くらいならできても，継続するのはかなり難しいでしょう．その上，大学のそれも 3 年生以上の数学の講義となれば教科書がないのが普通で，何を予習したらよいかも分かりません．

　復習のほうは，やり方は分かりやすい．講義のノートを読み返す．しっかり理解できていないと思ったところは，教科書，参考書，ネット，友人，別の先生などを自分なりに有効に利用しつつ，理解を深める努力をする．ある程度理解ができたと思ったら，演習問題をやってみて，理解度を確認する．これも，教科書に演習問題があればいいけど，そうでなければどうしていいか分からないでしょう．

　どうすればいいかと言われても，万能の方法はありません．上に挙げたことをいろいろやってみることしかないでしょう．それでも分からなかったら，とりあえず，悩むのは止めて，次の授業・講義に臨むことです．試験の前には復習をすることになるけど，やれるだけやるしかない．無理は禁物です．無理をすると，すべてを投げ出したくなるかもしれないからです．すべてを投げ出せば，それまでの努力がすべて無になってしまいます．

　試験の後，失敗したことを確認して対処することが大切です．それをするかしないかで大きな効果の違いが出ます．失敗の対処法はまた別の節（「間違ったら喜べ」の A.12 節）で述べます．

解説 要素と元はおなじ element の訳語です．$a \in A$ と書けば，A は集合で，a は A の要素です．元とも言います．$a \in A$ は「a は A に属す」と読みます．それ以

上厳密なことを言わなければいけないとなると困ります．それに答えるには「集合とは何か」に答えないといけないことになりますが，それが大変に難しいからです．

集合はものの集まりということで普通の数学は済ますことになっています．「もの」とは何かということも言わない約束です．敢えて言うなら「思考の対象」となるものということですが，それも厳密に定義することは難しい．

多少厳密に言うなら，いま考えている数学的状況の中で考えられる一番広そうな基本的な対象すべての作る集合を考え，それらの対象を要素とする集合を考えるのです．ただ，問題なのは，それらの集合を要素とするような（高次の）集合を考えることがあり，またそれらの集合から集合算として種々の集合を作ることもあります．積集合や商集合などを作るのが普通で，しっかり定義を確認していないとどんなものが要素であるような集合なのか分からなくなることがあるので注意してください．

さて，要素と元の問題ですが，基本的にはどちらでもいいのです．どちらかしか使わない人もいますが，多くの人は同じ話の中でもどちらも使うことがあるでしょう．強いて言えば，$a \in A$ で，$\in$ に意識が強くあるときは要素と言い，a だけに意識があるときは元と言うことが多いでしょうか．音として，要素は3音で元は2音であることも，話すときには影響があるかもしれません．それらはすべて時と場合だということを分かっておいてください．

それに考えている集合が何を要素としているかによって，その要素のことを「その数」とか「このベクトル」とか「この関数」とかさまざまに言うことがありますが，それはその要素のそうした属性に注意を向けてほしいときに言うことになります．

作法 最初はわけが分からない宇宙人の会話のように聞こえるかもしれませんが，注意深く聞き，自分の数学世界を豊かにすることを心がけてください．そのうちきっと，分かるようになります．アルファベットを習っただけで外国に行ったら，最初は何も分からないが，何か月かその国で暮らし日本語を使わないようにしていれば，言葉が聞こえてきて意味も分かってくる．そういうことに似ているのです．

▶ 5.10 等しさもいろいろ？

> イコール記号の仲間に，≈, ∼, ≃, ≅, ≍, ≒, ≑, ≡ などたくさんありますが，どう使い分ければいいのですか？　　　（大学2年，男子）

回答 $x \fallingdotseq y$ であれば，x, y は数値であって，（非常に）近い値であり，何らかの応用上同じであると考えても差し支えがない，つまり近似的に等しいということを表しています．

　≈, ≃, ≅, ≡ の4つは何らかの同値関係を表しており，使われる領域が異なることが多いのですが，同じ領域で使われる場合もあり，その場合は同値性の強さの違いを表すことが多いです．

　典型的に使われる場合のこれらの等号の読み方を挙げておくと，≈ は（微分）同相や同値や（高次の項を除いて）等しい，近似的に等しい，細分に関して等しい，など直接に等しいわけではないが，何らかの見方を通せば等しいと考えてもよいという状態を表しています．使われる領域によっても，対象によってもそれを表す言葉（意味）が異なっているので，その定義に注意してください．

　≅ は同型とか共役という場合に使われますが，これも定義に気をつけることが大切です．読み方が分からないときは，（何らかの意味で）同型だと思っておけば間違いはないでしょう．

　≃ は，相似や似ていることを表す ∼ よりも等しさを強調していることが多いですが，実際には $A \sim B$ でなくても $A \simeq B$ であることも少なくありません．もちろん定義によりますが，$A \sim B$ では，違うものである A, B が何かしらの意味で同じと考えてもよいという気分を表しており，$A \simeq B$ はまったく異なってもよい A, B を何かしらの意味で同じと考えるのだという方向性がはっきりしているという感じで使います．$A \simeq B$ は通常，ホモトピックとか，ホモトピー同値という場合に使われます．$A \approx B$ は同相を表すことが多いですが，$A \simeq B$ はそれより緩い等しさを表しています．

　≑ はあまり使われませんが，上の各種の記号を使ったあとで，それより緩い等しさを表したいときに使うことがあります．読み方も意味も定義によるので，使われている場所から遡って定義を探すしかないでしょう．

作法 ≒ 以外では，その記号を最初に使う際に記号の意味の説明があるはずですから，その箇所を探して，その定義にしたがうようにしてください．勝手な思い込み的な意味づけは決してしてはいけません．

▶5.11 線形代数が分からない

> 線形代数の講義を履修している大学の1年生です．講義がよく分かりません．良い参考書があったら教えてください．
>
> （大学1年，農学部，女子）

回答 線形代数の教科書はたくさんあります．たくさんありすぎて選ぶのに困るということでしょうか．良い参考書といっても，今の貴女に適ったものであることが必要で，いくつか読んでみて適うものを選ぶしか仕方がないものです．と言って，いくつか読んでみることができれば，その時点では十分なほどの知識が得られていて，適うものを探す必要がなくなっていることになりますね．

線形代数が難しいのは，教科書が悪いからでも，先生の教え方が悪いわけでもない，という面があります．それを説明しておきましょう．

解説 行列や行列式の計算はやり方をちゃんと覚えればそれほど難しくないと思います．行列は，加減はサイズが同じなら自由にできますが，積はサイズに条件がつくし結果のサイズも変わります．正方行列ならばサイズの問題は気にしなくてもいいけれど，割り算はいつでもできるわけではなく，行列式が0でないときだけ逆行列が存在し（てそれで割ることができ）ます．その判定条件の行列式の計算も面倒だし，逆行列を具体的に求めるとなれば確かに結構面倒くさいですね．逆行列を求める手段は大雑把に言って2つありますが，どちらも連立一次方程式を解くことに役に立つので，その御利益のために逆行列を求める計算の面倒臭さを許すことができるのではないでしょうか．

馴染みにくいのは一次独立や一次従属の概念です．定義自体が仮言命題の形をしているのが大きな原因でしょう．

そんな面倒なものをなぜ学ばなければならないのかと言えば，当然それが重要

であるからです．なぜ重要かといえば，それによって基底という概念が，さらには次元という概念が支えられているからです．

有限次元線形空間では，1次独立なベクトルの組のベクトルの数の最大値があります．その数だけ一次独立なベクトルを集めると，それ以上どんなベクトルを持ってきても，もちろん零ベクトルでないことが必要ですが，一次従属になってしまう．そういう数があるということです．そして，その数はどのような仕方でベクトルを集めてきても同じになるのです．その数を空間の次元というのです．そして，そのように集めたベクトルの組を空間の基底というのです．

さて，線形代数で扱う対象は線形写像です．m次元の数ベクトル空間 $\mathbb{R}^m$ の点 P は $(x_1, \ldots, x_m)$ のように m 個の数の組で表されます．これらの数を点の座標といいます．$\mathbb{R}^m$ から $\mathbb{R}^n$ への線形写像は，各成分が $x_1, \ldots, x_m$ の斉次1次式で表されるもので，それらの係数を長方形の形に並べたものが行列であり，行列をベクトルに掛けるという演算が定義されます．

ここまでは高校で習う2行2列の行列の話と似ているので難しくはないのですが，$(x_1, \ldots, x_m)$ を線形代数的に考えると，標準基底 $\{\mathbf{e}_1 = {}^t(1, 0, \ldots, 0), \ldots, \mathbf{e}_m = {}^t(0, 0, \ldots, 1)\}$ を使って，原点 O からその点 P へのベクトル $\overrightarrow{OP}$ を，1次結合として $\overrightarrow{OP} = \sum_{i=1}^{m} x_i \mathbf{e}_i$ と書くときの係数になっていたのです．

そこで，標準基底でなく別の基底で表すことを考えると，線形写像の表現行列が変わってしまうのです．線形空間 V, W の間の線形写像 $f : V \longrightarrow W$ は，V の基底 $\{\mathbf{v}_1, \ldots, \mathbf{v}_m\}$ と W の基底 $\{\mathbf{w}_1, \ldots, \mathbf{w}_n\}$ を与えると

$$f(\mathbf{v}_j) = a_{1j}\mathbf{w}_1 + a_{2j}\mathbf{w}_2 + \cdots + a_{nj}\mathbf{w}_n$$

によって与えられる数の作る行列 $A = (a_{ij})$ によって表されるのです．

これをそのまま定義だと飲み込めば，あとは計算するだけなのですが，これが飲み込みにくいのです．

それはどうしてなのでしょうか．どういう基底を採るべきかということに基準がないからなのです．解決すべき問題に応じて，それを線形代数で表すときにとりあえず用いられる基底が必ずしも適切なものではないとなれば，別の基底を考える必要があることになりますが，基底を取り換えれば表現行列が（たとえば別の行列 B と）変わります．変わり方も上の考察を援用すれば分かりはするのですが，V 側の基底の変換行列と W 側の基底の変換行列を求め，さらにどちらかの

側の変換行列は逆行列を求める必要が出てきます．

　これらの計算はそれぞれかなり面倒であるだけでなく，どういう基底が適切かということがはっきりしない．表現行列が対角行列になれば嬉しいですが，それは基底が固有ベクトルに取れている場合に当たるわけで，行列 A が与えられたときに，固有値を求め，それに属する固有ベクトルを求めることができれば，さらに変換行列を求めて，A を対角行列にするという対角化が，線形代数の大きな課題の1つになります．しかしそうできるかどうかは A によるわけで，その判定も課題のうちですから，最初に A が与えられてから当面の目的までの道のりが長い．おそらく，目標までの遠さが一番困難を感じさせる理由になっているのではないでしょうか．

作法 初年級でのもう1つのハイライトは直交行列での対角化ですが，そこには，概念として，固有値の重複度や，固有ベクトルを求めた後でのシュミットの直交化という面倒な手続きがあります．ご褒美は主軸問題が解けることですが，省略します．

　行列式や逆行列を求める際のガウスの消去法や余因子展開と，変換行列と対角化などは，それぞれ一気に習得してしまう方がいいでしょう．そうでないと面倒臭さだけが残っていつまで経っても分からないから嫌だという気分が残ります．

▶5.12　ε-δ 論法は何のため？

> 　大学の微積分はあんまり計算をしません．それに，基礎なんだろうけど，ε-δ 論法というのが出てきて，ちんぷんかんぷんです．微分や積分の計算に役に立つように思えません．先生は何だか嬉しそうに喋ってて，私たちが困ってるのを見て喜んでるみたいで嫌です．何とかならないでしょうか．
>
> 　　　　　　　　　　　　　　　（大学1年，工学部，女子）

回答 何とかって，どうしてほしいんですか？　微積分の講義から ε-δ 論法をなくしてほしいということですか？

　実は，工学部の講義でなら，ε-δ 論法をほとんどしないで済ます所も少なくあり

ません．著者は大学に入って初めて ε-δ 論法を知ったとき，なんて面白いものがあるんだと思った口なので，あまり同情したくはありませんが，嫌がっているのはあなただけではなくて，面白がる学生のほうが少ないのは確かです．

でも，そうだとすれば余計に，なぜそんなに嫌がるようなものをやり続けるんだろうと考えたことはありませんか？　それはやはり，きちんと微積分を理解するためには必要不可欠なものだからなのです．工学部のカリキュラムの中で ε-δ 論法を使わない教科書が多いのは，工学部の学生に対しては微積分をきちんと教える必要がないと言っているということなのです．もちろん，必要だから教えているわけで，工学部の学生は計算ができ，工学に必要な応用さえできれば，なぜそういうことを考えるのかは知る必要がないという立場ですね．

この対立は，実は 19 世紀に理科系の公教育が微積分の教育までを含むようになってから，ずっと続いている問題でもあるのです．

また，大学の微積分があまり計算しないというのは，あなたの受けている講義ではまだ基礎付けのところをしているからだと思いますよ．心配しなくても，今に嫌というほど計算が出てきます．何でこんなに計算をしなきゃいけないんだと思うくらいに．基礎づけは重要ですが，試験問題にはしにくい面があるので，試験問題の多くは計算問題です．そうなったら，喜んで計算ができるというなら，それはそれでいいのじゃないでしょうか．工学部の学生にとっては，あくまで微積分は道具だし，その計算に基づいて，さらに面倒な計算が要求されるようになりますよ．楽しめそうですか？

もちろん先生が嬉しそうに喋っているとしたら，それは好きなことを喋っているから嬉しそうに見えるからで，あなたたちが困っているのを見て楽しんでいるわけではありません．

解説 3.10 節や 5.7 節でも関連したことが述べてありますので，適宜参照してください．それでは，ε-δ 論法がなぜ重要かという説明もしておきましょう．ε-δ 論法が最初に出てくるのは数列や関数の収束でですが，5.7 節では 1 点での連続性の話をしたので，1 点での関数の値の収束を例にとりましょう．

$\lim_{x \to a} f(x) = \alpha$ の定義は

$$\forall \varepsilon > 0 \; \exists \delta > 0 \; \forall x \; |x - a| < \delta \; |f(x) - \alpha| < \varepsilon$$

です．この定義は定性的で，静的な感じがするのではないでしょうか．実は著者

5.12 ε-δ 論法は何のため？

も最初に聞いたときは静的な感じがしました．その述べ方の透明感にちょっと魅かれたというところです．しかし，次の年に，違う先生にこれは静的な定義ではなくてむしろ動的なんだ，近似の度合いも表現されているんだよと言われて，すぐは分からなかったけれど，そのうちじわじわと分かってきたときには数学っていいなという気分になったものです．しかし，それは著者の個人的な感想で，あなた方と共有できないかもしれないことは分かっています．できれば分かってほしいけれど，感じ方を強制するわけにもいかないから，我慢しましょう．

さて，5.7 節でしたように，読んでみましょう．「正の ε をどんなに小さくとっても，δ を十分小さくとれば，$|x-a|<\delta$ を満たすどんな x に対しても $|f(x)-f(a)|<\alpha$ となる」です．つまり関数値 $f(x)$ の α という値への近似の度合い ε を実現するには，δ をある程度小さくすればよいということです．δ を小さくするというのは x を a に近づけるということですね．

これで終われば静的な定義だという感じのままですから，例で考えてみましょう．$f(x)=x^r$ を点 $x=a=1$ で考えます．$f(1)=1^r=1$ なので，$\alpha=1$ として，$\lim_{x\to 1} f(x) = \lim_{x\to 1} x^r = 1$ となっています．r が何であっても，x^r という関数は $x=1$ で連続だということです．グラフを描いてみれば分かりますが，x が 1 に近づいていくときに x^r が 1 に近づいていく速さが，r によって違います．その速さの違いを調べてみましょう．

十分小さい ε を与えたとき，どれくらい δ を小さくしたらいいのでしょうか．$r=1$ であれば，$\delta\leq\varepsilon$ と取れば十分です．$\delta=\varepsilon$ としてもいいわけです．$r=2$ なら，$\delta=\sqrt{1+\varepsilon}-1$ と置けばよく，一般には $\delta=\min\{(1+\varepsilon)^{1/r}-1, 1-(1-\varepsilon)^{1/r}\}$ と置けばよい．

これはまだ関数の値の収束だったけれど，関数列 $f_n(x)$ の収束であると，任意の点 x に対して，$\lim_{n\to\infty} f_n(x) = g(x)$ とするのは，各点ごとに関数が収束するので，各点収束と言いますが，これでは困ることがあるのです．それぞれの関数 $f_n(x)$ が連続であっても，極限の関数 $g(x)$ が連続であるとは言えません．定義を書いてみますと，

$$\forall x\ \forall\varepsilon>0\ \exists N>0\ \forall n>N\ \ |f_n(x)-g(x)|<\varepsilon$$

となります．「すべての x に対して，どんな $\varepsilon>0$ に対してもある N があって，N より大きな n に対しては $|f(x)-g(x)|<\varepsilon$ となる」ということになりますが，

この存在するという N は関数列だけでなく x にも依存して決まってよいのです．だから極限の関数 $g(x)$ の横のつながりが保証されないわけです．

そこで，より強い収束概念として**一様収束**が提案されます．定義は

$$\forall \varepsilon > 0 \ \exists N > 0 \ \forall n > N \ \forall x \ |f_n(x) - g(x)| < \varepsilon$$

です．これなら，$f_n(x)$ が連続のときに，極限関数 $g(x)$ が連続になります．微分可能性の遺伝の条件も，一様収束の言葉を使えば，書くことができます．さて，どこが違うのでしょうか？ $\forall x$ と $\exists N > 0$ の位置が違うのです．後者では，x の場所によらず，共通の N が取られているわけで，これなら，関数値 $g(x)$ の横のつながりが $f_n(x)$ の連続性から遺伝することになるわけです．

この定義は ε-δ 論法を使わないで表現することは難しいのです．微積分の整理をしたコーシーがこのことに気づかず，ワイエルシュトラスによってこの修正が提案されたのです．そこから微積分の基礎の再構築がなされ，大学初年級程度でもこれらのことが教えられるように基礎が作られてきたわけです．もちろん概念ができれば，それをいつ満たすか，満たされればどんないいことが起きるかということも研究されるようになって，微積分学は高度な発展を遂げてきたのです．だから，さらに高度なことを学ぶためには ε-δ 論法は必須なのですが，応用上ある程度の計算ができればいいというのであれば，結果を信じればいいわけで，そこを丁寧に教えるカリキュラムとそこは省略するというものに分かれているわけです．

先に進むときのためであればそのときにやればいいという立場もあるのですが，「鉄は熱いうちに打て」というのは教育に携わる者にとっての常識で，学生が先に進むのなら知っておいたほうが良いと思っているわけです．もちろん，それを知ったうえで，ε-δ 論法は不必要だというのならそれでもいいと思っているのですよ．しかし，学生の可能性をできるだけ保持したいと考えて．．．．．老婆親切，大きなお世話だということなら，これ以上はやめておくことにしましょう．

作法 ε-δ 論法は必要なことだけど，自分の目的のためには必要がないというなら，それはそれでいいのです．本当に，それでいいのです．

人生の時間は無限ではないのだから，それは各自の選択というものです．しかし，選択をするときには，どう選択すればどうなるかということを多少は考えて

からした方がいいだろうと思います．あらゆることにそうする余裕がないのも人間の限界というものですが．

▶5.13 虚数は虚しい数ではないんでしょうね？

> 高校の数学をあんまり覚えていないのですが，最近，虚数をマイナスの数のことだと思って話をして，恥ずかしい思いをしました．虚数というのは，どんな数だったんでしょうか． （出版社勤務，男性，37 歳）

回答 虚数とは何かということですが，実数でない複素数のことです．複素数は，x, y を実数として $x + iy$ と表されるもののことで，i は虚数単位と呼ばれます．i は実は固有名詞でもありません．$z^2 = -1$ の複素数解の 1 つを選んだだけのもので，$\sqrt{-1}$ とも書かれます．

解説 なぜ，複素数を考えるのかということなのですが，代数方程式を一般に解くためというのが，一般的な答でしょうか．

方程式というものが歴史的にどのように考えられ，解かれてきたかということを厳密に考えるのは面倒なことが多いので省略します．文字式を使って数量を表し，その関係として等式を考え，それを満たす数を探すという手順を意識して行うようになったのは非常に新しく，1600 年のヴィエート『新しき代数』が出版されてからのことです[*2]．もちろん，そのずっと前から，それと同じ意味のことを，文章を使って，変数と関係を考えて，その関係を満たす変数の値を求めるという問題は考えられ，解かれてきました．1 次方程式に当たることは 4000 年くらい前から扱われてきて，それはいつでも解くことができます．ただ，数量は線分の長さや多角形などの面積として表されることがほとんどで，したがって，正の実数解のないようなものは解がないと考えられました．今では，負の数を中学 1 年から扱うので，難しいもののように思わないかもしれませんが，ヨーロッパでは 17 世紀になるまで数学者の世界でもすべての人には公認されていたわけではありませんでした．しかし，中国では紀元前の『九章算術』などでは既に，赤と黒の算

[*2] たとえば, [45] 上巻参照.

木を使い分けて正負を表したり，インドでも 7 世紀には負債を表すために考案されていて，ブラーマグプタの著作には 1 次方程式だけでなく 2 次方程式の負の解の記述も，負数や 0 まで含めた演算規則も書かれています．

　負の数を認めたとしても，数の 2 乗は正だから，$x^2 = -1$ を満たす数などは考えられません．しかし，それでは 2 次方程式すら，すべてのものを解くことはできません．現代の理論から言えば，そのために，$x^2 = -1$ の解である i を架空のものでいいからあると認めることにします．そうすれば，すべての 2 次方程式を解くことができます．それが 2 次方程式の解の公式です．

　しかし，歴史はそのようには進みません．架空のもので表してどうするんだという，世の中の非難を排除できないわけです．数学者の声は，同時代への働きかけとして，大きさに欠けるのが常ですから．

　複素数が認められるようになるのは 3 次方程式の解が求められるようになってからです．実係数の 3 次方程式には実数の解が存在しないこともありますが，あったとしても，それを実数だけを使った式で表すことができないことがあるのです．例えば，$x^3 + px + q = 0$ の解の公式は

$$\sqrt[3]{-\frac{q}{2} + \sqrt{\frac{q^2}{4} + \frac{p^3}{27}}} + \sqrt[3]{-\frac{q}{2} - \sqrt{\frac{q^2}{4} + \frac{p^3}{27}}}$$

であって，3 つの実数解（特に整数解）を持つ場合であっても，この公式で平方根の内部が負になる，つまり虚数を使わないと表せない方程式がいくらでも簡単に作れます（p が負で絶対値が大きくなるようにすればよい）．

　実数解しか持たない実係数の 3 次方程式を，考えてはならない方程式であると非難することは難しく，その途中に現れる虚数を，便宜的なものとして許容するという機運が培われていったわけです．

　4 次方程式までは，いわゆる解の公式がありますが，5 以上の次数の代数方程式には解の公式がありません．しかし，それは係数に何の制限もなく一般に与えればということであって，係数が特殊な関係を満たせば解を係数の代数的表示（四則演算と根号だけで表される）できることもあるわけで，どういう場合に解の公式がある（代数的に解けるという言い方もします）かという問題を解決する理論があり，それが有名なガロア理論です．

　しかし，代数的には解けないけれど，代数方程式には複素解はいつでもありま

す．さらに，係数を複素数までに広げても，複素数の範囲に解があるのです．それが代数学の基本定理で，ガウスが証明をしました．しかし，解があるということと，代数的な表示を持つということは別のことで，そこにアーベルの悲劇が生まれる原因があったのです．

作法 特にありません．分からないことは，こういうように訊くのがいいということくらいでしょうか．多分，この解説を読んだら，また分からないことが出てきたんじゃないかと思います．でも，そうしたら，また訊けばいいのです．

▶5.14 定義って大切なんでしょうか？

> 高校まではあまり定義ということをやかましく言われませんでしたが，大学の数学の講義ではやたら定義が出てきて，定義を覚えないといけなくなりました．
>
> 大学の先生は数学は暗記科目じゃないと言うくせに，暗記するものがたくさんあって変です．公式なら，問題を解くために覚えるのも仕方がないと思いますが，定義は覚えても覚えなくても同じなのに，嫌になってしまいます．
> (大学1年，工学部，女子)

回答 定義は覚えても覚えなくても同じではありません．周知の事実だけを対象にしているときは，あえて定義をする必要がなかっただけです．算数では定義ということはせず，概念に適当する事物などで例示して済ませますが，それはすでに知っていると思われることに関することだから，きちんと定義するとかえって自分が持っている感覚との違いのほうを意識し，分からないという気分に陥りやすいので，そういうことをしないのです．

数学的な内容が少しずつ高度になっていくと，すべての人が家庭や社会生活の中で自然に知っていると想定できないものになっていくので，定義らしきものが少しずつ増えていったはずです．大学での数学は，基本的にそれまでに持ってしまっているものごとに対する偏見を捨てさせ，改めて基礎から世界を作り直すことから始めるのです．そのために，本当ならすべての言葉を定義し直したいので

すが，そうしようとすると，定義するとは何をすることなのかという非常に深刻な問題に踏み込まないといけないので，高校までで熟知していると考えても実害のないものの定義をしないこともある．そう思ってください．

知らないものについての関係や構造や未来について語りたかったら，それが何かを知ってからでないと始められないですね．しかもそれは数学的概念で，単に写真や動画を見せても伝わらないものだから，数学としての定義が必要なのです．写真や動画では伝わらないのは，たとえそれが正しいものを表していたとしても，結局のところ例に過ぎないからです．

定義の大切さや微妙さの説明をしようとしても，短い記述で済まそうとすれば結局は例で示すしかないようです．数学の概念の定義の必要性は，例示では正しく伝わらないからと言ったのに，その説明を例でするしかないので，困りました．またいつかゆっくり書けるときにさせてください．

作法 定義の陰には周知の事実があるのです．それを学ぶためにも，とりあえずその定義を飲み込んで先に進む必要があります．そうでないと，むやみに時間と手間がかかって先に進めないのです．ある意味，老婆心によって，こういう定義の仕方になっているというところもあるのです．

▶5.15 内包的定義と外延的定義

> どうして定義に，内包的定義と外延的定義があるのでしょうか？
>
> （大学3年，文学部，女子）

回答 何を定義するかによって，定義文の構成も構造も変わってきます．定義するというのは，「定義する」文章で定義するしかありません．その文章には何かしら既知の概念を表す言葉が使われることになります．

だから，その概念を表すために使われる概念の定義は？ というように遡っていけば，循環論法的な文章にならざるをえません．そのために，どうしても無定義術語が必要となります．そしてそれらは，それらの間に成り立つ状況を指定することで，それの状況を満たすものという定義の仕方をすることになります．これ

が公理的定義です．

　これは議論の基礎の基礎のところでしか行われません．大学初年級でなら，線形空間や線形写像の定義がそれに当たります．技術的には微積分よりも易しい線形代数が学生に分かりにくいと思われがちなのはそのせいでもあります．

　いったん状況が設定され，何を考えるかが分かってしまえば，対象は集合になります．集合を定義する際には，内包的定義と外延的定義の別があります．外延的定義とは，その集合に属するすべての元を数え上げることで定義するものですが，したがって，これでは原理的には有限集合しか定義できません．人ができることは常に有限なのですから．

　内包的定義は，その集合の存在の範囲が想定されている場合（宇宙と呼ばれる集合が指定され，その部分集合を考えている場合）に限って可能であって，宇宙に属する元（要素とも言う）が満たすべき性質を指定することによって得られます．

　また，集合や集合の元の定義ではなく，写像や演算や関係を定義するときには注意が必要です．この辺りが，数学に馴染むことができるかどうかの分水嶺になることが多いのです．

　数学では，公理的定義で，大まかに世界を構築した後，その世界での対象を定義します．さらに，それらの対象の間の写像，関係などを定義し，それによって，新しい対象を定義していきます．そこで肝心なことの1つは，それらの対象がいつ同じであるかということがちゃんと定義されるということです．

　無から新しい世界を作り，その世界の中に種を巻く．それが芽を吹き，成長し，また種を作り，どんどんと新しい種が生まれていくのです．

　その世界が豊かであるかどうかは，最初に与える公理的定義と，その世界での対象たちと，新しい対象を作りだしていく機構・機能が豊かであるかで決まります．

　ここで気をつけなければいけないのは，集合が同値類の集合として定義されている場合に，それに基づいて定義される写像などが，同値類の代表元の取り方によらないことを確かめる必要があるということです．しかも，重要な概念は，素朴に設定された世界から，同値関係によって定義されることが多いので，このことを避けることができないのです．ちょっと思いつくだけでも，負の数も含めた整数，有理数，実数などはこのようにして定義されることが多いですね．

作法 有限個の対象しかない世界なら，外延で定義することも可能ですが，一般

概念となれば内包で定義するしかありません．しかしそのためには，あらかじめ宇宙を設定することが不可欠なわけです．人はジレンマの中に住んでいるのです．

▶5.16 単振り子の方程式は数学で習う？

力学の講義で，単振り子の運動方程式を習いました．そのとき，θ が微小角のとき，$\sin\theta = \theta$ という公式を使いました．先生は，この公式は，数学で習ったはずだとおっしゃったのですが，僕には習った覚えがありません．

三年生の先輩に尋ねたところ，数学では習わないし，どこかで習うというわけじゃあないけど，そういうもんだ，よく使うから，覚えておけばよいと言われました．

これは，数学で習う公式ではないのでしょうか．

(大学1年，工学部，男子)

回答 単振動の方程式は，以前は数学でも物理でも，高校で習う方程式でした．高校までに教える内容があらゆる教科で少なくなっており，基本的なこと以外が切り捨てられてきているから起こったことです．

解説 解説することは別にありませんが，この方程式には「θ が微小角のとき」という付帯条件がついていることを忘れないようにしてください．だから，振り子がある程度大きく振れるときにはこの方程式は振り子の運動を表さないし，振り子の等時性も成り立ちません．

θ が微小角のとき $\sin\theta = \theta$ というのは数学的には間違いで，$=$ を $\approx$ に変えないといけません．三年生の先輩が数学では習わないといったのは，単振り子の方程式のことなのか，$\sin\theta = \theta$ のことなのか，文面では分かりませんが，後者だったら，$\sin\theta$ のマクローリン展開は大学1年で習う微積分の教科書に必ず載っているので，微積分の教科書を開いて探してみてください．θ が非常に小さいときは，2次以上の高次の項は無視できるほど小さいということにほかなりません．

方程式を導くときは $\sin\theta$ を θ に取り替えるだけですが，$\sin\theta$ のままだと，単振り子の方程式を解くことは簡単ではありません．少なくとも大学初年級の微積

分では解くことができません．

|作法| こんなことを質問するより，知りたければその先輩にまとわりついて，方程式の導出も解法も教えてもらうか，それこそ微分方程式を扱っている基本的な本なら何にでも書いてあるので，自分で勉強することですね．

　まず，知ろうと努力することが大切なのです．

実践 虎の巻 **A**
数学の勉強の「作法」

　数学だけに特有の勉強の作法というものもないではないが，学生が作法を知らないと憂うるときに思うのは，数学だけのものとは限らないものが多い．

　最近の大学生を見ていると，勉強が足らないということを感じる．作法を知らないと感じるのと似てはいるが，少し違う．数学を学ぶ，また数学をする際の作法は「数学の作法」と言うべきものだが，数学を勉強をするときに問題となる作法はそれと関連はあっても少し違う．むしろ勉強というものに対する考え方や姿勢に問題があるようなのである．

　勉強が足らないから作法が身につかない．作法を知らないから勉強の効率が上がらない．効率が上がらないから勉強をする気持ちが弱ってくる．悪循環に陥りやすいし，抜け出そうとするときには鶏と卵のパラドクスではないが，何から始めていいか分からない．

　勉強というのは，言葉どおりには強いて勉めることだから，とかくに頑張ればよいように考えられがちだが，ただ頑張るばかりでは効果は上がらない．効率のよい方法があって，それに従って一定時間やればそれで十分であるというようなものがあればよいのだろうが，残念ながら万人に通用するような勉強の方法というようなものはない．

　人それぞれに工夫するしかない．工夫をすれば，ある期間は効率が上がることはある．長くは続かないということもあるし，ある程度長く続けば続いたで，より効率の良い方法を求めたくなる．方法を変えると能率が落ちることもある．辛抱して続けるといつか効率が上がるかといえば，そういうこともあるし，そうならないこともある．

　兎角に難しいが，工夫は続けた方がよい．実際の旅行よりも旅行を計画しているときのほうが面白いということもある．勉強を楽しいと思うことができるようになれるのなら方法などどうでもいいのだが，勉強を楽しいと思えなくても，効

率の良い勉強法を工夫することは存外に面白い．工夫を面白がっているうちに勉強が好きになれば，それが一番よい．

　こちらの思い込みだけでもいけないから，学生に聞いてみるのだが，勉強をしていないわけではないらしい．もちろん，本当に勉強をしていない学生も多いのだが，勉強をしている学生，少なくとも自分が勉強をしていると思っている学生は少なくはないのである．勉強の仕方などは人それぞれで，自分に合った方法でやればいいのだが，勉強をしているつもりでも勉強したことになっていないということになるのだろうか．勉強をしているという状態がこうだとは言えないが，勉強をしているとは言えない状態がこうだとは言える．こちらで言わなくても，考えれば自分でも分かることだろう．たとえば，長時間机の前に座っていても，本をちゃんと読んでいないとか，鉛筆を動かしながら考えてはいないとか，別のことを考えているとか，論外ではあるが，漫画を読んだり音楽を聴いたり，というのもそうだろう．

　「読書百遍，意おのずからあらわる」という諺(ことわざ)がある．効率の良い方法を思いつかないときは，この言葉に戻るのもよい．意味の分からない文章があれば，ともかく何度でも読んでみる．それでも分からなければ声を出して読んでみる．紙に書き写してみる．それを繰り返す．効率の悪い方法ではあるが，効果はある．効果が実感できないというのであれば，それはまだ百回までやってないからである．百回やれば分かるだろうというのは単なる目安で，分からなければ，千回やるつもりでやることである．これはある意味最後の手段で，これで突破できなければ，むしろ休んだほうが良い．自分の中に，よほど「分かりたくない」という気持ちが隠れているのだろう．

　勉強というのは，人が一度は考えたことを追認するものだから，そして人の能力はさほど人ごとに異なるものではないのだから，必ず分かるものなのである．そこが研究とは違う．分かれば楽しいし嬉しくもある．だから勉強は楽しいのだが，余計な価値というか，余分な目的をくっつけると楽しくなくなる．大学に入りたい．就職がしたい．そんなことは余計なことで，楽しく勉強ができるようになれば，自然と得られる副産物にすぎない．と，思えるようになればいいのだけれど，そうできにくいから悩むのだろう．

　しかし，何度も言うようだが，話には例外がある．もちろん，自分で独特な勉強法を確立し，頑張って勉強し，意義ある学生生活を送り，社会に出てからその

成果を活かしている人はいる．少ないとも言えないだろう．しかし，そういう人の勉強法の独特さは他の多くの人の参考にはならないことが多いし，本書の読者対象としては元々そういう人たちを想定してはいない．

　トルストイの小説『アンナ・カレーニナ』の冒頭の文「幸福な家庭はみな同じように似て見えるが，不幸な家庭は不幸なさまがそれぞれに違っている」は有名だが，勉強法についても同じようなことが言える．失敗のありようは実にさまざまだが，勉強の成功というのは，それもある程度のところまでの成功でよければ，そのための勉強法はそれほど特別なものはいらないし，かなり似たところがあるだろう．設定される「程度」が違えば多少は違うものの，勉強の作法のありようはさほど違わない．違うとすればどれほど長く，深く，強くするかという「程度」の違いくらいであろう．いわばそれが勉強の作法というものででもあろうか．作法というのはその程度のものでもある．それで良ければということであるが，しばらく，それを考えてみることにしよう．

　学生の勉強法に問題がありそうだと感じたときに調べてみたことがある．調べると言っても訊いてみるしかない．しかし，どんなふうに勉強をしているのかと訊いても，どうもはっきりした答は返ってこない．仕方がないので，勉強をしている時間を訊いてみると，中には感心するくらいの時間を勉強に費やしている学生もいる．が，それでも，勉強をしたという成果が見えないのである．

　どうやら，勉強の仕方を知らないらしい．というか，勉強の仕方というものがあるということが分かっていないようにみえる．時間を掛けて机の前に座っていれば勉強しているつもりにはなれる．しかし，成果が上がらなければ，勉強していることにはならないだろう．その成果とは何かという問題はあるが，少なくとも何かしらな達成感が持てるようなものでなければいけないだろう．

　達成感を持つには，勉強に目的というものを設定するのが良い．人生の目的，10年後の目的，1年後の目的，その学期の目的，1週間の目的，また，この学科を学ぶ目的，この技術を学ぶ目的，大きな目的もあったほうが良いが，小さい目的も持ったほうが良い．達成してうれしいと思えるような小さい目的，目標，目安があると良い．できないと思っていたことを，全部一辺にできるようになるといった目的にせず，そのうちの小さい何かができるようになるという目的を持つ．そして，それを達成する．小さい達成感を積み重ねていく．それが成功への道だと言って良い．ただこの方法で大切なのは小さい目標達成でも積み重ねていくこ

とであり，目標達成したからといって安心して止めては何にもならない．休んではいけないと言っているのではない．休んでも良いが，止めてはいけないと言っているのである．

これも調べているときに感じたことだが，勉強ができると自分で思っている学生には，なぜか，勉強することを苦痛に思っている者が多いようである．自分では勉強ができると思っていて，一生懸命勉強をして（いると思って）いて，人からも勉強ができると思われていると思っているような生徒は，どちらかと言えば，勉強が好きではないことが多いようだ．好きではないが努力して勉強してるから点数は取れるようになっている．だから，勉強をしないとできなくなって（できなくなると思って），できなくなることが怖くて，より一層勉強をする．勉強ができないと思われている，またはそういうように自分を見ている生徒は，勉強するという努力を放棄して，ますます勉強ができなくなる．

どうやら，そういうように勉強というものが考えられているような感じがする．勉強など，せずに済めばしたくないと考える人は多いだろう．そもそも勉強なんかしなくてはいけないのか，と思うこともあるだろう．そう，しなくてはいけないのだろうか？ 答えにくい質問だが，敢えて一言で答えるならば，「人」であるために，ということである．人はまた迷うものでもある．

そういうときには，目的を考えるといい．勉強の目的とは何か？ それは，高校生までなら，なぜ学校へ行っているのかという問いにも等しい．大学生なら余計のことで，勉強する気がないなら，もともと大学になど行かなくてもいいのである．

高校までなら学校で与えられるものを勉強するもので，目的を考えることもないかもしれない．大学では，何を学ぶかも自分で決めるのであって，目的を考えずには決めることができない．学ぶことと勉強することは同じように思われているが，少し違う．実際には，かなり違うと言ったほうが良い．

目的を持たない勉強では，辛く嫌なものだと思うのも仕方がない．目的を持てば勉強も苦しさが減り，頑張れる．頑張って成績が上がれば，勉強も喜びになる，かもしれない．

著者は子供の頃，どちらかといえば勉強することが好きだったが，自分で勉強ができると思ったことはあまりない．だから，参考にはならないかもしれないが，あまり苦痛に感じたことはない．おかげで今でも何であれ勉強することは嫌いで

はない．誰にだってある好奇心を，「勉強」のほうに少し向けてやれば良い．勉強ができるようになることを目指すよりも，何か1つでも勉強が好きになるほうが良い．何か1つ好きになって勉強することに楽しみが見いだせるようになれば，他の勉強も好きになる可能性がある．

　もちろん著者にも好きでないことはあったし，そういうときは確かに苦痛だった．そういえば，作文が苦手で嫌いだった．特に自由作文が嫌いだった．絵を描くのも得意ではなく，体育では逆上がりが苦手で，生涯に1度か2度まぐれで出来たことがあるだけである．いま考えれば，まぐれで出来たときに，手の皮がむけるほどに頑張って練習しておけば出来るようになっていたかもしれない．残念なことをした．もはや，不可能である．

　しかし，楽しんでやれれば勉強も苦痛ではなくなる．そういうことではあるが，そう思えない人には説得力のない精神論に思えるだろうし，共感もされないだろう．できるから楽しめたのだろうと言われれば，そんなこともない．解けない問題もたくさんあった．何日考えても解けない問題にぶつかって，身動きがとれず，他の科目もやらないといけないのにと焦ることもあったし，確かにそういうときは苦痛だったような気がする．

　以下では，回り道に見えるかもしれないが，結局は数学が分かるようになるためのいくつかのコツというか，要領というか，作法のようなものを考えてみよう．改めて言っておくが，コツにも相性というものがあり，合わないものを頑張るとストレスがかかるばかりである．柔軟に，粘り強くというのを基本姿勢として持つのが良い．

　すべてを習得できればそれもいいが，作法やコツを身につけることは手段であって，目標ではない．それを使って問題を解いたり，理論の勉強をしてこそ意味がある．作法やコツが役に立つかどうかを，あまり端的に判断しないほうが良い．

　すべてを習得しようとするとかえって何も身につかないことにもなりかねない．習得したコツにこだわりすぎると非能率になってしまうこともあるわけで，まずは，できることから確実に身につけることである．

　コツを身につけるためには努力が必要であり，さらにコツを覚えただけでは成績は上がらない．コツがちゃんと使えるようになれば，ランクが1つか2つは上がるだろう（と思う）．しかし，使えるだけではまだダメで，コツを使うのが無意識にできるようになる，つまりは，身についてはじめて，自分でも成績が上がっ

たと感じられるというものである．そうなったとすれば，作法が身についていると言っても良いのかもしれない．

▶ A.1 数学的考え方は数学でしか身につかない

心理学から勉強法を考えるという本がいくつも出ている．例えば市川伸一著の『勉強法が変わる本　心理学からのアドバイス』[3] や『勉強法の科学』[4] などを読んでみると，なるほどと思えることも少なくない．単なる知識ではなく構造化された知識の重要さが心理学的観点から述べられている．数学だけでない，あらゆる知識の正しい在り方であると言ってよい．それらを読んで，勉強の仕方の心構えを考え直すのは悪いことではない．勉強をしたいと思うように心理的に導くこと，要するにどうしたらやる気を出すことができるか，ということへのヒントにはなる．

やる気はあるのだがやる気が出ないといった悩みは心理学に任せて，ここでは数学の勉強に限定した話にしよう．どのように構造化するのが有効か，つまり，覚えやすく，忘れにくく，応用しやすいかということは，学問分野による特徴がある．つまり，数学には数学のやり方があるということである．

しかし，数学であれば万人に共通な方法がある，ということではない．勉強法を語る人や書物は，万人に通用する方法を謳うことが多いが，そんなものはないと思ったほうが良い．人それぞれに適した方法がある．それも，時期によって最適な方法は変わることがある．また，自分の方法にこだわりすぎるのもよくないことがある．

勉強法にはさまざまなものがあり，時には矛盾するものすらある．それはある人にとっても時期によって最適な方法が変化することからくるものであり，だから，こだわらず色々やってみたらいい．しっくり来る方法に出会ったらしばらくは（改良しながら）それを続ければよく，しばらくしてしっくり来なくなることがあったらまったく別の方法を試してみればよい．とは言え，あれも駄目これも駄目と，多くの方法をとっかえひっかえ試すのは良くない．自分に合っているかどうかを確認する間もなく別の方法に移るというようなことをしていると，本当に適した方法を見逃してしまうことになりがちである．

この付録ではいろんなことを言うけれど，矛盾しているように見えたら，自分

に合うと思った方法を選んでまずやってみることである．やっていくうちに，矛盾ではなく同じことの別の側面であることに気がつくこともあるかもしれない．大切なことはいつも最適な方法を探しつつ，何かしらの方法を選んだらある期間はブレずに実行してみることである．

　世の中には数学をやらずに数学的考え方を教えるという本もあるが，そういうことはありえない．そういうものでもしも身につくものがあっても，数学の考え方ではないと思ったほうが良い．数学が不得意な人にとって，数学特有の言葉使いや表現があると，それだけで敬遠してしまうことがあるので，数学っぽく見えないもののほうが受け入れられやすいからそういう本が作られるのだが，数学らしさのない数学というものはありえない．苦みのないコーヒーはコーヒー飲料であっても，コーヒーでないのと同じである．

　数学を学びながら自然に数学的考え方を身につけるしかないのだが，多少とも数学っぽさの少ないものに，G. ポリア『いかにして問題をとくか』[51] がある．名著である．彼は高名で有能な数学者であり，数学者にとっても参考になる書物だが，定型的な数学書の書き方が避けられているという点で，数学っぽさが少ないと言える．数学的知識としては多いものではないが，[51] を何度も何度も読んで考えればかなりのものが身につく．しかし，ごく普通の数学の知識や技術をある程度知った上でこの本を読んだほうが，思い当たることも多く，効率のよい読書になるだろう．

　読書は効果や効率のために行うものではなく楽しめればよいというなら，[51] は繰り返し楽しめるものであるのだが，数学の勉強をするための読書としては，[51] だけでは効果は期待できない．普通の数学の勉強をやりながら，時々そして繰り返し [51] を読むことはとても役に立つだろう．

▶ A.2　数学をやらずに数学ができるようにはならない

　数学を学ぶためにはエスカレーターのような，つまり自分で動かなくても進むというような方法はない．ユークリッドがプトレマイオス王に「幾何学に王道はない」と答えたという伝説でも分かるように，古くから簡単に習得できる方法がないかと思う人は多かった．

　しかし，だからこそ，いったん習得できれば忘れることも難しい．数学がちゃ

んと分かるということは，たとえば自転車に乗ることのようである．乗れるようになる前はどうやったら乗れるのかが分からないほど難しく感じたのに，ひとたび乗れるようになったら，今度は乗れない状態を再現することも説明することも難しい．乗れるようになるためには繰り返し練習するしかない．それでも，大した練習もしないで乗れるようになる人もいれば，なかなか乗れるようにならず諦めてしまう人もいるというように，個人差は大きい．しかし，心が折れなければほとんどの人が乗れるようになる．乗れるようになったとき，乗れなかったのは自分がわざと乗れないようにしていただけで，そういうことを止めると自然に乗れるようになっていたことに気づくのである．

　数学ができるというのは多くの場合，出された問題が解けるということと考えられており，数学の勉強ということで読者に関心があるのは問題が解けるようになりたいということであろうから，以下はそういうことに絞って考えることにしよう．

　しかし，何度も言うようだが，これをやれば数学ができるようになるというような魔法のようなものはない．逆に，こんなことをしていたら，決して分かるようにはならないということはいくつもある．だから，こういうことをしてはいけないということばかりを言うことになって，読んでいても面白くないかもしれない．人によってチェックポイントは異なるわけで，自分にはできていると思うことが分かったからといって改善されるわけではない．できていると思っていても実際にはできていないこともあるのだが，そういうときに自分にはできていないと気づくことは難しい．とりあえずは，虚心に通読してみるのがよいと思う．何ひとつ直すべきところがなかったら，すでに作法が身についている，ということになるのだから，本書のレベルは卒業である．

▶A.3　先に解答は見ない．解法を自分で考える．最初は解けなくてもよい

　自分で解く努力もせずに解けるようにはならない．解きたいレベルの問題が何とか解けたなら，しばらくは同程度の問題を解いて，その難度に慣れたら，それより難しい問題に挑む，ということを続けていけば難しい問題も解けるようになるだろう．

解こうとしても解けない問題に出会ったとき，すぐに諦めてしまわずに，人によって違うだろうからとりあえず x 分は頑張ると決めておく．x の値は最初からあまり大きくとらないほうが良いだろう．と言って，あまり小さくては頑張る気分にならない．とりあえず，x 分と決めておく．決めたらしばらくは変えないことである．

あまり厳密に考えることはないが，x 分頑張って分からなかったとき，どうするかである．もう少しで解けそうな感じがしたなら，もう x 分なり，$x/2$ 分なり頑張る．漫然と頑張り続けても非生産的だし精神衛生によくない．と言って，諦めが早いと粘りが養われない．判断の目安として，x 分と決めておくのである．

解けそうもないと感じたなら，一旦は問題から離れたらよい．一度くらい攻略に失敗したくらいでは解答を見るのはお勧めしない．しばらく時間を置いて前とは違う視点を探してみる．うまくいけばよいし，いかなければ前に諦めた時点に戻ってやり直す．ここで，しばらく時間を置くというのがちょっとした秘訣である．

これを数回繰り返すうちに，不意に解けてしまうこともある．何度繰り返しても解けないと思うときもあるだろう．そういうときには解答を見てもよい．解答を見てそれをなぞるだけではもったいない．自分の攻撃ポイントのどこが間違っていたのか，また解答に一番近かったのはどこかを反省する．

反省が済んだら，この問題のことは忘れる．時間を置いてから，もう一度その問題をやってみると，どこに困難があったのかと思うほど簡単に解けるようになっていることがある．そうなったら少しくらい形が変わってもその種の問題は解けるようになっている．

解けないからといってすぐに答えを見るようにしていると，たとえその答えをすべて記憶したとしても，その問題は解けても同じ種類の問題が解けるようにはならない．まして，同じ問題が別の入試や全国模試に出ることはない．長い目で見ると効率は良くないのである．

▶A.4 数学の答は当り外れではない．外れても，考え方が分かるほうが良い

大学入試にセンター試験が必須になった状態なので，問題が解けるかではなく答を当てる方法や，答を知らなくてもある程度の点を取る方法を教えるというこ

とが行われているようだ．

　受験のためにできる準備はすべてして，センター試験の出題形式をまだ知らないというのであれば，多少の意味はあるかもしれない．それも1回だけだが．

　勉強する意味は明日以降のより良い自分のために今何かをすることだと思ってほしいものである．自分の何かしらの能力を向上させることが勉強の目的だと思ってほしいのである．

　根拠もない二者択一や三者択一でたまたま答と合ったとしても，そのときだけの意味しかない．宝くじに当たるようなものであり，同じ幸運は二度とはない．

　それは数学だけではないのだけれど，近頃テレビのクイズ番組でしっかりした知識を問うより，そういう偶然性の確率を挙げるコツを掴んだ解答者を見かける．そういうほうが見ていての意外性があり，面白くもあり，エンターテインメント性も高い．

　しかし，勉強はそういうものではない．あくまでも，あなた自身の種々の能力を高めるために，いま行う努力なのである．

▶A.5　自分が知っていることは何か，自分にできることは何かを考える

　問題が解けなかったり，勉強していく中で理解できないことに出会ったときにどうすればいいかが問題である．

　諦めて答えを見ることに走らず，まず，自分にできることは何かということを考え，工夫することが大切である．そのようにして解けたら，本にある解答がはるかに簡潔で明解であったとしても残念に思うことはない．そうでなければ，素晴らしい解答を見ても単にそういうものかと思うだけで，解答の素晴らしさにも気づかないことになる．

　「少ない原理・自由な応用」というのはよいスローガンである．解き方をたくさん覚えて問題に当てはめるというやり方では，当てはまる解き方が見つかればいいが，見つからなかったとき，また，本当は知っている中に解法があっても当てはまることに気づかないときには途方に暮れる．

　だから，少なくても自由自在に使える技法を持っているほうが良い．それが問題に使用するには最適な方法でなくても，何とか解けることもありえる．そうし

てこそ，解いた後で解答を見ることによって，当てはまりに気づかなかった理由や，その解答の優位さを理解することができるようになる．そのようにして，自分で使える道具が増えていくのである．

しかし，こだわりすぎてもいけない．自分の状況を理解して，とりあえずの最善をつくすことである．自分の状態を正しく理解することは難しいので，最善とは何かもまた難しい．だから最善を目指して努力すべきなのだが，最善ではないかもしれないことにこだわりすぎると，かえって間違った道に迷い込むことも起こる．

▶ A.6　土台には確実な知識．数学は積み上げである

　数学は確実な知識を一つひとつ積み上げて，強力な道具を作り上げるものである．ユークリッド以来の，定義，公理，公準，命題（補題，定理，系）などの積上げにより，壮大な建築物のようなものが出来上がるというだけではない．

　整数の加減乗除にしても，1桁の数の加法の表である和の九九だけから，すべてを組み上げることができ，覚えるのはそれだけでもよい．実際にそれだけしか記憶せずにあらゆる計算をすることができるし，やっている人もいないわけではない．ただ，それでは非能率だから，積の九九くらいは覚えたほうが良い．能率を上げたければ，インドでやっているように2桁の数の積の九九を覚えてもよい．覚えるのは大変だが，本当に覚えたら，掛け算の計算はとても速くできるだろう．しかし，それだけの表を覚えるとなると覚え間違いもするかもしれない．1箇所覚え間違っているだけでも計算結果の信頼性は失われる．

　数学のいろんな公式もそうである．確実に覚えて間違わずに使えるならば，たくさんの公式を覚えるのもよい．しかし，せっかく覚えても使わずにいると直ぐに忘れてしまう．一箇所，記憶間違いがあるだけで公式は役に立たないだけでなく，害を及ぼすものになる．だから，膨大な数の公式を覚えるよりも，必要最低限の公式を覚え，あまり使わない公式は自分で作れるようにしておくのがよい．確実に間違ってないで覚えておけるだけのものに絞って，他は使う度に作り出す．実際に使っていれば，公式など自然に覚えてしまうものである．

　たくさん覚えようとするよりも，少なくとも確実に使えるものを増やしたほうが良い．受験参考書や受験雑誌で役に立つ公式や裏ワザが書かれていることがあ

る．確実に習得できるのなら覚えて使うのも良いが，教科書の知識もあやふやな状態でそのようなことに走るのは止めたほうが良い．

　少なくとも教科書ぐらいは読み込んで知識を確実にしていき，教科書の演習問題はすべてできるようにしておくべきである．順に学習していけば，教科書の問題は自然に解けるように作られている．繰り返し挑戦すれば必ず出来るようになる．出来ないようなことがあるとすれば，それは教科書の記述が簡単に見えるために，しっかり理解しないまま読み飛ばしたからだと思ったほうが良い．繰り返し読み，考えれば必ず出来るようになる．

　定理や命題の証明も自分でできるようになるまで読み込めと言いたいけれど，高校までの教科書には学問上でからではない行政機関による制約があって，必ずしも論理的でなかったり，厳密には成り立たないものがあったりする．それは大学で学ぶことにして，命題や公式を間違わず自在に使えるようにすることを目指すほうが良い．忘れたりしたときには，再構成できるようにしておくのが良い．

　難解な受験問題などは，教科書の問題が確実に出来るようになってからでなければ解けるはずがない．簡単すぎて退屈に思えるようなら，難解な問題集に挑戦してもよいが，挑戦して弾き返されたら，教科書に戻って基礎を固めることがかえって早道である．急がば廻れなのである．

▶A.7　できると思ったら，やってみる．解法を，それよりも状況を視覚化する

　記号代数（文字式の使用）が生まれる以前の数学の技法を語り継いでいるのが小学校算数である．未知数を文字で表し，状況を式で表し，方程式を解くという近世の一般的な技法を知る前，人は思考の補助手段として図を描くことをした．概念図や線図，またフローチャート風の図を描くことも，命題や公式の理解を助けるし，問題の置かれている状況を明らかにしてもくれる．

　知っている公式の当てはめだけでは解けないような問題に出会うと，考えもせずに諦める若者が多くなった．公式を図で表すこと，それも色んな種類の図で表すことをしていると，その公式を適用できる問題が増える．問題の状況を視覚化すると，構造が見えてくる．それが既知の公式の（自分なりの）図的構造と似ていることに気づきやすくなる．

既知の問題と同じ問題では悩まない．違う問題だから悩む．違ってはいても，似ている問題を思いつけば，似ている解法で解けてしまったり，少なくとも部分的に解けたりはする．そのようにすれば問題の難しさをほぐしていくことができる．

　問題のイメージを描くこと．いわば，問題が置かれている風景をイメージすること．答ばかりを求めないで．そういうイメージをふくらませていくと，自然に問題が解けてしまうこともある．もちろんすべてがそれだけで解けてしまうわけではないが，考えるヒントにはなる．ヒントがつかめればそこをさらに掘り下げる．自分の持っている技術が使える世界を広くする．そういうイメージを持つとよい．

▶ A.8　分からないでやめてはいけない．夜明け前が一番暗いのだから

　何度も言うことだが，分からないからといって直ぐに考えることをやめてはいけない．知っている公式を単純に当てはめることができないというだけのことであることが多いのだから．

　知っている公式や解法を使ってみて解けなかったら，問題の状況を視覚化する．何かしら既知の構造が見つからないかを試す．問題が一般的な場合には特殊な状況を設定して解いてみて，なにか構造を探す．見つけた構造を一般化する．それでも解けなければ，特殊な状況を変えてみて調べる．

　人類にとって未知の問題を解く場合にもそういうことをするのだが，試験に出る問題には必ず解答がある．少なくとも出題者は解法と解答を知っているはずである．だから，必ず解ける．

　もうダメだと思ってから，あと x 分だけ頑張るという習慣をつけるとよい．解ける問題が格段に増えるはずである．

▶ A.9　多読と精読．教科書の読み方

　教科書を読み込むというのはどうすることかが分からないという人のために一言．教科書の問題が解けるようになることが1つの基準だろうし，そのためのことは既に述べた．

　入試問題に取り掛かろうという段階にいる人には教科書は易しすぎるように思

えるかもしれない．教科書を取り出して再読してみても，難しいところが見つからないと思うかもしれない．しかし，実際には「分かったつもり」になっているだけのことが多いものである．

そうは言われても，「分かったつもり」と「分かっている」とをどうやって自分で区別できるのだろうか．ここが問題である．自分でそれに気づくことは難しい．

一番よい環境は，教えてあげられる人がいることである．友達でもいい．後輩でもいい．兄弟姉妹でもいい．聞いてくれるなら親でもいい．章くらいの単位で，教科書では何をやっているのかを説明してみる．当然，それじゃ分からないという顔をするだろうから，より詳しく説明する．分かったと言うまで掘り下げて説明する．そのうち，分かっていなかったのが自分であることに気づき，自分の中の数学世界を描き直すことになる．

この掘り下げの説明を辛抱強く聴いてくれる人がいるなら，あなたはとても幸せだということだ．

大学で最終年度くらいになるとセミナーがある．外国語の専門書か，日本語でなら少しレベルの高いものを読むという形で進むことが多い．そういうときに教科書に書いてあることをそのまま話しても許されない．なぜ？　どうしてそうなるの？　と先生は訊いてくる．それに対して，「なぜと言われても，そう書いてあるからです」と答えるようでは，セミナーは落第である．そういう質問に答えられるように準備することこそが，セミナーに出席し発表する人に求められることだからである．

答えられる「なぜ」には答える準備を，答えられない「なぜ」には分解するか変形するかして新しい問題を提出する．それがセミナーである．そこには先生もいれば，先輩も後輩もいる．

それを一人でやれるようになれば，研究者の卵になったと言ってもよい．しかし，一人で教科書を読んでいるときに，どうしたら疑問に気づくだろうか．気づかなければ無理やり発すればよい．というわけで，「1 文ごとに」，「なぜ？」と訊かれたらどう答えればいいのだろうと考えることをお勧めする．答えることのレベルが問題ではあるが，最初のうちは余り気にしなくてよい．ともかく，答えることができれば先へ進めばよい．そうやって，一章なり一冊なりを終えて，関係する問題が解けるようになったと感じたら先へ進めばよいし，そんな感じがしないようなら，もう一度読みなおして，「なぜ？」に答えるレベルを深めるようにする．

完璧にとはいかないだろうが，時々やってみると，きっと良いことがある．感じないなら，まだそうやってなかったということである．

▶ A.10 やさしい問題をたくさんやるのがいいのか，難しい問題をじっくり解くのがいいのか

　理論を学んだあと，その理論を理解しているかどうかはやさしい問題を解くことで確かめられる．そのため，高校までの教科書には，新しい内容に進むと例題やら練習問題があり，ある程度理解していれば難しくなく解くことができ，解いているうちに理解が深まるようになっている．ただ，この程度の問題は，その単元での知識だけで解けるために，それ以外のことを考える必要がないから，ほかのことを考えないという弊に陥りやすい．つまり，視野が狭くなるというか，知識が細切れになるのである．ときにはあえて，その単元での知識を使わずに解いてみるというような "遊び心" も持つとよい．時間はかかるかもしれないが，難題を解く際のヒントになることがある．

　「難題」というのは，内容を単に理解しただけでは解けないような問題のことである．つまり，それ以前に習得したはずのほかの知識や技術をも総合的に使用しないと解けない問題である．また，問題を裏返したり，変数を取り換えたり，別の方向から見てみるというようなことが有効であるような問題のことである．それはもはや理論を理解するためというより，それを題材として解答者の隠れた能力を発見するためのツールと化していたりもする．

　入試対策としては難題も解けるようにならなければならないということにはなるが，実際には難題が入試に出ることは少なくなっている．難題が出るのはむしろ，出題者の意図に反して受験生にとって難題になってしまったという場合のほうが多い．だから，入試の過去問の中にはけっこう難題と言えるような問題もある．受験勉強としては難題にも取り組まなければならないだろうが，必ずしも難題がスラスラとできるようになる必要はない．実際に難題が出てしまった場合には多くの受験生はできないことになって，むしろその問題以外で高得点を得るようにしたほうが得策である．

　受験勉強で難題に取り組むのは，むしろ，難題が解けるようになるためではなく，難題かどうかを判断する能力を高めるためだと思ったほうが良い．難題だと

判断したら，とりあえずその問題は後回しにして，ほかの問題を十分にやりつくした後，時間が余ったら取り組むというようにしたほうが良い．問題なのはむしろ，難題だと判断したものの，実はそれほど難題ではなかったという場合である．そういう場合はほかの受験生がその問題である程度の得点をとることになり，不利になるかもしれない．

難題であるかどうかを判断する能力を高めるためという意識をもって難題に取り組めば，かえって難題を攻略しやすくなる可能性もある．難題もある程度は取り組んだほうが良いというわけである．ただ，難題にかかわりすぎて，結果も出ないまま時間ばかりが経つというのも効率が悪い．A.3 節でも言った「x 分の頑張り」というテクニックを使うのがよいかもしれない．

難題で少し行き詰ったら，教科書の問題よりは少しだけ難しいが，比較的スラスラとできる問題を何題かスピード感を感じるほどにやってみると，気分が回復することもある．基本を忘れていたことを思い出すこともある．

▶A.11　写す，まとめ直す．短編でも長編でも，得意な方法で

黒板をただ写しているだけではいけないという人もいる．なぜかと言えば，自分が理解できていなくても写すだけならできるからであるという．そのとおりである．しかし，写さずに聴いているだけで，何も頭に残らないよりはずっとよい．あとで読み返したときに，理解の助けというか切っ掛けにはなる．写した部分は多少とも強く記憶される．

もっとよいのは，写しただけでは意味が通りにくいところがあるだろうから，自分にとって意味が通るようにまとめ直すことである．頭の回転の速い人なら，授業中にまとめ直しながらノートを取るのがいいだろう．しかし，その場合は後でまとめ直すことは多分しないだろう．それよりは写した後で，まとめ直すほうが良い．そのほうがじっくりと考えることができる．写すのなら徹底的に，先生が脱線して走り書きしたものも，黒板には書かずに口で話したものもすべて写すのがよい．それらを後で，自分なりのストーリーを作りながらまとめ直すのである．

もし，ストーリーにまとめられず溢れる言葉が残ったら，それは "明日への" 宿題に書き残すのがよい．あとで先生に訊くのもよいし，友達に相談するのもよいし，繰り返し反芻(はんすう)しながら思い出すのもよい．いつか他のものとの関連性を発見

して，自分なりのストーリーに組み込むことができたら，もしかすると新しい理論が，方法が発見できているかもしれない．

まとめ方は，好きなようにすればよい．長いストーリーを書くのが苦手なら短編にすればよい．それも苦手ならショートショートでもよい．できる形ですればよい．続けているうちに，得意な方式が見つかるかもしれない．

最初から高い目標を置きすぎると挫折するのが早くなる．最初は低くても，確実に達成できる目標のほうが良いかもしれない．ただ，達成できたら，より高い目標に設定し直すことである．

人によっては最初から高い目標を設定して，それをクリアしていく早熟の天才もいるだろう．そういう天才は本書のようなものは読まないだろうから挫折したときの忠告はいらないかもしれないが，どんな天才でもいつかは挫折する．挫折と言って悪ければ障害にぶち当たる．その時期が遅いと，たった一度でも立ち直れないことも起こる．それよりも，失敗したときの対処法をいくつか知っておくほうが良い．今の場合なら，立てた目標がどうしても達成できないと感じたときには，目標設定を絶対確実というレベルに落としてから，やり直すことである．この場合重要なのは，低いレベルだからといって馬鹿にせず，しっかりと達成してからレベルを上げていくことである．そうしているうちに，以前達成できなかったレベルを気づかぬうちに超えていることも起こるかもしれない．

▶A.12 間違ったら喜べ．間違ったことが分かることは大きな一歩

数学を学んでいて一番困るのは，自分が分かっているか分かっていないかが分からないときである．これは高度なことを学びはじめたときに起こりやすい．大学に入って最初に数学の講義を聴いたときとか，数学科に進んで専門の数学の講義を聴いたときとか，集中講義でまったく聴いたことのない理論を聴いたときとか．だがそれは，高校までででも何度か経験したことでもあったのである．

それをなぜそう思わなかったかといえば，テーマが変わったり進んだりするときに例題や練習問題があったからである．それによって，そのテーマを表面的には理解しているかどうかが分かるようになっている．そこで間違えば理解の仕方を修正することができた．つまり，間違わなければ理解していなかったことに気がつかなかったわけである．

もちろん，間違うだけではいけない．間違ったことに気がつき，なぜ間違ったかを反省し，それ以上間違わないようにするということである．間違いや失敗から学べという趣旨の本もいくつかある．直接に数学に関することであるものは多くないが，中には数学者である野崎氏が書いた『人はなぜ，同じ間違いをくり返すのか』[44] という本がある．

確かに，間違いに気づき，それ以後，同じ間違いをしないようにするのなら，理解を深める段階だと考えることができるが，なぜか人は同じ間違いを繰り返してしまう．

おそらくそれは，間違いをしたことには気づいても，なぜ間違いをしたかを考えなかったか，考えたとしても性格上その間違いを犯しがちであるとか，間違いだとは思いたくないとか，そういったことがあるのだろう．間違うことのマイナスと自分の性格を変えることのマイナス（好みの問題）とを秤にかけたということなのかもしれない．

しかし，ほかのことならそれでもよいかもしれないが，数学ではそういうわけにはいかない．理論を構築するのでも，問題を解くのでも，うまい下手はもちろんあるし，あってもよいが，間違いは許されない．間違ったとたん，そのあとどんな努力を積み重ねても理論は崩れてしまうし，問題の解答には決して至らない．もちろん，符号の間違いを（知らずに）2回やったため，元に戻るというようなこともないではないが，それはあくまでも偶然にすぎない．結果オーライというわけにはいかないのである．

しかし，自分の好みというか，（間違いの）癖というものはなかなか気がつかないものである．前述の著書の中で野崎氏が分類している，間違いのというか，間違いを起こす人の性格ないし状況の型をあげてみる．

(1) 落雷型 — 何かひらめいたらすぐにそれに飛びつく．
(2) 猫のお化粧型 — 同じことを繰り返してばかりいて前に進まない．
(3) めだかの学校型 — 群れるのが好きで付和雷同に慣れている．
(4) 這っても黒豆型 — 頑固一徹で自分の間違いを認めようとしない．
(5) 馬耳東風型 — 反対意見も賛成意見に聞こえる都合のよさ．
(6) お殿様型 — 下々の痛みや苦しみが理解できない．
(7) 即物思考型 — 抽象的なことを考えるのが大の苦手．

間違いの分類というより，間違い方の分類である．間違いというものの分類ではなく，同じ間違いを繰り返す場合の間違い方の分類である．むしろ，間違ったときに，それを修正できない状況の分類であると言ったほうが良い．この中に思い当たるものがあれば，それこそ気をつけたほうが良い．

また，野崎氏は間違い方のレベルにも違いがあると言い，次の3つのレベルを上げている．

(1) 問題の意味が取れない．
(2) 問題の基礎理論が分からない．これにも，選択肢は分かるが選ぶことができない場合と，まったく分からない場合の2つがある．
(3) 基礎理論は分かっているが，適用の仕方が分からない．

これは間違いのレベルとも言えるし，善し悪しとも言える．間違いのというより，理解や修練のレベルと言ったほうが良いかもしれない．

レベルを上げるのに間違いは貴重である．まず，間違ったことに気づかないといけないし，間違ったことが分かったときの対処法こそが問題である．

間違いに気づいたら反省することである．その際，自分に言い訳をしてはいけない．言い訳は反省の妨げになるだけである．

間違いの分類はむしろ単純なほうが良いかもしれない．

　　erorrs of fact（事実の誤り），
　　erorrs of judgement（判断の誤り），
　　erorrs of interpretation（解釈の誤り）

何をどう間違ったのかを認識しなくては間違いを繰り返してしまうだろう．間違ったとき，この3種のうちのどの間違いだったかを反省するだけで間違いを見つけることに役立つ．

また，一歩一歩を厳密に追うのは堅いようだがかえって間違いを見つけにくくするという難点もある．全体を見てイメージを作りながら考えていれば，そのイメージにそぐわないことが出てきたらどこかに間違いがあることになり，間違いに気づくこともある．

どういう方法がよいかは人によって違う．自分なりの方法，つまりは「作法」を作っていくしかない．一番難しいのは，間違ったことに気づくことであるだろう．間違ったことに気づくのは悔しいことではあるが，喜ぶべきことでもある．まだ

学ぶことがあるということに気づいたということだからである．

　間違いの話をすると，どうも決して間違わないようにしろと言われているように思うようだが，間違わないようにしようと思いすぎるのはむしろ良くない．「人は間違うものである．」無謬の人などありえない．必ず間違う．だからこそ，間違ったときにそれに気づき，間違いを正(ただ)すことが大切なのである．

実践 虎の巻 B
知っ得

　本文では，章ごとに読者対象をそれなりに限定して，それに応じた解説をしてきたが，以下で述べるようなことは，対象を限定せずに述べることは難しいので，本来の対象者である，大学入学直前直後にいる読者を対象とした述べ方をすることにしたい．その年齢層にない方々は，想像力を働かせながら読んでほしい．

　大学では，そこで常識化している（と考えられている）ことを，あえてことさらに述べることをしないで済ますことが少なくない．近年次第に，高校までのカリキュラムの縮小と受験科目以外への関心の無さが原因で，大学生に当然のように期待できた知識が期待できないことが多くなってきたが，大学にいる者にとって何が失われた知識なのかを知ることが難しく，新入生の方は説明もなく飛び交う専門用語に戸惑うことが多いようである．それを補うことが必要ではあるが，また，完全に補うにはそれこそ数冊の書物が必要となる．そこで，取りあえず耳慣れない言葉や文字や記号といったものの簡単な説明をするだけにして，一種の実践用の虎の巻を作ることにした．強い要望があってさらなる説明が必要であるということであれば，稿を改めて考えてみることとしたい．

　実はこのようなことは大学でなくてもある．むしろ，長く（良く）機能している組織にはありがちなことである．たとえば，官公庁や大企業などは大学よりも深刻かもしれない．大学では，教える側は入学試験にも従事し，新入生の学力の変化にも気づいており，それなりの対応をしてはいるのである．若者は間違うものであり，未熟なものであることは自分たちの経験からもよく知っている．さらに，未熟さゆえにかえって旧来のあり方にこだわらず時代を切り開くことがあることも知っている．

　この「知っ得」の内容は「知って得する」ことはないかもしれないが，知らずに損をすることがないように，知っておいたらどうでしょうかというものである．そういう先輩からの老婆心と思っていただきたい．

▶B.1 数学の学問体系

　ここでは数学の対象であるものの体系ではなく，学問としての体系を述べておきたい．高校までの教科書には数学で学ぶ対象の性質や役割や技法などがあまり脈絡なく並んでいる．そこでは，すでに何もかも分かっていることが，選択されて，学ぶのに適切な（？）順序に並んでいるという感じであったかもしれない．

　近代になって公教育が整備されて，多くの人が学問に関わることができるようになって，学問の体系というものも意識されていった．19世紀の終り頃，ドイツのゲッティンゲン大学に留学した高木貞治が世界的に影響力を持っていたフェリクス・クラインの講義を聴いたとき，「数学の世界を3つのAに分けているのがいるが，俺は俺の幾何学でそれを統御するんだ」と言っていたということである（ジェイムズ[32]第7章参照）．3つのAというのは，Arithmetik（算術），Algebra（代数学），Analysis（解析学）であり，それらは学問として整備されてきていて，それぞれの専門家がいたが，幾何学はユークリッド以来の古くからあるものであって大学入学前に学んでおり，わざわざ大学で学ぶほどのものではなかった．クラインは幾何学を作用する群の観点から統一するという考えを持っており，それでまたそれぞれのAに新しい分野を切り開いていった．

　おおまかに言えば，「算術」は日常生活に最も近く，商業や工業にも多くの応用があって，主に小学校で学ぶものと考えられているもので，数学的対象としては主に自然数と有理数である．「代数学」は，数の代わりに文字を使って，数の演算機能に関する部分を重点的に扱うもので，文字に代入できる数の取り方によって，広がりと深さが変化する．対象は多項式，有理式，無理式で表される関数が多く，学習は中学から始まる．「解析学」は個々の数ではなく，その繋がりを重視するものであり，数学的対象としては関数，特に連続関数や微分可能関数を扱い，技法としては微分や積分が主たるもので，学習は高校から始まる．

　幾何学は学問化してカリキュラムも確立して2000年以上経つので，いろいろな形で教育の中に入り込んでいる．小学校から少しずつ顔を出してくる．直線と曲線，そしてそれらで囲まれる平面図形が主な対象だが，立体図形も少しは扱われる．平行移動と回転と鏡映で重なる合同と相似とが主な手段で，それらに限定されたものが「初等幾何学」とも呼ばれる「ユークリッド幾何」である．

　17世紀にデカルトが，生まれたばかりの文字使用によって，平面の点を2つの

変数 (x, y) で表し，さらに直線や曲線を方程式 $f(x, y) = 0$ で表すことにより，初等幾何ではできなかったことや，より広い視野を持った幾何学が生まれた．それを「解析幾何」という．直線，円，楕円，双曲線，放物線までは，中学から高校にかけて少しずつ学んでいく．初等幾何とは手法が違うだけで，対象も内容もそれほど異なるわけではないが，18 世紀も末になってモンジュが「画法幾何」を発明し，空間図形の把握が容易になり，工学的応用が進んだ．同時に微分法を幾何に応用した「微分幾何学」という分野も生まれた．さらに，19 世紀になると，平行線の公理を満たさない，いわゆる「非ユークリッド幾何学」が誕生し，複素数を使った解析幾何という側面も見せるようになる．さらには，「射影幾何学」が確立していき，「綜合幾何学」や「有限幾何学」といった進展もなされ，代数や解析との融合分野として，「射影代数幾何学」や「射影微分幾何学」が花開いていく．

20 世紀になって，「位相幾何学（トポロジー）」という分野が生まれ，発展成長し，「代数的位相幾何学」，「微分位相幾何学」，「組合せ論的位相幾何学」などの分野が生まれ，今でも盛んに研究されている．それらの基礎となる分野に「位相数学」とも「一般トポロジー」とも言われるものがある．それはまた「集合論」の上に作られており，この 2 つは専門的な数学の学習に入るための関所になっていて，大学の 2 年から 3 年次に講義されることが多い．

これらの基礎づけの分野は 19 世紀末の数学の基礎づけの反省から起きた．動機は収束の保証である．代数方程式でも微分方程式でも，方程式を見ているだけで解を当てることができるのはごくまれな場合だけである．解の存在証明は多く，近似解からさらによい近似へと進む数列や関数列の収束性を示すことによる．そこの部分をどこまで丁寧にやるかが大学初年級の微積分学の種々のレベルに対応している．これが悪名高い ε-δ 論法の必要性と有効性である．

また，基礎づけの対象を実数に限定した「実数論」はかつては標準的な大学数学の洗礼であったが，現在は学生の進路に応じて，さまざまな取扱いがされている．実数論の上に実変数の関数の理論である「実関数論」が作られるが，これも高度な数学に進む学生にはかつては必須項目だったが，現在では必要最小限的な扱いをされることが多い．

また，「微分方程式」の解をできるだけ一般に作りたいという欲求から，「積分論」が生まれる．素朴な「リーマン積分論」はどの微積分学のカリキュラムにもあるが，その一般化である「ルベーグ積分論」のためには，準備として「測度論」

が必要となり，これが集合論の上に積まれる．

　基礎といえば，「素朴な集合論」には難点があるので，それを救うために，数学の基礎をさらに追求する分野として「数学基礎論」がある．アリストテレス以来の「論理学」がその基礎にあるが，それだけではうまくいかないこともあって，それを強調した「数理論理学」という言葉で語られることもある．数学科のカリキュラムでも大学によって，あったりなかったりする分野でもある．

　さて，測度論を有限測度集合上に限定したものが「確率論」であると言える．解析学は積分の定義を広めながら，対象を個々の関数だけでなく関数の作る空間に広げていき，「関数解析学」が生まれる．さらにそれらの発展形として，さまざまな解析学の分野がある．「微分方程式」も「ニュートン力学」で使われる「常微分方程式」だけでなく，「偏微分方程式」や「積分微分方程式」，「確率微分方程式」も扱われ，それぞれに固有の概念や技法や応用のある分野である．

　応用面で考えれば，「フーリエ級数論」，「フーリエ変換論」，「ラプラス変換論」，「特殊関数論」などは工学部でも講義されることが多い．工学部は多種多様な学科に分かれ，それぞれに必要となる数学が異なるため，共通科目としての「微積分」と「線形代数」以外は工学部の専任教員が教えることになるので，数学の分野として研究されているものとは（少なくとも雰囲気は）異なる感じがするかもしれない．

　関数空間を主戦場とする分野には，関数解析学から派生した，「作用素環論」や「表現論」があるが，これらは代数学や幾何学などとも深く融合した高度な分野である．

　さて，古来から数学として馴染みのある数の理論である「算術」は，学問としては「初等整数論」と言われる分野であり，現在でも多くの難問が残っている．それらの問題を解決するために 19 世紀の終り頃から，数の領域を広げて考えることが始まり，その手法によって，「代数的整数論」や「解析数論」などと呼ばれる分野がある．また，ディオファントスに源を持つことから，「不定方程式論」や「ディオファントス方程式論」と呼ばれる分野も種々の発展をしている．幾何と結びつけば「ディオファントス幾何」だが，「数論幾何」や「代数幾何」という大きな分野もある．

　数を自然数から，整数，有理数，実数，複素数，四元数に拡張していくごとに，代数学や幾何学や解析学があって，それぞれの概念と技法と応用がある．特に「複

素関数論」は 19 世紀から発展して応用も多く，単に関数論といえば複素変数の複素数値関数の理論のことを言うほどである．「複素多様体論」は日本のフィールズ賞受賞者の業績と関係がある．代数学の中で，数の範囲を特定せず，演算の在り方を考えるのが「抽象代数学」である．「代数系」には数の機能を制限した，半群，群，環，整域，多元環（代数），体などの理論があり，体にも標数によって性格の異なる理論があるが，またそれらをつなぐ理論もある．

　コンピュータは種々の数値計算をすることが最初の目的であり，種々の方程式を解いたり巨大サイズの行列の固有値や固有ベクトルを求めたりするのだが，収束の正しさや速さなどが大きなテーマである（「数値計算論」）．インターネットの普及により，通信の速さ，精確さ，セキュリティなども高度なものが必要となり，それぞれにそれまでは思いもかけない分野の数学（数理論理学，初等整数論，代数幾何学，情報理論）が応用できることが知られてきていて，それらの入り口が「情報数学」や「離散数学」などという名前で講義されることがある．

　また，さまざまな物理学，経済学，気象学，文献学などへの応用も盛んで，それらが翻って，数学の分野として研究されているものも少なくない．

　分野としては，このほかに「組合せ論」と「統計学」があり，それぞれ応用も多いし，特有の技法がある．重要な分野であるが，体系の中に位置づけにくいところがあって，カリキュラムとしての位置づけは大学や学部・学科によってかなり違い，講義が設定されていない場合もあるので，自分にとって必要なものである場合は気をつけて自分で勉強するようにしなければいけない．

▶ B.2　数の体系

　数とは何かということは分かっているようでなかなか難しい問題である．著者は大学 1 年生のときに，デデキントの『数について』[39] を読んだが，そのドイツ語のタイトル "Was sind und sollen die Zahlen?" は「数は何であり，何であるべきか？」というものである．微積分の講義の初めが実数論の初歩で，本格的に知りたかったらという意味の推薦図書だった．一読して分かったとはとても言えないが，初めて数学というものに出会った感動があり，現在まで数学に携わっている動機の 1 つになっている．

　人が数とは何かを考えるときに思い浮かべることにはいろいろな側面がある．

積分を中心にして書いた[19]の第1章に数の役割を4つにまとめて書いた．1つ目は「数える」ことで，$1, 2, 3, \ldots$ というようにものの個数を数えるもので，対象としては自然数である．

2つ目は「はかる」ことで，はかる対象によって，計る，測る，量ると，使う漢字が異なる．距離，長さ，面積，体積，時間，重さ，仕事，モーメント，温度，圧力などの物理量をはかるもので，実世界における何かしらの大きさを数値で表すためのものである．数学対象としては実数であり，ほとんどの人が数としてイメージするのがこれである．

3つ目は数を使って「操作する」ことで，数に対しての演算や計算がそれを支えている．加減乗除の四則演算が基本だが，平方根などのベキ根を取る操作もある．さらには基本的な超越関数である指数関数，対数関数，三角関数などに対しては数表もあるし，電卓などで簡単に値を求めることができる．

4つ目は大小，前後を「比べる」ことで，実数体の順序構造に由来するので，複素数になるともう使えない．

数の体系としては，自然数，整数，有理数，実数，複素数と一般化されていく様子は，ランダウの『数の体系—解析の基礎』[56]に詳しい．自然数の全体 $\mathbb{N}$ は加法についても乗法についても半群であり，整数全体 $\mathbb{Z}$ は可換環であり，有理数から複素数までは可換体を作るが，これ以上可換体として拡張することはできない．また，有理数体 $\mathbb{Q}$ と実数体 $\mathbb{R}$ は順序体だが，複素数体 $\mathbb{C}$ を順序体にするような順序はない．

複素数体 $\mathbb{C}$ は実数体 $\mathbb{R}$ 上2次元の線形空間であるが，$\mathbb{R}$ 上4次元の（ハミルトンの）四元数体 $\mathbb{H}$ は $\mathbb{C}$ 上2次元の線形空間でもある．ただし，もう可換体ではない．それ以上になると，数としての形をなすのは，結合法則を満たさないが多元環にはなる，ケイリー数の作る，$\mathbb{R}$ 上8次元の八元数環しかない．

これらのものはすべて標数0であるが，他にも p 進体と呼ばれる，標数0の可換体があり，それは数の記数法と関わりがある．素数 p に対して，整数環 $\mathbb{Z}$ のイデアル $p\mathbb{Z}$ による剰余環 $\mathbb{Z}_p = F_p$ は有限標数（標数 p）で，有限位数の可換体になり，p 元体とも呼ばれる．これも数としての性格を持ち，最近では情報関係の理論での応用も知られている．

▶ B.3　数学の基礎用語

　以下の数節で説明する数学の用語や記号については，数学のレベルや分野によってさまざまに広がりがあって，どれをどれだけということが定めにくい．大学初年級までの数学学習者にとって必須のものだけを挙げるつもりだが，どうしても選択や叙述に粗密が起きる．そこで，大きく4つの分野で用語や記号についてまとまった記述のある基本的な書物を紹介しておく．初等整数論は遠山啓『初等整数論』[40], 代数学はシャファレヴィッチ『代数学とは何か』[36], 幾何や位相はミルナー『微分トポロジー講義』[52] の付録，微積分は E. ハイラー，G. ヴァンナー『解析教程』[45], 拙著の『微積分演義』[18],[19], 集合と位相と測度を含めてはコルモゴロフ，フォミーン『函数解析の基礎』[31] を勧めておこう．座右において疑問が起きたときに確かめると，役に立つと思う．

B.3.1　公理・公準

　概念を定義することは，既知とされている概念を使って規定することであり，遡って行くとそれ以上遡れない概念に至る．言葉で定義しようとすると，循環的になって定義したことにならない．そのようなとき，その概念が表すものをその挙動によって定義することになる．その挙動のことをその概念の満たす**公理**と言う．ユークリッド幾何で言えば，幾何に特化しない大きさや長さなどが公理的に規定され，幾何に特化したものが**公準**と呼ばれる．有名な平行線の公理と呼ばれるものは『ユークリッド原論』[54] における第5公準のことである．

　群・環・体などの代数系や（確率）測度や位相なども公理的に定義される．基本的な概念は皆，公理的に定義されると言ってよい．

B.3.2　定義

　定義には，前項にある概念を規定する部分と，その概念に名前を与える部分とがある．

　その名前には，言語学者のソシュール（[37]118 ページ）の言うシニフィアン（聴覚的なもの，記述するもの）とシニフィエ（概念的なもの，記述されるもの）

の恣意性がある*1. だからこそ，その対応を忘れてはいけない.

定義が言葉によって述べられるため，同じ言葉が日常でも，また数学とは違う意味で使われることがあり，それが持っているニュアンスのために，素直に定義どおりに納得し難いということが起こりうる. 数学として高度になっていくにしたがって日常を離れていくにつれ，心理的な障害になることがある.

シーニュ（記号）はそれを統合した概念だが，数学の記号はむしろ，それらの中間にあって，概念が保つ機能を一部体現したようなところがある.

B.3.3 命題，定理・系・補題

命題とは真偽を定めることができる文というほどの意味である. 英語で proposition というので命題 P という言い方で引用されることが多い.

定理は理論の中で重要で，応用も多く，引用されたり参照されたりすることの多い命題のことである. 系は定理からすぐに導かれる命題だが，それ自身引用されることが多いものを指す. 補題というのは以前は補助命題と言っていたもの. レンマ (lemma) の訳なので短いほうが感じが出るからか，補題という言い方が定着した. 元々は主要な命題である定理を証明するために補助的に使われる命題のことだが，中にはその定理だけでなく関連する話題の中で広く使われる強力なものもあって，元の定理の名前が忘れられるほど有名なものもある.

B.3.4 必要条件と十分条件

数学の命題はすべて仮言命題であると言ってよい. 仮言命題とは「P ならば Q である $(P \Rightarrow Q)$」という形の命題であって，つまり，「命題 P が成り立つときには命題 Q が成り立つ」というものである. 最初から複合命題であることを承知していないと理解することが難しいかもしれない.

このとき，P を Q のための**十分条件**，Q を P のための**必要条件**という.

---

*1 たとえば，犬という動物を「犬」と呼ぶことには何の必然もない. 誰かが勝手に決めたものかもしれないが，普通は属する（国や民族のような）共同体の中で自然発生的に生まれてきたものである. たとえば，dog と呼ぶ英語文化圏でのそれと日本語での犬との間には大まかな一致はあっても，完全に同じであるわけではない. だから，言葉の使われる状況によって，意味をはっきりさせないといけないことがある. 数学の概念では，あいまいさが許されないので，定義が重要なのである.

B.3.5 証明

　証明するというのは，だから，命題 P が成り立っているという状況下では命題 Q が成り立つことを示すということになる．命題 Q を直接に示すことが難しい場合に，「Q でないならば P でない」という**対偶**を示すという，**背理法**を使うこともあり，慣れていないと難しいかもしれない．

　命題 Q がなかなか成り立ちそうもないときでも，命題 P が成り立っていれば Q は成り立つのだということでもあるので，証明の最中に起こりそうもないことのように感じることもあったりするようである．とくに背理法の場合，Q が成り立たないと仮定して議論を進めるわけだが，本来 Q が成り立つという状況なのに，成り立たないと仮定するから矛盾も出るというからくりになっている．Q が成り立たないという仮定は架空のことなのだが，絵空事に感じがちで，数学世界に馴染んでいない初学者の納得する気持ちを阻害するようである．

　前述したように，公理や定義を指定することにより，1 つの宇宙を創造し，それに矛盾がないかを常に調べるということをしている．背理法は，だから，成り立つべきことを否定することで，作る世界に矛盾を見つけるものなのだ，という感じを持つほうが受け入れやすいかもしれない．

B.3.6 予想

　予想とは conjecture の訳で，推測とか，推論という意味があり，語源としては，一緒にして (con) でっちあげるというラテン語が挙げられる．予想という言葉に数学的にちゃんとした定義が与えられているわけではないので，「いろいろな状況証拠により成り立つと期待される命題だが，まだ証明されていないもの」というくらいの意味である．

　だから，未解決問題はすべて予想と呼ぶことができるし，数学の研究をする際には予想を立てては証明したり反例を考えたりして進めていく．だから，予想というのは数学研究ではごく普通のことだが，時折，長く考えても解決しない，多くの人が興味をもって攻撃しても陥落しない，解けるとうれしいことが起こることは分かるのに解けない，というようなことが重なっていくと，予想が独り歩きをし有名になる．最近解けたものにフェルマー予想やポアンカレ予想があるが，これらは世界中の数学者の関心を集めても 100 年単位で解けなかったものである．

まだ解けていない一番有名なものはリーマン予想であるが，これなど，元の予想が解けないために，かえって多くの別の理論や対象が作り出されている．

予想を解く人，立てる人，反例を作る人がいる．予想にはロマンがあって人を魅了する．解こうとして一生をかけても解けない人もいれば，子供のころにそれを解くことを夢見て数学者になった人もいる．

B.3.7 数式

数式というのはもちろん，数を使った式という意味ではなく，数学で使われる，数学的にちゃんと定義された式という意味である．

記号を使った代数式や，関数の微分積分や極限などを使った式だけでなく，定義や命題が論理式で表されることもある．

数学が苦手な人には式を見るだけで敬遠する人がいるが，数式は誤解を生まないように書かれているから，安心なのである．誤解を生まないようにということは，勝手な読み方をしてはいけないということであり，「とりあえず何となく」の理解を拒絶する．だから，理解するまでには時間もかかるだろうし，じっくり考えないといけないことも起こる．それが嫌がる人の少なくない理由だが，いったん了解すればこんなに頼りになる道具もない．

書き方や読み方については B.11 節を参照されたい．

B.3.8 例/例題

高校までは例と言えば例題のことで，その後に解くことになる類似の問題の解答例であることが多い．しかし普通，数学で例と言えば，理論や概念の例である．定義の言葉だけではイメージがつかめないので，具体的な例を助けにイメージが作れないだろうかということがある．

定義されるのは何らかの構造をもった集合やその間の写像であることが多い．例えば，群，環，体，多様体などであり，構造によってはさらに，連続性や微分可能性なども要請される．それらの例として挙げられているなら，それらの構造が持つ性質をすべて確かめないといけない．

もっとも簡単な例としての球面 S^n に対しても，多様体であるというなら，実際に座標近傍系をとり，座標変換が要求される連続性なり微分可能性を持つことを確かめてこそ，例であると言えることを忘れてはいけない．そういうことをし

てこそ，それらの概念が作る数学的世界を認識することができる．

また，何かしらの反例になっているとすれば，その世界の何かしらの傷というか特異性の象徴になっているだろうし，またそれを克服することで新しい理論が生まれもする．

例を軽視してはいけない．新しい概念を提示されたときは，少なくとも3つの例を作ることを目指すとよい．

B.3.9　問/問題/演習

問（とい），問題，演習（問題）は，高校までの数学の勉強の中でなら，大学受験問題まで含めて，本質的に同じである．何かしらの条件を満たす数なり，領域や図形なりを求める問題や，成り立つことが分かっている命題を証明する問題である．

小学校での計算問題とか，中学の最初のころの式の計算問題などは数学としては問題とは言わない．やり方が決まっていて教えられた手順を間違いなく速くできるようになるための訓練や練習にすぎない．（出題者が間違っているのでない限り）どんな難問であっても必ず解けるのだから，心理的には安心して取り組むことができる（はずである）．演習はそれに近い．数学では，成り立つかどうか分からない命題が，証明できるか，反例があるかを問うのが問であり，問題である．

難問に取り組んでいるときの気持ちにはそれに近いものがあるかもしれないが，社会に出ればほとんど常に，解けないかもしれない問題に出会うわけで，そのための経験だと思えば，数学に悩むことも悪いことではない．

B.3.10　解/解答

教科書や問題集の解答はできれば見ないで解答をして，答え合せをするというほうが良い．解答を見てそれを覚えるという勉強の仕方は即効性はあるが，長い目で見ると役に立たない．その問題のその解答を良しとする状況でしか意味を持たないからである．

答え合せをして，じぶんのした解答とあまりにも似ているなら，それは誘導された解答だということでもある．それが嫌だと，別解を考えてみる天邪鬼（あまのじゃく）さもあってよい．

▶ B.4 数学の言い回し

B.4.1 任意の・すべての

数学的な内容は同じだが,「任意の」は arbitrary の訳で「どれを取っても」,「どれに対しても」という気分で,どれでもいいがその個に意識が集中しており,「すべての」は all の訳で意識は対象全体に広がっている.また,for any も同じ文脈で用いられ,「どんな 〜 に対しても」と使われ,「任意の」と同じ気分を表しているが,個に対する意識が少し広がっている感じがある.

例えば,$\forall x\ P(x)$「任意の x に対して命題 $P(x)$ が成り立つ」というように使う.これは「すべての x に対して命題 $P(x)$ が成り立つ」と言ってもよいし,「どんな x に対しても命題 $P(x)$ が成り立つ」と言ってもよい.

言葉使いは違うものの,同じ内容を表している.ただし,本当にすべての対象に対して成り立つ命題というようなものには,意味はない.単なるトートロジー,つまり言葉の言い換えにすぎないものになってしまう.だから,あからさまには書かれていなくても,$\forall x \in X$ のようにある種の宇宙なり,考察の範囲なりが,X という形で指定されているはずであり,それに注意することが大切である.

分かりやすい例では,$P(x) = \{$ 多項式 $f(x)$ に対して $f(x) = 0$ を満たす x が存在する $\}$ のとき,$X = \mathbb{R}$ であれば,「$\forall x \in X\ P(x)$」は成り立たないが,$X = \mathbb{C}$ ならば成り立つことがあげられる.

B.4.2 ある 〜・存在する

$\exists x\ P(x)$ は「$P(x)$ を満たす x が存在する」とか「ある x に対し $P(x)$ が満たされる」と読むが,日本語の問題ではなく英語でも "There exists x such that $P(x)$ holds" と "For some x, $P(x)$ holds" という文章になる.文章としてはかなりニュアンスが違うが,数学的内容は同じである.

このように $\exists$ が先頭にある命題を**特称命題**と言い,$\forall$ が先頭にある命題を**全称命題**と言うが,相反するものというわけではない.

例えば,B.4.1 節にあげた例の**代数学の基本定理**も,複素係数の多項式 $f(x)$ に対して $\exists x \in \mathbb{C}\ f(x) = 0$ とすれば特称命題に書くことができる.もちろん,そこでの命題 $P(x)$ が $\exists x f(x) = 0$ という特称命題だったためでもあるが.

特称命題はまた，$\exists x\, \neg P(x)$（$P(x)$ が成り立たないような x が存在する）というように，命題の反例をあげる場合にも用いられるが，もちろん $P(x)$ の否定命題 $\neg P(x)$ もそれ自身命題なのだから，特別な使い方というわけではない．

B.4.3 一意に，一意的に

$\exists_1 x\, P(x)$ は「$P(x)$ を満たす x が一意的に存在する」と読む．「$P(x)$ を満たす x は存在し，しかもただ 1 つである」という意味である．「一意的な」は unique の訳語として使われるのだが，数学以外にこう訳されることは少ないので，「一意的」という言葉だけで敬遠したくなる人もいるようだが，慣れてほしい．

これももちろん x の範囲の指定が隠れていて，本来 $\exists_1 x \in X\, P(x)$ のようにすべきものであるが，一意的な物事を指定するときにはある程度数学的環境が特定されていることが多く，X があからさまに書かれていない場合が少なくない．

一意的に定まっている（uniquley determined）状況が積み重なっていけば，数学の殿堂が建設されるのだが，なかなかそうもいかない．

B.4.4 適当な

「適当な」という日本語はあまり適当ではないかもしれない．対応する英語は，suitable, proper, fit, good for などであって，まさに，「適して」とか「妥当な」という意味で，これが本来の「適当な」という意味なのだが，言葉は使われているうちに意味合いが変わっていくものである．

ある集合から適当に元を選んでというような状況で使われるのだが，その際，ある条件を指定すれば一意的に定まるのなら，頑張ってその元を求めればよいし，どんな元を持ってきてもいいのなら「任意の」元を取ればいいのだが，そういう状況下で，ある条件を満たすものは存在するが，一意的ではなく，また選び方に標準的な方法があるわけではない，といったときに使われる．

数学特有な言葉でないだけ，かえって，慣れないとニュアンスを取り違えるかもしれない．

B.4.5 自明である，明らかである

英語の文章の作法でよく言われるものに，Clear（明らか）は注意して使うようにというものがある．もし本当に明らかならそう言う必要がないし，明らかでな

いならそう言うのは無礼である，からである．「明らかに」という言葉を使わずに簡潔明瞭に文章を書くようにという作法である．

しかし，数学の著書や論文ではかなり頻繁に出会う言葉である．それらの使い方はどちらに当たるのだろうか？　頻繁に出会うということは，「明らか」や「自明」という言葉を言わねばならない必要があるからである．数学を述べる際に，虚偽であることが分かっているようなことを述べるはずもないので，それらは無礼だということになる．

それでは，数学書は読者に無礼なのだろうか．そういうわけではない．言葉としては，「明らか」というのは，説明するまでもなく見たら分かるということである．しかし実は一瞬で分かるということを意味しているわけではない．「明らか」と書かれている個所まで読み進んできた読者にはあまり丁寧な説明をする必要はないだろうという意味であることが多い．つまり，わざわざ説明をしなくても，読者が自分で証明できる（はず）と言っているのである．

それが証拠に，「明らか」という言葉はあまり本の最初の方には出てこない．ある程度進んだところで，繰り返しになる説明を省略しますよというメッセージなのである．だから，ときどき，本の著者にとって説明するほどでないと思ったことが，それほど明らかでないことも起こる．

本の中でそれまでの部分の中に出てきた議論や道具を，標準的な使い方をすれば分かるようなことだと著者が思っている，ということを意味しているだけである．ある意味で，「明らか」という言葉は，著者から読者に向けて出された試験問題であると言ったほうが良いかもしれない．

やたらと「明らか」を使う著者は面倒くさがり屋なのである．しかし，著者と感性が合ってそのペースが心地よければ，よい読者だということである．著者は，そういう読者を探すためにそういう書き方をしているのかもしれない．

B.4.6　よく知られているように

実際に知っている事柄についてこう言われるなら何でもないが，まったく知らないことについてもこう書かれることがある．これは話し手と聞き手の属する共同体が違っているということから来ることが多い．話し手の属している共同体では広く知られていることでも，本の読み手や講義の聴き手にとっては初めて参入する共同体であることが多く，違和感を感じるのである．

さらに，事柄によってはその共同体においても，知られてはいてもごく一部の人しか知らないことであることもある．それは話者がその一部に属する人であり，熟知しているから説明を要しないと思ったということであろう．そういう場合，知らないということを表明して知る努力をすることが望まれる．そうでないと，以降の議論がまったく理解できないということが起こりうる．

まれには，話者も知ってはいるが説明が面倒だからしたくないという場合もあるから注意する必要がある．まず自分で考え，友人や先輩に聞き，その上で話者に訊いてみる．話者に訊いてみると，その人だけでなく，その場のほとんどの人の知らないことであったりすることに，訊かれて初めて話者も気づくということもある．

似たようなものに，「すぐに分かる」とか「容易に分かる」とかいう言い回しもある．話者には容易かもしれないが，ほとんどの聞き手には容易でないことも少なくない．難解な著書の場合，難しい議論が分からないことで悩む前に，「すぐに分かる」とか「容易に分かる」とか書かれていることを何時間掛けてもいいから自分でちゃんと理解するということが，結局は全体を理解する早道であったりする．その理論での議論の常識というかレベルというものが体感されるようになるだろう．

B.4.7 iff（if and only if の省略形）

A if B, という英語は「B ならば A である」と訳され，B が A の十分条件であることを意味し，A only if B, という英語は「B のときだけ A となる」と訳され，「A が成り立つのは B が成り立つときだけである」という意味で，B が A の必要条件であることを意味する．

iff という英語は，英語においても日常では使われず，数学や論理学でしか使われないが，それにしても便利な言葉である．if and only if の省略形であるので，「必要かつ十分である」ことを意味し，状況によっては，「同値である」と言い換えることもできる．

B.4.8 QED

qed とはラテン語で，quod erat demonstrandum（これが証明すべきことであった）の省略形である．元はギリシャ語で，ユークリッドやアルキメデスが使って

いたことが知られている．ユークリッドの『原論』が論理的な議論の標準のように考えられていて，中世のヨーロッパでは哲学者のスピノザが『エチカ』(1677)の中で，議論の明確さを幾何学（『原論』）を手本に述べ，この語を頻用したことから定着したらしい．現代数学で「証明終り」の記号のように使われるのは，いわば逆輸入だと言えるかもしれない．

B.4.9 同値である，等しい

数式の計算は基本的に同値変形をしていくものである．それは等しいものに等しいものは等しい，という推移律（$x=y, y=z \Rightarrow x=z$）に基づいている．$x=y \Rightarrow y=x$ と $x=x$ という当り前の2つの規則と推移律が，等しいということの本質的な性質である．

集合 X の2元の間に $\sim$ という関係が定義され，$x \sim x$（反射律），$x \sim y \Rightarrow y \sim x$（対称律），$x \sim y, y \sim z \Rightarrow x \sim z$（推移律）を満たすとき，$X$ に同値関係が定義されたといい，$x \sim y$ であるとき，x と y は同値であると言う．

もちろんこれは等しいという関係よりも緩い関係であるが，数学において基本的な対象から新しい対象を作っていくとき，かなり広いものを作っておき，そこに同値関係を定義し，その同値関係による**商集合**を作るということをする．

X の中である元 x と同値な元の全体が作る部分集合を x の**同値類**と呼び，その同値類を1つの対象とみなすのが商集合であり，そこに至って，同値という関係 $\sim$ は等しいという関係 = に変わる．

高度な数学に馴染めるかどうかが，この概念に違和感を持つかどうかにかかっていることがある．

B.4.10 ほとんどすべての，有限個を除いて

$\forall x \in X \ P(x)$ のように全称命題が成り立たなくても，$P(x)$ が成り立たない x の集合が X の中で無視できるほど小さいことがある．そういう場合に，「ほとんどすべての $x \in X$ に対して」と言うことがあるが，「無視できるほど」という言葉はあいまいすぎるように感じて，数学らしくないように思うかもしれない．

そこは数学であって，それも状況に応じて厳密に定義されている．一番多いのが，測度論や確率論などで，X に測度が定義されているときは，「測度0の集合を除いて」成り立っているときに使う．これも数学方言に聞こえるようなら，「$P(x)$

が成り立たない x の作る集合の測度が 0 のとき」，と言えばはっきりするが，英語でなら，'for a.a. x' と簡潔な表現がされる．もちろん，a.a. は almost all の省略形である．

最初に出会うのは微積分であろうが，その場合には $\mathbb{R}$ や $\mathbb{R}^n$ には通常ルベーグ測度を考えている．

測度が定義されないようなときにも使う場合があって，それが「有限個を除いて」成り立つということの簡略な言い方として使われることもある．X が自然数の全体である場合がほとんどである．

整数論では，$N(x) = \#\{y \in \mathbb{N} \mid y \leq x,\ P(y)$ が成り立つ $\}$ と置いて [*2]，$\lim_{x \to \infty} \dfrac{N(x)}{x} = 1$ が成り立つときにも使うことがあるが，これなどは $\mathbb{N}$ に測度もどきを導入したことになっている．

B.4.11 ほとんど至るところで

前項と意味合いはまったく同じだが，X を何かしらの現象が起こる場であるというようなイメージを持っている場合に a.e.(almost everywhere) で成り立つということがある．

B.4.12 対称性

対称とは線対称や面対称のようなものが元来のイメージであるが，ユークリッド平面（や空間）ではそれらは合同変換である．翻って，ユークリッド空間の合同変換は，鏡映（線対称や面対称の一般化）と回転と平行移動で生成されるので，それをユークリッド空間の対称性と呼ぶことがあり，その全体は合同変換群と呼ばれる．

さらに，19世紀に，フェリックス・クラインが，幾何学を空間に働く群によって幾何学を分類するという「エルランゲン・プログラム」を提案したことによって，その群の働き方によっていろいろな種類の対称性が考えられるようになった．

[*2] $\#X$ は 3.16 節でも使ったし，B.9 節でも説明するが，X の濃度を表す．X が有限集合で，n 個の元からなるとき，$\#X = n$ と書き，X が可算集合のときは $\#X = \aleph_0$ と書く．

▶B.5 数学の対義語

対義語と言っても，排他的な現象に対するものである場合と，ある部分的な点に対してだけ排他的なことがある場合と，排他的ではない場合がある．対になっている用語といった気分で集めてみた．

B.5.1 一般と特殊

線形（微分）方程式の一般解と特殊解くらいで，あまり対義語的に使われることはない．一般線形群と特殊線形群などは行列式が $\neq 0$ か $= 1$ かの違いである．何かの値が特定の値（たいていは1）であるのが特殊で，何かしら一般的な値（たいていは $\neq 0$）が一般というのもいくつか見受けられる．

また，相対性理論のように，ほぼ同時期に2つの理論が確立し，一方が他方の一般化であり，一般化される前の理論にも重要な存在意義がある場合に，特殊と一般と呼ぶこともある．

また，十分に認知された概念の一般化を考えた際に「一般」(general) を冠していうことがあるが，その場合の多くは元の概念を「特殊」(special) と呼ぶことはない．この場合の英語は generalized で，general ではない．

B.5.2 広義と狭義

それほど本質的に違いはなく，微妙な違いではあるが，それでも厳密に違いを意識すべきである場合に用いる．例えば，単調増加または単調減少の関数，凸関数，安定性，双曲性，帰納極限などには狭義と広義がある．

また，歴史的経緯から，狭義があって広義がないもの，広義があって狭義がないものもあるが，もともとは狭義と広義のものが定義されたが，片方の概念だけが使用されることが続き，もう一方を考えることがなくなったということだろう．

B.5.3 演繹と帰納

演繹（法）とは，（一般的・普遍的な）前提から，より個別的・特殊的な結論を得る論理的推論の方法で，ユークリッド原論がその典型である．そこでの論理の典型が三段論法である．ここで，むしろ普遍的なのは論理の運用法のほうであって，前提となる命題群（公理，公準，定義など）を指定することで理論が作られ

るから，その命題群によって理論の豊かさが定まることになる．

　現代数学の多くはその形式で語られ，同じ理論を作るのにいかに少なく簡潔な命題群が指定できるかを目指している．演繹で形成される理論は論理の運用さえ間違わなければ完璧に正しい理論ではあるが，理論の内容は前提となる命題群が内包しているもの以上のものにはならない．

　帰納（法）は個別の事実を集積し，そこから普遍的な理論を抽出しようとする推論方法である．実験なり観察なりの積み重ねによって，理論を構築するという方法である．この方法には，すべての事実を網羅できないという本質的な欠点があるが，あらかじめ予想していたものよりも豊かな理論が生まれる可能性がある．歴史的にはオイラーやガウスが多量の計算の中から公式や定理を発見したというエピソードの中で語られることがあるが，理論がそういう形で提示されることは少ない．

　実際の研究は，ある程度，事実を集積し，帰納法によって理論化できると考えられる状況になったとき，前提とする命題群を選び，それから演繹法によって展開した理論が集積した事実を再現し，さらに多くの事実を予言できるかを調べていく，という過程を経ていくものであって，どちらが正しいというようなものではない．

　帰納法だけでは数学にならないが，唯一厳密な推論方法として認められるのが**数学的帰納法**である．「自然数 $\mathbb{N}$ に関する命題 $P(n)$ の正しさを確立するのに，$P(n_0)$ が成り立つことと（n_0 は多くの場合 0 か 1 であるが，どんな数でもよい），$P(n)$ が成り立つと仮定するときに $P(n+1)$ が成り立つことを証明できれば，すべての自然数 $n \geq n_0$ に対して $P(n)$ が成り立つことが主張される」というものである．

　ちなみに，数学的帰納法を始めて意識的に使って見せたのは B. パスカルである．

B.5.4　必要条件と十分条件

　仮言命題 $P \Rightarrow Q$ に対して，P を Q の**必要条件**，Q を P の**十分条件**という．言葉の意味を考えて納得するのもいいのだが，納得の仕方があいまいなままだと，かえって混乱のもとである．どちらがどちらか分からないということがあったら，$P \Rightarrow Q$ と書いてみるとよい．

　逆命題である $Q \Rightarrow P$ も成り立つときには，P と Q は**必要かつ十分**であると言い，2 つの命題 P と Q は命題として同じであることになる．P と Q がまったく

異なる表示を持っていることが多いので，「同じ」という言葉は使いにくく「同値である」という言い方をすることが多い．また，十分かつ必要であるという言い方をしてもよいように思われるが，なぜかそういう言い方はしない．たぶん，慣用にすぎないだろう．

同じという気分を出したいのなら，命題が変数を含んでいる場合を考える．2つの集合 $A = \{x \mid P(x)$ が成り立つ $\}$ と $B = \{x \mid Q(x)$ が成り立つ $\}$ を考えれば，$P(x) \Rightarrow Q(x)$ は $A \subset B$ を意味し，$P(x) \Leftarrow Q(x)$ は $A \supset B$ を意味するので，必要かつ十分ならば $A = B$ となり，同じというニュアンスが得られる．

B.5.5 高々，少なくとも

これらは，at most と at least の訳語である．前者の「高々」は「多くとも」の言い換えであるが，後者を「少々」と言うことはない．それは日本語の問題で，将来は分からない．

前者の場合「多くとも精々」で，後者は「少なくとも精々」の簡略化した言い方で，隠れている「精々」は元の英語が最上級を使っていることに対応している．

「n は高々 k である」という場合，$n \le k$ を意味しているだけであって，n が実際に k という値を取りうることは意味していない．ある条件を満たす n の範囲を必要条件だけで探したら，上からの評価として少なくとも k くらいはあるという意味でもある．

B.5.6 最大と最小

X が全順序集合のとき，その部分集合 Y の**最大元**は $\max_{x \in Y} x$ と書かれる．Z から X への写像 $f : Z \to X$ が与えられたとき，$f(Z)$ の最大元を f の Z 上の**最大値**と言う．

多いのは，Z が $\mathbb{N}$ または $\mathbb{R}$ のある区間 I で，$X = \mathbb{R}$ である場合である．$Z = \mathbb{N}$ のときは数列の最大値であり，$\max_n x_n$ と書かれる．$Z = I$ のときは I 上で定義された関数の最大値 (maximum value) であり，最大値 M を値に持つ I の点 x_0 を**最大点** (maximum point) と呼び，$\max_{x \in I} f(x) = x_0$ と書かれる．

$-f$ を考えれば最大性と最小性が入れ換わる．最小値 (minimum value) は $\min_{x \in Z} f(x)$ と書かれる．

B.5.7　極大と極小

前項で f が実数の区間 I 上で定義された関数の場合に，局所的最大は**極大**とも言われる．$x_0 \in I$ が**極大点** (maximal point) であるのは，I における x_0 の近傍 U があって，U 上で x_0 が最大点であるときであり，$f(x_0)$ を**極大値** (maximal value) と言う．

極小も同様に定義され，極大値と極小値を合わせて**極値** (extremal value, extremum) と言い，極値を与える点を**極値点**という．

関数 f が微分可能なとき，I の内点 x_0 が極値点であるための必要条件が $f'(x_0) = 0$ であり，十分条件ではないが，極値点の候補は方程式 $f'(x_0) = 0$ を解くことで見つけることができる．

B.5.8　収束と発散

数列 $\{x_n\}$ が a に**収束**するとは，n が限りなく大きくなるとき，x_n が限りなく a に近づくときに言い，$\lim_{n\to\infty} x_n = a$ と書く．評判の良くない ε-δ を使った定義は

$$\forall \varepsilon > 0,\ \exists N\ \text{s.t.}\ \forall n > N\ |x_n - a| < \varepsilon$$

（どんな $\varepsilon > 0$ に対しても，あらゆる $n > N$ に対して $|x_n - a| < \varepsilon$ となるような N が存在する）である[*3]．「限りなく」という動的なイメージを静的な言い方に変えただけとも言えるが，むしろ近づき方の評価までを考慮したものと言うことができる．

これが成り立たないとき，数列 $\{x_n\}$ は**発散**すると言う．日本語の語感からは $\lim_{n\to\infty} x_n = \infty$ と思いがちだが，そうではない．単に収束しないときに発散すると言うのである．$\lim_{n\to\infty} x_n = \infty$ の定義は $\forall M > 0,\ \exists N\ \text{s.t.}\ \forall n > N\ x_n > M$ である．

関数の場合には，連続性を表すときに使われる．$\lim_{x\to a} f(x) = \alpha$（$x$ が a に限

[*3] 5.7 で数式の読み方を述べたところでは，上の式の中の s.t. はなかった．その場合，（どんな $\varepsilon > 0$ に対しても，ある N が存在して，あらゆる $n > N$ に対して $|x_n - a| < \varepsilon$ となる）と読むことになる．論理式としてはそれでよいのだが，初学者には分かりにくいので，such that を表す s.t. を挿入して，それ以降が N に対する条件であることをはっきりと示しているが，意味はまったく同じである．また，s.t. と立体で書くのは，論理式としての記号ではなく，説明のために補充したものという気持ちを込めている．

りなく近づくとき $f(x)$ は α に限りなく近づく) の定義は

$$\forall \varepsilon > 0, \exists \delta > 0 \text{ s.t. } \forall x \, |x - a| < \delta \Rightarrow |f(x) - \alpha| < \varepsilon$$

となり，$x \to a$ のとき $f(x)$ は α に収束すると言い，α を極限値とも言う．

この場合も，収束しないときに**発散**すると言う．

注意すべきは，極限値は $f(a)$ の値を使っていないことであり，極限値が $f(a)$ と一致するとき，関数 $f(x)$ は $x = a$ で**連続**であると言う．

B.5.9 絶対収束と条件収束

$\{x_n\}$ を実数列または複素数列とする．$s_n = \sum_{k=1}^{n} x_k$ とした部分和を数列と考えたものを**級数**と呼ぶが，その数列 $\{s_n\}$ が収束するとき，その極限値を**無限級数** $\sum_{k=1}^{\infty} x_k$ の値とする（無限級数の和とも言う）．

たとえ級数が収束しても，和を取る順序が変わると収束しなかったり，極限値が変わったりすることがある．この級数に対して，各項の絶対値の和の作る級数 $\sum_{k=1}^{\infty} |x_k|$ が収束するとき，級数 $\sum_{k=1}^{\infty} x_k$ は**絶対収束**するという．このとき，元の級数 $\sum_{k=1}^{\infty} x_k$ 自身も収束するが，さらに和を取る順序をどのように変えても同じ値に収束することが分かる．もちろん，その値は $\sum_{k=1}^{\infty} |x_k|$ とは（一般には）異なる．

収束はするが絶対収束しない級数は**条件収束**すると言うが，絶対収束を意識しないときはあえて条件収束という言葉を使わず，単に収束すると言う．条件収束する級数は和を取る順序を取り換えると，任意の値に収束させることができるというアーベルの定理が成り立つ．

B.5.10 連続と離散

この2つの概念の代表は自然数の集合 $\mathbb{N}$ と実数の集合 $\mathbb{R}$ である．$\mathbb{N}$ では各元（自然数のこと）は孤立しており，はっきりとした隣の元があるが，$\mathbb{R}$ の各元（実数のこと）は孤立していないので，隣の元を指定することができず，近くの元がべたーっと（連続的に）集まった近傍を形成する．

実数の連続性は，有理数列の極限が有理数になるとは限らないのに（つまり有理数の集合は穴だらけ），「実数列の極限は実数になる」ということに象徴される．著者が入学したころの理学部の1年次の微積分のカリキュラムでは，半年近くを

かけてこの意味の実数の連続性が講義されていた．連続という言葉はこの意味ではあいまいなので（多義だということ），上の意味での穴のなさについては**完備**という概念に抽象される．

B.5.11　強弱

強弱を冠する概念は単に対立するだけでなく，強弱がある程度は連続するようなものになる．例えば，位相や収束などである．

強位相と強収束はノルム空間で，ノルムを使ったもので，通常の実数の位相や収束と同じである．超関数を定義するときなど，ノルムが定義されないような線形位相空間が考えられ，いろいろな位相や収束が考えられることがあり，それに対して一番強いものであり，ノルムによる位相とか**ノルム収束**とも呼ばれる．

対する概念は弱位相と弱収束だが，作用素環論などでは∗-弱位相などいろいろな位相が考えられる．

また，一般に集合 X に開集合族 $\mathcal{O}$ が与えられたときに位相空間と言うが，開集合族は，(1) $X, \emptyset \in \mathcal{O}$, (2) $U, V \in \mathcal{O} \Rightarrow U \cap V \in \mathcal{O}$, (3) $U_\lambda \in \mathcal{O}$ $(\lambda \in \Lambda) \Rightarrow \bigcup_{\lambda \in \Lambda} U_\lambda \in \mathcal{O}$, を満たせばよいのだから，$X$ にはいろいろな位相を考えることができる．部分集合族として，2つの開集合族が $\mathcal{O}_1 \subset \mathcal{O}_2$ を満たすとき，$\mathcal{O}_1$ が定める位相は $\mathcal{O}_2$ が定める位相より弱いと言い，$\mathcal{O}_2$ が定める位相は $\mathcal{O}_1$ が定める位相より強いと言う．

最も強い位相は $\mathcal{O}$ がすべての部分集合の作る集合族のときで，**離散位相**と言い，最も弱い位相は $\mathcal{O} = \{X, \emptyset\}$ であるときで，**密着位相**と言う．

B.5.12　開と閉

数直線で，$(a,b) = \{x \in \mathbb{R} \mid a < x < b\}$ を開区間，$[a,b] = \{x \in \mathbb{R} \mid a \leq x \leq b\}$ を閉区間と言い，これが開と閉のイメージの基にある．

$I = [a,b]$ が閉じているという語感は，$x_n \in I$ であるような収束列の極限が I に属すことによる．I が開区間であれば，極限が I から出ていく（実際には a か b になる）ことがありうるわけで，この区間は開いているという感じになる．

開と閉が対義語であるという気分は，さらにこれらを一般化した，位相空間における開集合と閉集合ではっきりする．X が位相空間で，O が開集合なら補集合 $O^C = X \setminus O$ は閉集合であり，F が閉集合なら補集合 F^C は開集合であると定義

される *4.

位相の定義は開集合族もしくは閉集合族を指定することで定義される．閉集合族 $\mathcal{F}$ の場合，満たすべき公理は (1) $X, \emptyset \in \mathcal{F}$, (2) $F_1, F_2 \in \mathcal{F} \Rightarrow F_1 \cup F_2 \in \mathcal{F}$, (3) $F_\lambda \in \mathcal{F} \ (\lambda \in \Lambda) \Rightarrow \bigcap_{\lambda \in \Lambda} F_\lambda \in \mathcal{F}$ である．

これは，閉区間が持つ次の性質からくるものである．(1) I_1, I_2 が閉区間で，$I_1 \cap I_2 \neq \emptyset$ ならば，$I_1 \cup I_2$ は閉区間である．(2) $I_\lambda (\lambda \in \Lambda)$ が閉区間で，$\bigcap_{\lambda \in \Lambda} I_\lambda$ が弧状連結ならば，$\bigcap_{\lambda \in \Lambda} I_\lambda$ は閉区間である．

B.5.13 凸と凹

凸と凹とを対にして考えるのは実関数のときである．

一般にユークリッド空間の集合 X が凸であるというのは，X の任意の 2 点を結ぶ線分がすべて X に含まれるときに言う．この場合には対になる凹という概念はない．

実関数 f が凸関数であるのは，$y = f(x)$ のグラフの上方の領域が凸領域であるときに言う．下向きに突き出しているという語感から，下に凸な関数という言い方もする．

凸関数 f に対して，$-f$ は上に凸な関数になるが，このとき，凹関数という言い方をすることがある．

B.5.14 右と左，上と下

左右は数学的にというか絶対的に定められるものではなく，観測者の視線に基づいて定まるものである．そのときにも，上下，前後と組み合わせて初めて意味を持つ．実数直線の区間の左端右端と下端上端は同じ意味に使われる．

空間の向き付けというものが定義されるが，その際にも 2 種類あるということは決まっていても，どちらを右と言うかはある意味で恣意的なものである．座標空間に標準基底というものがあるが，それとの変換行列の行列式が正である基底を右手系，負のものを左手系と呼ぶことがあるが，それも標準基底自身が，仮に座

---

*4 ちなみに，O や F を代表的に使うのは，開集合が open set であり，閉集合をフランス語で ensemble fermé と書くからである．閉集合は英語で closed est であるのに C を使わないのは，同じ分野では別の概念を C で表すことが以前から使われているからである．この場合は曲線 curve のせいであろう．なお，補集合は complement と書かれるので，C を肩に付けて表している．

標をある仕方で指定したときという前提でのものなので，絶対的なものではない．

上のことからも，左右，前後，上下をすべて考えるのは 3 次元特有のことであることが分かる．

直接，実数の値に関連するような場合は上下を使い，実数区間の上下端以外にも，（リーマン）上積分と下積分，上下のダルブー和などがある．

B.5.15　偶と奇

偶と奇というのも前項と似たような状況にある．

整数の場合には，2 の倍数を偶数と言い，そうでないものを奇数と言う．$(-1)^n$ が n の偶奇に従って正負となることもあって，0 を含む偶数のほうが標準的という語感はないでもない．

置換でも，符号の正負によって，また互換の積として表すときの偶奇によって，**偶置換**と**奇置換**に分ける．

実関数の場合，$f(-x) = f(x)$ を満たすものを**偶関数**，$f(-x) = -f(x)$ を満たすものを**奇関数**と言うが，単項式 x^n が n の偶奇に応じて偶奇の関数になることに対応しているのかもしれない．

B.5.16　有限と無限

歴史的には，有限であるものは理解が容易で，有限でないものを無限と呼ぶのだが，集合論を経た現在，まず無限集合が定義され，無限でない集合を有限集合と呼ぶ．

真部分集合と全単射でありうる集合を**無限集合**と呼ぶ．そういう無限集合の実在については数学は関知しない．ただ，普通の数学理論は無限集合の存在を仮定した上に成り立っている．それを仮定することと自然数の集合の存在を仮定することは同値である（エビングハウス[10] 第 1 章参照）．

有限集合 X は自然数の切片 $[1, n] = \{k \in \mathbb{N} \mid 0 \leq k \leq n-1\}$ のどれかと全単射であり，そのとき X の**濃度**は n であると言い，$\#X = n$ と書く．X の元の個数は n であるという言い方もする．

最小の無限集合は自然数の集合 $\mathbb{N}$ と全単射なものであり，**可算集合**または**可附番集合**という．**非可算集合**とは可算でない無限集合のことである．実数の集合である連続体の濃度（連続濃度）と可算濃度との間に異なる濃度が存在しないとい

う連続体仮説（連続濃度が最小の非可算濃度であること）は，ゲーデルにより公理的集合論とは矛盾しないことが，またP.コーエンにより公理的集合論とは独立であることが，それぞれ証明されている．

B.5.17 定値と不定値

主に2次形式や線形空間の内積に対する概念で，常に（0は除いて）正になるときは正定値，負になるときは負定値，正になることも負になることもある場合に不定値という．

シルベスターの慣性法則により，（非退化な）実2次形式は標準形をもつ．つまり，変数変換をすれば，正定値部分の（不定元の）平方和と，負定値部分の平方和（に負号を付けたもの）の和に表される．

B.5.18 既約と可約

既約分数（分母分子に1でない公約数がないこと）や既約多項式（それ以上因数分解できないこと）は高校まででも出てくるし分かりやすいが，対する可約は既約でないことであり，とくに意識はされない．既約多項式も，係数体を拡大すれば分解されることも起こり，既約性と可約性は状況によっても変わる．その変わり方に興味があるときには，可約という言葉を意識的に使うことになる．

既約性と可約性が話題となるのは，アフィン代数多様体，射影多様体，群などの表現などで，大学初年級では出てこないが，かなり重要な概念なので話の端々に出てくるが，多項式でのことの高度な一般化だと思えばよい．

B.5.19 内部と外部，開核と閉包

位相空間 X の集合 A に対して，A の点で，A に含まれる近傍を持つものを A の内点と言い，内点全体の集合を内部または開核と言い，$\mathring{A}$ または $\mathrm{Int}(A)$ と書く．A の補集合の内点を A の外点と言い，外点の全体を外部と言う．

$\mathring{A}$ はまた，A に含まれる最大の開集合であり，この意味での対義語は，A を含む最小の閉集合である閉包 $\overline{A}$ である．

補集合を使えば，$\overline{A} = (\mathrm{Int}(A^C))^C$ とか，A の外部 $= (\overline{A})^C$ などと，開核を閉包で，また閉包を開核で表すことができる．また，$\overline{A} \setminus \mathring{A} = \overline{A} \cap \overline{A^C}$ を A の境界と言い，∂A と書くことがある．∂A の点を A の境界点と言う．

また，内外で規定するほかの状況もある．正則ボレル測度は内正則かつ外正則な測度と定義される．ジョルダン測度にも内測度と外測度の概念がある．関連のある積分の場合は上積分と下積分という対になる．

群や環の自己同型に内部と外部がある．多角形の内部と外部は日常の直観とも合い，分かりやすい．

B.5.20　源点，湧点と吸点，沈点

連続時間を持つ力学系を流れ (flow) とも言うが，その特異点で，湧き出す方を源点または湧点 (souce) と言い，吸い込まれる方を吸点または沈点 (sink) と言う．微分トポロジーやエルゴード理論などで流れを抽象的に与える場合，ベクトル場で与える，または同じことだが，古典力学など常微分方程式の解曲線で定める場合があり，それぞれで用語が多少異なることもある．流体力学的な文脈では湧出しと吸込みと言う．

特異点だけでなく，その近傍や周期軌道に対しては，反発的 (repelling) と吸引的 (absorbing) ということがある．

微分トポロジーでは，写像の定義域を source space, 値域を target space と言う．

有向グラフでは，source を入口 (entrance), sink を出口 (exit) という言い方もする．

source にはまた，情報源という意味もあるが，これにははっきりした対義語はない．

▶ B.6　数学の類義語

意味が似ていて区別しにくいものや，言葉の見た目が似ていて混乱しかねないものを挙げてみた．

B.6.1　数学と数理

数学の用語ではないが，数学を外から見たとき，役に立つことを強調したいときに，数理科学 (Mathematical Science) を標榜することがある．

内容に本質的な差があるわけではないが，数千年の伝統に根差した学問が数学で，近・現代的な応用可能性に力点を置いたものが数理と言ってもよい．ただ，古

代から数学は応用を伴わなければ財政的支援を受けられなかったこともあり，また，研究者の視点が全世界的に広がっていたこともあり，超一流の数学者は当然のごとく数理科学的な側面を色濃く持っていた．アルキメデスしかり，ニュートンしかり，オイラーしかり，ガウスしかりである．

応用を卑賤なものとみることも間違いだし，応用がない分野に意味がないと断じることも間違いである．数百年，数千年単位での未来における応用もないことではない．また，あまり短期的な応用を目指しすぎると，理論が硬直化して発展を阻害する．

B.6.2 関数と写像

集合 X の元 x に対し集合 Y の元 y が一通りに定まっているとき，その対応を**写像**と言い，$f: X \to Y, y = f(x)$ と書く．X を写像 f の**定義域**，Y を**値域**と言い，y を f による x の**像**と言う．

積集合 $X \times Y$ の部分集合 $\{(x,y) \in (X,Y) \mid y = f(x)\}$ を写像 f の**グラフ**と言い，$G(f)$ または $\mathrm{Graph}(f)$ と書く．

X, Y が何かしらの構造を持っているとき写像 f にはその構造と両立するものを考えることになる．X, Y が位相空間のときは連続写像，X, Y が線形空間のときは線形写像，X, Y がユークリッド空間や多様体で微分構造を持てば微分可能写像，X, Y が群・環・体などの代数構造を持つときは準同型ということになる．

現在では関数を写像と区別して考えることが少なくなったが，伝統的には値域 Y が数の集合のときに関数と呼ぶ．特に $Y = \mathbb{R}$ のときには実数値関数，$Y = \mathbb{C}$ のときには複素数値関数と呼ばれる．また，X が $\mathbb{R}$ の領域であるときは実変数関数，$\mathbb{R}^n$ の領域のときは実 n 変数関数，$\mathbb{C}$ の領域のときは複素変数関数と呼ばれる．

B.6.3 対応と関係

対応は写像の，関係は写像のグラフの一般化である．

X, Y を集合とする．命題 $R(x,y)$ の真偽が確定しているとき，$R(x,y)$ または R を**関係**と言い，$R(x,y)$ が真のとき，x は y と関係していると言い，xRy と書く．$X \times Y$ の部分集合 $G = \{(x,y) \mid xRy\}$ を関係 R のグラフと言い，(G, X, Y) を**対応**と言う．$(x,y) \in G$ のとき，x は y に対応していると言う．

また逆に，$X \times Y$ の任意の部分集合 G に対して，$(x,y) \in G$ のとき xRy とすることにより，対応 (G, X, Y) から関係 R が定まる．X をこの対応の**始集合**，Y を**終集合**と言い，$A = pr_X G$（X 成分への射影）をこの対応の定義域，$B = pr_Y G$ を値域という．

もちろん，このとき，y が x に関係しているわけでもないし，x が x に関係しているわけでもない．つまり，xRx も $xRy \Rightarrow yRx$ も成り立たないし，まして，$xRy, yRz \Rightarrow xRz$ も成り立たなくてもよいのである．

任意の $(x,y) \in X \times Y$ に対して，$(x,y) \in R$ が成り立つか成り立たないかが定まっていることが重要である．つまり，2 項関係 xRy の真偽が定まっているわけである．

任意の $x \in A$ に対し，$G(x) = \{y \in Y \mid (x,y) \in R\}$ が一点だけからなるとき，この対応を**一意対応**と言い，写像と同値な概念となる．合成や逆も一般に定義できるが，逆対応も一意対応になるとき，**1 対 1 対応**であると言い，写像でなら**全単射**に対応する．

この概念は単に抽象化しただけのものではなく，複素関数を考えるとき，解析接続により自然に多価な関数を考えざるを得なくなるが，それを自然に含む多対多を表す概念である．

また，同値関係や順序関係など，対応を意識しない関係（もちろん，上の意味で対応と言ってもよいが）もある．

B.6.4 演算と作用

演算は operation だが，状況によって operation の訳語は作用，作用素，操作にもなる．演算と言うときは多く，2 元に対してある元を与える操作，例えば加減乗除のようなものであるが，作用と言う場合は何か作用域と呼ばれる空間の元に対して自分自身かほかの空間の元を与える写像であることが多い

そういう作用が集まって群を形成する場合には，**群作用**と言うが，それは group action と呼ばれ，作用も action と呼ばれる．

X 自身が群・環・体などの代数構造を持つ場合，演算は $X \times X \to X$ の形の写像となり，**内算法**という言われ方もするが，加群や線形空間の場合にはスカラー積 $S \times X \to X$ の形の写像になり，**外算法**という言い方をされることもある．

B.6.5 大小と順序

集合 X の任意の 2 元 x,y に対して，$x \leq y$ が成り立つか成り立たないかが定まっていて，(1) $x \leq x$ （反射律），(2) $x \leq y, y \leq x \Rightarrow x = y$ （反対称律），(3) $x \leq y, y \leq z \Rightarrow x \leq z$ （推移律） を満たすとき，$\leq$ を順序と言う．

任意の x,y に対して，$x \leq y$ か $y \leq x$ のどちらかが成り立つとき，$\leq$ を全順序，または線形順序と言う．これに対して，全順序でない順序を半順序と呼ぶことがある．

言葉でこれを表現するとき，これを大小なり，前後なり，上下なりと表現することがある．それはイメージによることなので，その場に合わせて使えばよいが，数の作る全順序集合の場合には「大小」が使われることが多い．また，$x \leq y$ かつ $x \neq y$ のとき $x < y$ と書く．

また，数の世界にある四則演算と両立する性質「(1) $a \leq b \Rightarrow a \pm c \leq b \pm c$, (2) $a \leq b, c > 0 \Rightarrow ac \leq bc$」をもつ順序を考えることが多いが，そうでない順序を考えることがないわけではない．

B.6.6 最大と極大

B.5.6 節と B.5.7 節に述べてあるが，極大 (maximal) は局所的最大 (local maximum) というように関心のある点の近くだけで考えたものである．対になる言い方としては，絶対的最大値 (absolute maximum) と相対的最大値 (relative maximum) があるが，現在ではあまり使われない．

関数値だけでなく，全順序集合でない順序集合の中で考えるときは全体での最大は期しがたく，極大元を考えることも多い．maximal の訳語であっても，最大ということもあり，専門的な数学になるが，たとえば，極大イデアル，極大アトラクター，極大コンパクト部分群，極大過剰決定系，最大分離拡大，極大フィルター，極大平面グラフ，最大関数，極大格子，最大マッチング，極大原理などがある．

B.6.7 完全と完備

完全にはいろいろなニュアンスの意味がある．完全系列，完全正規空間，完全平方式，完全集合，完全写像，完全グラフ，完全流体，完全体，完全数など，何

を形容しているかによって全く異なる意味を持っているので，それぞれの定義にしたがうこと．英語では perfect と complete に使い分けられているので，多少はニュアンスの違いが分かるが，日本語では区別がつきにくい．

完備はもっぱら complete の訳語だが，complete を完備と訳す場合には，連続に近いニュアンスがある．つまり実数の完備性は実数の連続性の厳密な表現で，距離空間やノルム空間を考えるときには，（コーシー列は収束するという）完備性を持たない空間において意味のある命題を考えることは難しい．

B.6.8 正規と正則

大体は正規は normal の，正則は regular の訳である．両方ともちゃんとしているという意味であるが，normal は何かしらの規約を守っていることを，regular は少ない例外を除いて成り立つようなことを表すという違いがある．正規と正則の日本語の語感は近いが，冠する概念のある領域がずれているので，regular を正規と訳す場合がある．

regular（正則）を冠するものには，非特異と同義なもの（B.7.5 節参照）以外に，正則空間，正則写像，正則埋め込み，正則関数，正則パラメータ（系），正則領域，正則近似列，正則可換環，正則局所環，正則列，正則元，正則拡大，正則イデアル，正則曲線，正則な代数方程式，正則数，正則境界，正則近傍，正則ホモトピー，正則な胞複体，正則な結び目射影，正則グラフ，正則木，正則文法，正則錐，正則閉集合，正則微分式系，正則な可移置換群，左右の正則表現 (regular representation; 群や環の表現)，正則因子分解，正則積分要素，正則鎖，正則測度，正則推定量，正則順序数，正則被覆，正則な抽出方式 (regular sampling procedure)，正則なフィルトレーション，正則マトロイド，正則ディリクレ形式，正則な確率過程，拡散過程の正則点，正則境界，正則な条件つき確率などがある．

normal（正規）を冠するものに，正規空間，正規被覆，正規行列，微分方程式の正規形，正規分布，正規環，正規関数，正規準同型，正規族，正規作用素，正規基，正規カレント，頭正規形 (head normal form)，β-正規形，正規錐，正規変換，正規超フィルター，正規化群 (normalizer)，正規部分群，正規列，正規な証明，正規座標，正規 j 代数，正規の大きさ (normal order)，正規カルタン接続，正規拡張，正規多様体，正規交叉 (normal crossing)，正規密度関数，正規線型モデル，正規方程式，正規特異点，頭正規形 (head normal form)，正規交換関係，正

規直交系 (orthnormal system)，正規付値，正規連鎖，正規状態，正規連分数，正規スコア検定などがある．

正則と訳されない regular の例には，正規表現 (regular expression) や正規言語 (regular language) は有限オートマトン理論の言葉で，ほかにも正規な概周期解 (regular almost periodic solution)，正多面体 (regular polyhedron)，星型正多面体 (regular star-polyhedron)，微分方程式の確定特異点 (regular singularity) などがある．

正規と訳されない normal には，法線，法バンドル (normal bundle)，法平面，法曲率，法錐，法ベクトル，法写像，法接続，標準形，標準形ゲーム，連言標準形 (conjunctive normal form)，冠頭標準形 (prenex normal form)，直截口 (normal section) など，といったまったく別のニュアンスを持つものがある．

このように，regular と normal には使用される範囲にずれがあるが，共通する領域もあって，行列，被覆，空間，関数，環，変換などには regular と normal を冠するものがあり，類似した概念の場合と，関連性のない概念の場合とがある．

これほど多くの概念に regular と normal が冠せられるのは，数学が「まとも」と「まともでない」ことをはっきりと区別するものであり，さらに「まとも」とはどのように「まとも」であるかを（できれば，当り前になるまでに）はっきりさせ，「まともでない」，つまり，ある意味，病的な現象を追及する学問だからだろう．

B.6.9 積もいろいろ．内積，外積，内部積，括弧積，スカラー積

もともとは数の積ではあるが，長さ×長さが面積になるような次元を変える積 (product) と，何倍かのように累加を簡略に表すことからくる積 (multiplication) がある．それが 1 次元でないベクトルの積を考えるときに分離する．後者がスカラー倍に対応し，前者は内積，スカラー積 (inner product, scalar product) もしくは外積 (exterior product) に対応する．3 次元ベクトルには結果がまたベクトルになるベクトル積 (vector product) や 3 つのベクトルからスカラーを得るスカラー 3 重積 (scalar triple product) もある．積 (product) は同種の 2 つのものから新しいものを生み出す手続きで，多くは結合律と分配律を満たすものである．

ベクトル場と微分形式の間に内部積 (interior product) があり，微分形式どうしには外積がある．ベクトル場や一般にリー環の元には括弧積 (bracket product)

(ポアソン括弧) がある.

また集合, 空間, 測度には直積 (デカルト積) があり, その拡張として多様体やバンドルにも積があり, ファイバー積 (fiber product) もある. 代数多様体には交叉積 (intersection product) があり, リーマン多様体にはリーマン積 (Riemannian product) が, 位相空間には対称積 (symmetric product) もある. また, 線形空間, 線形写像, 線形表現, 多元環にはテンソル積 (tensor product) がある. 多元環には直積, テンソル積, 接合積 (crossed product) があり, 加群にはねじれ積 (torsion product), くさび積 (wedge product), カップ積 (cup product), キャップ積 (cap product) もある. ホモロジーやコホモロジー理論にはほかにもクロス積 (cross product) やスラント積 (slant product), 線形符号には積符号 (product code) があり, フィルターには超積 (ultraproduct) がある.

ほかにもいろいろな場面で積が定義されるが, そこでの定義以外の意味を考えてはいけない.

B.6.10 変数と不定元

変数は variable で, 不定元は indeterminate の訳語である. 関数 $y = f(x)$ と書くとき, x はある範囲を動き回る値であり, 自分で動くので**独立変数**と言い, y は x が決まると一意的に決まるので従属変数と言う.

多項式 $P(x)$ などの場合, x には何かの値が入ることを想定せず, 単にシンボルとか文字として考えることがあり, その場合に x を**不定元**と言う. 不定元は式をあくまで形式的に考えることを意味している.

B.6.11 軌道と軌跡

軌道は orbit であり, 軌跡は trajectory である.
微分方程式の解曲線という意味では両方を同じ意味で使うと思ってよい.
軌道の方はほかの状況でも使われることがある. 群作用の軌道は, 群のある元に群のすべての元を作用させて得られる部分集合のことで, 多くの応用を持ち派生する語も多い. 力学系での流れで, 点が移されていく集合も軌道と言い (場合によっては, 群作用と考えることもできる), 周期軌道, ホモクリニック軌道, ヘテロクリニック軌道などの概念がある.

trajectory も軌道と訳されることがあるが, orbit よりも時間依存性に意識が傾

いている語感がある．

▶ B.7　数学用語の表記の揺れ

揺れが生じる理由は，訳す際の用語の選択（の状況や時期）の際，異なる領域で定義された異なる概念にたまたま同じ言葉が使われたということからくることが多い．

B.7.1　線形と線型

ともに linear の訳語である．意味から言えば，「直線のような」，「線状の」ということだが，linear が冠せられるのは，主に空間，写像，方程式である．線形構造を持つ集合を線形空間といい，それを保つ写像を線形写像という．

実関数が線形のときグラフが原点を通る直線になるということからくるのだが，図形としての直線ではなく，線形構造こそが重要であり，形式というか形の重要性を強調するか，形そのものではなく型（タイプ）が重要であるかということで，「線形」か「線型」という論争があった．現在でも両方の漢字を使ったタイトルの教科書があり，どちらと決まったわけではないが，何とはなしの漢字離れの状況があり，漢字としての易しさから「線形」を使うほうが多くなったようである．

線形構造は可換な群の構造（和）に，スカラー倍と呼ばれる積に似た構造が分配法則を通して結びついたものである．主に用いられるのは，スカラーの集合が可換体 K の場合で，K 上の線形空間と呼ばれる．線形空間の元をベクトルと呼ぶことから，ベクトル空間とも呼ばれる．特に $K = \mathbb{R}, \mathbb{C}$ の場合が重要で，実線形空間や複素線形空間と呼ばれる．

有限次元の線形空間は，次元が同じなら同型で，基底を選べば写像は行列によって表される．関数空間も線形空間だがほとんどが無限次元になり，技術は高度な微積分が主なものになり，大学初年級で学ぶ線形代数の技術はあまり役に立たないように見えるが，線形構造についての基礎的な知識は重要である．

有限次元の線形代数も応用は多く，線形不等式など線形計画法も長く使われている．また，近年は暗号理論などで，有限体上の線形代数が有効に応用されるようになり，重要性が増している．

B.7.2 関数と函数

functionの訳語であり，函の（中国）音がfunであるとこと，定義がblack boxのようなものであることから，函数というのは非常に良い訳語であったが，第2次大戦後に漢字の使用制限が行われ，音はkanと違うのだが，一般化すれば関係概念となることから，関数という訳語が作られ，定着した．

また，陰関数は関係から定義されるという意味合いを持つが，陰関数と対照させて使うことがある陽関数が普通の関数である．現在は19世紀後半の解析学の基礎の見直しの中で，black boxのようなものとして定義されているが，かつては解析的な式で表されたもの（たとえば，多項式や分数式で定義される関数，指数関数，対数関数，三角関数など）だけを関数と考えていた時代があった．

B.7.3 定数と常数

ともにconstantの訳語で，語源はcon（完全に，しっかりと）とstare（立つ）というラテン語で，じっと動かないという意味なので，どちらでもよいとも言える．語感は「一定である」と「常に変わらない」であり，動的に対するのが常数であって，変数，変動に対するのが定数であるという違いがある．

常数のほうが古い形で，最近はほとんど定数であると思ってよい．恒数という訳語もあったが，現在では使われていない．物理などでは常数を使う例が少し残っている．

B.7.4 解と根

2次方程式を一般的に対象としたのは9世紀アラビアのアル-フワーリズミで，アラビア語でdshidr（根）と呼ばれる未知の解を求めるというものであった．rootはその訳語である．

その伝統の中にいるので，多項式 $P(x)$ に対し，$P(x) = (x-x_1)(x-x_2)\cdots(x-x_n)$ と1次式の積に分解したとき，$x_1, x_2, \ldots, x_n$ を根と呼ぶ．方程式 $P(x) = 0$ の解も根と呼ぶ．平方根 $\sqrt{a}$ や立方根 $\sqrt[3]{a}$ などと呼ぶのはそのためである．

解というのは，何かしらの問題の解答や解法というもので，方程式の場合にはそれを満たす数なり関数なりを方程式の解と呼び，多項式 $= 0$ である代数方程式に対しても解というが，多項式そのものの解という言い方はしない．

B.7.5 正則と非特異

正則 (regular) というのは冠する概念がまともで，例外を除いて成り立つという気分であり，その例外を特異 (singular) と言うので，その対義語としての非特異 (nonsingular) が正則と同じ意味に使われることがある．

しかし，どちらを使う場合もあるようなものと片方しか使わないような概念もある．例外としての特異性に注目が行く場合にはどちらも使われると思ってよいが，「非特異＝正則」であるような対象はそんなに多くない．

例えば，行列では，逆行列を持つという意味の正則性は，行列式が0でないという非特異性と同値になる．代数多様体の定義方程式の特異点以外の点は「非特異点＝正則点」と呼ばれる．微分可能写像やベクトル場，常微分方程式などの場合にも同様であり，特異点の定義が先にあると言ったほうがよい．これらの場合，特異点がまったく存在しないときに，対象自体を正則と呼ぶことが多い．

「非特異点＝正則点」でない例については B.6.8 参照．

regular の対義語として irregular が使われることがある．微分方程式の確定特異点 (regular singularity) と不確定特異点 (irregular singularity)，正則な素数と非正則 (irregular) な素数など．

多様体の微分可能写像の正則値 (regular value) や正則点 (regular point) の対義語としては臨界値 (critical value) や臨界点 (critical point) が使われる．

B.7.6 三平方の定理とピュタゴラスの定理

直角三角形の3辺の長さに関する等式が成り立つことで，ピュタゴラスによって発見されたとされている．

最長辺である斜辺の長さを c，直角をはさむ2辺の長さを a, b とするとき，$a^2 + b^2 = c^2$ となるというものである．

ユークリッド『原論』ではそれぞれの辺の上に立つ正方形の面積の間の関係として表されており，平方 (square) はまさに正方形であって，三平方の定理という言い方が古くからされていたように思うかもしれないが，実は太平洋戦争中に敵性言語（人名が言語かとも思うが）を禁じられたことから，塩野直道の依頼で末綱恕一が命名したものである．

中国でも古くから知られていた定理で，勾股定理とか商高定理などと呼ばれて

おり，和算ではそれから鉤股弦(こうこげん)の法という言い方をしていた．

ヨーロッパ言語では斜辺（直角の対辺）とそれ以外は区別するが，中国数学では非斜辺も短い方を鉤(こう)，長い方を股(こ)，斜辺を弦(げん)として区別した．

また，ピュタゴラスも以前はピタゴラスという音で知られていたが，Pythagorasという英綴りから，近年はピュタゴラスという言い方が少し優勢になってきている．

B.7.7　2次曲線と円錐曲線

平面曲線で2次式によって定義されるものを **2次曲線** という．つまり，x, y の2次式 f によって，$f(x, y) = 0$ を満たす点 (x, y) の集合とされるもののことである．

非退化な2次式では楕円と双曲線が得られ，片方の変数が退化したものが放物線で，平行な2直線，交わる2直線，1点，空集合も2次曲線である．

紀元前3世紀のアポロニウスは円錐 (cone)（空間で交わる2直線の一方を他方のまわりに回転して得られる曲面）と平面との交わりとして得られる曲線を円錐曲線 (conic section) と言い，詳細に研究した．以来円錐曲線はよく知られた対象であるが，17世紀に解析幾何が生まれ，空集合以外の2次曲線が円錐曲線と完全に一致することが知られている．

▶ B.8　数の表記

B.8.1　数字あれこれ（アラビア・漢・時計）

現在通常使われている数字はアラビア数字と呼ばれているが，インドからアラビアに伝わり，それがヨーロッパに伝わって少しずつ変化したものである．漢数字は日本語の文章の中では現在も使われ，ローマ数字は時計の文字盤に使われることがある．ギリシャ数字は歴史的な意味しかないが，方式の異なるいくつかのものが知られている．どれほどでも大きい数を表すためのアルキメデスによる工夫も伝わっているが，流通はしなかったようだ．

また，数は本来の意味ではなく単にラベルとして使われることも少なくなく，アラビア数字にさまざまな修飾を施したものも使われている．

B.8.2 10進表記,10進記数法

自然数を 10 を底(てい)として表す,位取り記数法のこと.$0, 1, 2, 3, 4, 5, 6, 7, 8, 9$ の 10 個の数字の有限列 $a_n a_{n-1} \cdots a_2 a_1$ が,自然数

$$10^{n-1} a_n + 10^{n-2} a_{n-1} + \cdots + 10 a_2 + a_1 = \sum_{k=1}^{n} 10^{k-1} a_k$$

を表すとしている.

0 が発明されていないと位取り記数法はあまり有効ではないが,そういう時代にも位取り記数法はあったものの,専門家にしか扱えなかっただろう.また,位取り記数法ではなくても,10 進法に基礎を置いた記数法も歴史上さまざまに見受けられる.古代エジプトの場合,$1, 10, 100$ などの 10 のベキそれぞれに文字を用意し,それを並べて表記した.大きな数を表記するのに不便で,また演算も加減は分かりやすいが,乗除になると長い訓練が必要だったようである.中国数学の表記では,1 から 9 までの数と,$10, 100, 1000, 10000$ という 10 のベキと,10000 のベキに漢数字を用意し,それらを組み合わせて使うものであり,0 が発明される以前では一番機能的なものだっただろう.

B.8.3 p 進表記,p 進記数法

前節の 10 の代わりに,$p \geq 2$ に対して,p を底とする位取り記数法もある.p 個の数字の有限列 $a_n a_{n-1} \cdots a_2 a_1$ $(0 \leq a_i < p)$ が,自然数

$$a_n p^{n-1} + a_{n-1} p^{n-2} + \cdots + a_2 p + a_1 = \sum_{k=1}^{n} a_k p^{k-1}$$

を表すとしている.

実際に使用されている(または,使用されたことのある)p 進表記は,$p = 2, 4, 8, 10, 12, 16$ であり,$p > 10$ の場合には別の数字を用意する必要がある.p が 2 のベキの場合は計算機関係で使われることが多く,$p = 16$ の場合には 11 以上の数に対して $ABCDEF$ が流用される.古代メソポタミアで使われた 12 進法の場合には,くさびの数と向きで,桁とその桁の数字を表す形をしていた.

p 進数 (p-adic number) は実数とは違う数であり,p 進表記とは異なる概念である.

B.8.4 小数

自然数は単位の大きさの整数倍の量を表現するものだが，それより小さいものを表現する必要もある．単位を p 分の 1 ずつ小さくしていって近似的に表現しようとするもの．単位よりも小さくなる部分の前にピリオドを置き，小数点と呼ぶ．$a_n a_{n-1} \cdots a_2 a_1 . b_1 b_2 \cdots b_m$ は

$$\sum_{k=1}^{n} a_k p^{k-1} + \sum_{h=1}^{m} b_h p^{-h}$$

を表す．$p = 10$ のときは 10 **進小数**と言い，英語では decimal fraction と書く．decimal だけでも 10 進小数の意味になるが，decimal は「10 進法の」という形容詞でもある．

m が有限のときは**有限小数**，無限のときは**無限小数**と言う．無理数は必ず無限小数になり，無限小数によってすべての実数を表現することができる．

有限小数となるのは，有理数であって，既約分数として表したときに，分母の素因数が 2 と 5 以外にはないものだけである．無限小数でも，ある所から周期的になるものが有理数に対応する．

B.8.5 分数

分数は整数を 0 でない整数で割った数で，横棒の上下に整数を置いて表される．小学校以来なれ親しんだものだが，いろいろな誤解も多くあって，誤解したままで大学に入っていってはいけない．第 1 章では多くの節で扱っていて，「分数」が節の名前に入っているもの以外に，2.5 節，2.12 節，2.14 節なども参照してほしい．

整数から作った分数は有理数と呼ばれる数体 $\mathbb{Q}$ になり，有理数体 $\mathbb{Q}$ は実数体 $\mathbb{R}$ の中で稠密であり，どんな実数もどれほどでも精密に有理数で近似できる．

B.8.6 連分数

前節で有理数による近似の話をしたが，精密にしていくためには一般には分母を大きくしていかないといけない．その代わりに，分母をさらに整数 + 分数の形にしていくものが連分数であり，連続して分数を取るという意味を持つ．また，ユークリッドの互除法とも関係がある [*5]．

[*5] 微積分とも関係があり，たとえば[45] 第 I.6 節には詳しい説明がある．

無理数は無限連分数になるが，連分数が有限になることと有理数であることは同値である．なお，ある所から周期的になるものは 2 次の無理数，つまり有理数を係数とする 2 次方程式の解になる数，となる．

▶ B.9　数学の記号類

記号とその例示だけ行い，定義はしない．同じ概念に異なる記号が用いられることがあるが，それらも同時に表してある．

1. 自然数全体 $\mathbb{N}$，整数環 $\mathbb{Z}$，有理数体 $\mathbb{Q}$，実数体 $\mathbb{R}$，複素数体 $\mathbb{C}$，四元数体 $\mathbb{H}$，標数 p の素体 $F_p = \mathbb{Z}_p = \mathbb{Z}/p\mathbb{Z}$ （p は素数）．正の実数の全体 $\mathbb{R}_{>0}$，非負の実数の全体 $\mathbb{R}_{\geq 0}$．

2. n 次元実ベクトル空間 $\mathbb{R}^n$，n 次元複素ベクトル空間 $\mathbb{C}^n \cong \mathbb{R}^{2n}$，体 K 上の n 次元数ベクトル空間 K^n．

3. 等号 $=$, $\cong$, $\equiv$, $\approx$: 何かしらの基準で等しいことを表す．特に $=$ は長さや面積など，対応させた何かしらの数値が等しいときに用いることが多い．状況に応じて，「等しい」，「同型である」，「合同である」，「同じである」，「近い」などと呼ばれるが，あらかじめ決まっていることは少なく，何らかの定義をした上で使われる．

    等号は双方向的な意味合いが強いが，A を $f(x)$ によって定義するというように一方方向に用いたい場合もあり，$A := f(x)$ のように書くことがある．

4. 不等号 $\neq$, $>$, $\geq$, $\geqslant$, $\geqq$, $\gg$, $<$, $\leq$, $\leqslant$, $\leqq$, $\ll$

    単に「等しくない」というものも，大小を指定するものも，ともに不等号と言われる．

5. AB は，点 A と B を通る直線または線分を表し，$\overline{AB}$ は線分 AB またはその長さを表す．

    平行 $AB \parallel CD$ と垂直 $AB \perp XY$．

    $\triangle ABC$（A, B, C を頂点とする三角形）．

6. 論理記号．$\forall$（全称作用素），$\exists$（存在作用素），$\neg$（否定），$\wedge$, $\&$（論理積），$\vee$

（論理和），$\rightarrow, \Rightarrow$（含意），$\leftrightarrow, \Leftrightarrow$（同値）．

7. 集合に関する記号．$x \in X$（x は X に属す，x は X の元である），$x \notin X$（x は X に属さない，x は X の元でない），$A \subset B$, $B \supset A$（A は B に含まれる，A は B の部分集合），$A \not\subset B$, $B \not\supset A$（A は B に含まれない，A は B の部分集合でない），$A \subsetneq B$, $A \underset{\neq}{\subset} B$, $B \supsetneq A$（A は B の真部分集合）．

$A \cup B$（和集合），$A \cap B$（積集合，共通部分），$A \times B$（直積集合），$A \setminus B$（集合差，差集合）．

$\mathfrak{P}(A), \mathcal{P}(A)$（$A$ のべき集合）．$\#A = |A|$（A の濃度）．

$A^C = X \setminus A$（X における A の補集合）．

$B^A = \mathrm{Map}(A, B)$（A から B への写像の全体）．

$\{x \mid P(x)\} = \{x : P(x)\}$（性質 P を満たす x の作る集合）

8. 演算記号．四則．和 $a+b$, 差 $a-b$, 積 $ab = a \cdot b = a \times b$, 商 $a \div b = a/b = \dfrac{a}{b}$. $a \pm b$, $a \mp b$（複号同順）．平方根 $\sqrt{2}$, 立方根 $\sqrt[3]{3}$, n 乗根 $\sqrt[n]{5}$.

9. 区間．閉区間 $[a,b] = \{x \mid a \leq x \leq b\}$, 開区間 $(a,b) = \{x \mid a < x < b\}$, 半開区間 $[a,b) = \{x \mid a \leq x < b\}$, $(a,b] = \{x \mid a < x \leq b\}$.

10. 絶対値，ノルム $|x|, |\vec{a}|, ||\vec{a}||, |z|, ||f(x)||$

11. 整数 m, n に対して，$m|n$ は，m が n の約数であることを意味する．n が m の倍数であるとも言うし，m が n を割り切る（整除する）とも言う．$m \nmid n$ はそうでないことを表す．

$\varphi(n)$（オイラー関数），$\mu(n)$（メビウス関数）．

12. 複素数．$z = x + iy = r(\cos\theta + i\sin\theta)$, z の実部 $x = \Re z = \mathrm{Re}\, z$, z の虚部 $y = \Im z = \mathrm{Im}\, z$, z の共役 $\bar{z} = x - iy$, z の絶対値 $r = |z| = \sqrt{z\bar{z}} = \sqrt{x^2 + y^2}$, 偏角 $\theta = \arg z$.

13. 諸定数．π（円周率），e（自然対数の底，ネイピアの数），γ（オイラー定数，オイラーのガンマ），$\phi, \tau = \frac{1+\sqrt{5}}{2}$（黄金比），$r_s, \tau = 1 + \sqrt{2}$（白銀比），$\omega = \frac{-1 \pm \sqrt{3}i}{2}$（1 の原始 3 乗根）．

14. 関数. 指数関数 a^x $(a > 0)$, 対数関数 $\log_a x$ $(a > 0, a \neq 1)$, 自然対数 $\ln x = \log_e x$, 常用対数 $\log_{10} x$.

三角関数. $\sin x$ (正弦, サイン), $\cos x$ (余弦, コサイン), $\tan x$ (正接, タンジェント), $\sec x = 1/\cos x$ (正割, セカント), $\operatorname{cosec} x = 1/\sin x$ (余割, コセカント), $\cot x = 1/\tan x$ (余接, コタンジェント).

逆三角関数. $\sin^{-1}\theta = \arcsin\theta$ などだが, $\operatorname{Arcsin}\theta$ と書けば主値を表す.

双曲線関数. $\sinh x = \frac{e^x - e^{-x}}{2}$ (双曲線正弦, ハイパボリック・サイン), $\cosh x = \frac{e^x - e^{-x}}{2}$ (双曲線余弦, ハイパボリック・コサイン), $\tanh x = \frac{\sinh x}{\cosh x}$ (双曲線正接, ハイパボリック・タンジェント), $\operatorname{sech} x = 1/\cosh x$ (双曲線正割), $\operatorname{cosech} x = 1/\sinh x$ (双曲線余割), $\coth x = 1/\tanh x$ (双曲線余接).

オイラーの公式 $e^{ix} = \cos x + i\sin x$.

ガウス記号 $[x] = \operatorname{floor}(x) = \lfloor x \rfloor$ (床関数), 天井関数 $\operatorname{ceil}(x) = \lceil x \rceil$

$\zeta(z)$ (ゼータ関数), $J_\nu(z)$ (ベッセル関数), $\Gamma(x)$ (ガンマ関数), $B(x)$ (ベータ関数).

15. 極限. $\lim_{x \to a} f(x)$. $a = \pm\infty$ も許す.

上極限 $\limsup_{x \to a} f(x) = \overline{\lim}_{x \to a} f(x)$, 下極限 $\liminf_{x \to a} f(x) = \underline{\lim}_{x \to a} f(x)$.

$\lim_{n \to \infty} A_n$ (集合列 $\{A_n\}$ の極限).

$\underset{\longrightarrow}{\lim} A_\lambda$ (集合族 $\{A_\lambda\}$ の帰納的極限), $\underset{\longleftarrow}{\lim} A_\lambda$ (集合族 $\{A_\lambda\}$ の射影的極限).

16. ベクトル $\vec{a} = \overrightarrow{OA} = \begin{pmatrix} a_1 \\ a_2 \\ \vdots \\ a_n \end{pmatrix}$, 内積 $\vec{a} \cdot \vec{b} = (\vec{a}, \vec{b})$, 外積 $\vec{a} \times \vec{b}$ (3次元のときはベクトル積として3次元ベクトルを与える).

17. 行列. 転置行列 ${}^t A = A^T$, 随伴行列 $A^* = {}^t \bar{A}$.

$m \times n$ 行列 $A = \begin{pmatrix} a_{11} & a_{12} & \cdots & a_{1n} \\ a_{21} & a_{22} & \cdots & a_{2n} \\ \vdots & \vdots & \ddots & \vdots \\ a_{m1} & a_{m2} & \cdots & a_{mn} \end{pmatrix} = (a_{ij})$.

$\mathrm{rank} A$ (A のランク, 階数).

正方行列 A の行列式 $|A| = \det A = \begin{vmatrix} a_{11} & a_{12} & \cdots & a_{1n} \\ a_{21} & a_{22} & \cdots & a_{2n} \\ \vdots & \vdots & \ddots & \vdots \\ a_{n1} & a_{n2} & \cdots & a_{nn} \end{vmatrix}$

正方行列 A のトレース (跡) $\mathrm{tr} A = \sum_{i=1}^{n} a_{ii}$.

18. δ_{ij} (クロネッカーのデルタ), $\delta(x)$ (ディラックのデルタ関数).

19. 線形代数に関する記号 (多くは多くの代数系に対しても使われるが, その際は線形写像を準同型と読み替える).

    線形写像 $f : V \longrightarrow W$ に対して, $f(V) = \mathrm{Im} f = \Im f$ (f による V の像), $\mathrm{Coim} f$ (f の余像), $\mathrm{Ker} f$ (f の核), $\mathrm{Coker} f$ (f の余核). $V \oplus W$ (V と W の直和), $V \otimes W$ (V と W のテンソル積), $\mathrm{Hom}(V, W)$ (線形写像の全体), $\mathrm{End}(V) = \mathrm{Hom}(V, V)$ (自己準同型の全体), $\mathrm{Aut}(V)$ (自己同型の全体).

    $\dim V$ (V の次元)

20. 総和 $\sum_{i=1}^{n} a_i = a_1 + a_2 + \cdots + a_n$, $\sum_{i=1}^{\infty} a_i = a_1 + a_2 + \cdots + a_n + \cdots$

    総乗 $\prod_{i=1}^{n} a_i = a_1 a_2 \cdots a_n$, $\prod_{i=1}^{\infty} a_i = a_1 a_2 \cdots a_n \cdots$

    $\sum$ は和 (sum, summation) の, $\prod$ は積 (product) の頭文字の S と P に対応するギリシャ文字 Σ と Π の図案化.

    階乗　$n! = n \cdot (n-1)! = \prod_{k=1}^{n} k = n \cdot (n-1) \cdot (n-2) \cdots 3 \cdot 2 \cdot 1$, $0! = 1$

    2 重階乗　$n!! = n \cdot (n-2)!! = \dfrac{n!}{(n-1)!!}$, $0!! = 1!! = 1$

$$= \begin{cases} (2m+1)(2m-1)\cdots 3\cdot 1 & (n=2m+1) \\ (2m)(2m-2)\cdots 4\cdot 2 = 2^m m! & (n=2m) \end{cases}$$

21. 有限群. n 次対称群 $\mathfrak{S}_n$, n 次交代群 $\mathcal{A}_n$, n 次巡回群 $C_n = Z_n = \mathbb{Z}_n = \mathbb{Z}/n\mathbb{Z}$, クラインの四元群 $K_4 = \mathbb{Z}_2 \times \mathbb{Z}_2$, 2 面体群 $Dih_n (= D_n, D_{2n})$

22. 連続群. 一般線形群 $GL(n,K) = Aut(K^n)$ (K^n の自己同型群), 特殊線形群 $SL(n,K)$ ($K = \mathbb{R}, \mathbb{C}$), 直交群 $O(n)$, 回転群 $SO(n)$, ユニタリ群 $U(n)$, シンプレクティック群 $Sp(n)$.

23. n 個のものの中から k 個取り出す組合せの数 $_nC_k = \dfrac{n!}{(n-k)!k!}$,
    重複組合せの数 $_nH_k = {}_{n+k-1}C_k$,
    順列の数 $_nP_k = \dfrac{n!}{(n-k)!}$,
    重複順列の数 $_n\prod_k = n^k$,
    2 項係数 $\begin{pmatrix} n \\ k \end{pmatrix} = \dfrac{n!}{(n-k)!k!} = {}_nC_k$,
    2 項定理 $(x+y)^n = \displaystyle\sum_{k=0}^{n} \begin{pmatrix} n \\ k \end{pmatrix} x^k y^{n-k}$

24. 角度. 度数法では全周に対する比を 360 倍して $x°$ と表し,「x 度」と呼ぶ. 弧度法 (ラジアン) では全周に対する比を 2π として $x(\mathrm{rad})$ と表し, x という数値のままで呼ぶ. その角領域で切り取られる単位円周の弧の長さでもある. ラジアンを使う理由は $\displaystyle\lim_{x\to 0} \dfrac{\sin x}{x} = 1$ となるからであり, 三角関数の微分でも

$$\dfrac{d\sin x}{dx} = \cos x, \quad \dfrac{d\cos x}{dx} = -\sin x, \quad \dfrac{d\tan x}{dx} = \dfrac{1}{\cos^2 x} = \sec^2 x$$

のように微分したときの係数が最も簡単になるからでもある.

25. $\mathrm{grad} f$ (関数 f の勾配), $\mathrm{rot}\, u = \mathrm{curl}\, u$ (ベクトル場 u の回転), $\mathrm{div}\, u$ (ベクトル場 u の発散).
    Δf (関数 f のラプラシアン), $\Box f$ (関数 f のダランベルシアン).

26. S^k (k 次元球面), T^n (n 次元トーラス), KP_n (体 K 上 n 次元射影空間).

B.10 数学の特殊文字（ギリシャ・ドイツ・ロシア文字）

通常のラテン文字のアルファベットだけでは表しきれないので，ギリシャ文字やヘブライ文字も記号として使うことがある．ヘブライ文字のアルファベットの最初の文字である $\aleph$（アレフ）は，無限集合の濃度を表すときに使われる．

この他にも個別に，空集合 $\emptyset$，偏微分の記号 ∂，ワイエルシュトラスのペー関数 $\wp$ や，複素数 z の実部 $\Re z$ や虚部 $\Im z$ など上記のものから派生して図案化されたものも使われることがある．まれに漢字やロシア文字が使われたこともあるが，一般的ではない．

B.10.1 ギリシャ文字

古代ギリシャの時代，大文字小文字の区別がなく，小文字には異体があった．

大, 小	読み	英綴り	大, 小	読み	英綴り
A, α	アルファ	alpha	N, ν	ニュー	nu
B, β	ベータ	beta	Ξ, ξ	クシー，グザイ	xi
Γ, γ	ガンマ	gamma	O, o	オミクロン	omicron
Δ, δ	デルタ	delta	Π, π, ϖ	ピー，パイ	pi
E, ϵ, ε	イプシロン	epsilon	P, ρ, ϱ	ロー	rho
Z, ζ	ゼータ	zeta	$\Sigma, \sigma, \varsigma$	シグマ	sigma
H, η	イータ	eta	T, τ	タウ	tau
$\Theta, \theta, \vartheta$	テータ，シータ	theta	Υ, υ	ウプシロン	upsilon
I, ι	イオタ	iota	Φ, ϕ, φ	フィー，ファイ	phi
K, κ	カッパ	kappa	X, χ	キー，カイ	chi
Λ, λ	ラムダ	lambda	Ψ, ψ	プシー，プサイ	psi
M, μ	ミュー	mu	Ω, ω	オメガ	omega

B.10.2 ラテン文字あれこれ

ラテン文字ではあっても，異なる字体のものを異なる対象を表すものとして使用することがある．下の表はもちろん活字体であって，実際には筆記体を使って書き記すことになる．

ラテン大	A	B	C	D	E	F	G	H	I	J	K	L	M
ラテン小	a	b	c	d	e	f	g	h	i	j	k	l	m
ドイツ大	𝔄	𝔅	ℭ	𝔇	𝔈	𝔉	𝔊	ℌ	ℑ	𝔍	𝔎	𝔏	𝔐
ドイツ小	𝔞	𝔟	𝔠	𝔡	𝔢	𝔣	𝔤	𝔥	𝔦	𝔧	𝔨	𝔩	𝔪
カリグラフィック	$\mathcal{A}$	$\mathcal{B}$	$\mathcal{C}$	$\mathcal{D}$	$\mathcal{E}$	$\mathcal{F}$	$\mathcal{G}$	$\mathcal{H}$	$\mathcal{I}$	$\mathcal{J}$	$\mathcal{K}$	$\mathcal{L}$	$\mathcal{M}$
スペシャル	$\mathbb{A}$	$\mathbb{B}$	$\mathbb{C}$	$\mathbb{D}$	$\mathbb{E}$	$\mathbb{F}$	$\mathbb{G}$	$\mathbb{H}$	$\mathbb{I}$	$\mathbb{J}$	$\mathbb{K}$	$\mathbb{L}$	$\mathbb{M}$

ラテン大	N	O	P	Q	R	S	T	U	V	W	X	Y	Z
ラテン小	n	o	p	q	r	s	t	u	v	w	x	y	z
ドイツ大	𝔑	𝔒	𝔓	𝔔	ℜ	𝔖	𝔗	𝔘	𝔙	𝔚	𝔛	𝔜	ℨ
ドイツ小	𝔫	𝔬	𝔭	𝔮	𝔯	𝔰	𝔱	𝔲	𝔳	𝔴	𝔵	𝔶	𝔷
カリグラフィック	$\mathcal{N}$	$\mathcal{O}$	$\mathcal{P}$	$\mathcal{Q}$	$\mathcal{R}$	$\mathcal{S}$	$\mathcal{T}$	$\mathcal{U}$	$\mathcal{V}$	$\mathcal{W}$	$\mathcal{X}$	$\mathcal{Y}$	$\mathcal{Z}$
スペシャル	$\mathbb{N}$	$\mathbb{O}$	$\mathbb{P}$	$\mathbb{Q}$	$\mathbb{R}$	$\mathbb{S}$	$\mathbb{T}$	$\mathbb{U}$	$\mathbb{V}$	$\mathbb{W}$	$\mathbb{X}$	$\mathbb{Y}$	$\mathbb{Z}$

▶ B.11 式（数式と論理式）の読み方と書き方

式の書き方と読み方については個別には色々注意すべきことがあるが，何より大切なことは正しく書くということである．式も文章なので，人に分かるように書かないといけない．自分に分かればいいという書き方をしていると，少し時間が経つと自分でも読めなくなる．また，式は文を記号を使って，誰が読んでも同じ意味に解釈できるようにしたものなので，文として意味がはっきりするように書くこと，自分だけ分かればいいというように書いてはいけない．

以下少し，あまりに当り前のことばかりだが，学生のノートや試験の答案をみて気になったことを挙げておこう．手書きのものに対する注意なので，印刷用などの場合に注意することとは異なる部分がある．そのようなものの作法については小山透『科学技術系のライティング技法−理系文・実用文・仕事文の書き方・まとめ方』[30] が参考になる．

1. 式は水平に書くこと．右上がりになったり，右下がりになったりしてはいけないし，字の大きさが変わっていくことは良くない．上付きや下付きと混同しやすくなる．

2. 等号 = は水平に同じ長さの平行な線を引くこと．特に「:」に見間違えるように書かないこと．

3. 印刷されている式に使われている記号は多くラテン文字の活字体（イタリック体であることもあるが）であるが，ノートには筆記体で書かれることになる．しかし，現在は中学高校で筆記体を習っていない人も多く，筆記体になっておらず，活字体を自分だけに分かるように崩したものを書いている学生が多い．それでも文字の判別ができれば良いのだが，たとえば a と u と v が区別できないような書き方を見かけることがある．

   アルファベットの筆記体は学習しておくほうが良い．最低限，文字は誰にでも判別できるように書くことを心がけること．

4. ax は a と x を同じ大きさで同じ高さに書く．x^a では a は x より小さく，x の右で，a の底線が x の高さの半分より上になるようにする．同じように x_i では i は x より小さく，i の底線が x の底線よりはっきり下になっているようにする．

   $\log_a b$ では a は小さく低く書き，決して b と同じ高さにしたり，同じ大きさにしてはいけない．

5. 分数の分母や分子にさらに分数が置かれることがあるが，分数を表す横棒の長さを入れ子になるたびに短くすること．たとえば，

$$\frac{\frac{2}{3}}{\frac{5}{6}} \quad \text{のようにはしないで} \quad \cfrac{\cfrac{2}{3}}{\cfrac{5}{6}}$$

のようにするということである．この棒の長短を間違えると違う値になってしまうが，無造作に書き，どの棒が一番長いかさえ分からないような書き方をする人もいる．

▶ B.12　授業・講義の受け方

　授業や講義の受け方は，どういう目的で受講するのかということによって変わってくる．

　その授業で何かを得たいのかどうか，何かを得たいとするなら何を得たいのか，それが決まっていないようでは，本節は読んでも仕方がない．

　一般的な心構えとしてのことでもあるが，個々の講義に対しても態度を決める必要がある．優等生的な対応をしようと思えば時間がかかるので，すべての講義に対してそれを行うことは不可能である．だから，ある程度はメリハリをつけないといけない．

　そのメリハリの中で，もちろん，内容はどうでもよく，単位だけを取ればよいという講義もあるかもしれない．そういう講義にはできるだけ時間と労力を掛けず，重点的に講義を選んでしっかりと学ぶのも悪いことではない．ただ，ここでも問題なのはどういうものを重点講義に選ぶのかということであり，それは個々人の選択の問題である．

　確かに比較的労力を掛けなくても取得可能な単位もあるが，数学は内容をある程度以上理解していないまま単位を取ることは難しい．以下は数学の場合に，講義から何かしらを得るためにどうするのが有効かという作法について考える．

　くどいようだが，どういう講義でも単位だけ取れればよいと思う人もいるだろうが，本書はそういう人を対象にはしていないし，多分そういう人は本書を手に取ることはないだろう．そのことの良し悪しは問わないことにしても，本書の作法はそういう人の役には立たない．同じ単位の講義の中でどれが一番取りやすいかなどの情報をどうやって得たらよいかというのはそれなりのノウハウが必要だが，それも本書のものとは違うが，ある種の作法ではあるのかもしれない．

　しかし，単位のためだけということはせんじ詰めれば卒業のためだけということで，知識や技術を獲得することに興味はなく，卒業証書だけがほしいということなのだろうが，それではあまりにも寂しい感じがする．少なくとも4年間の時間を費やして，何も得ようとしないというのは，いかにも人生の無駄使いのような気がするが，それもまた人生の選択だというものだろう．

B.12.1　教科書の使い方

　高校までは文部科学省が定める指導要領というものがあって，教科内容が大枠としては決められているが，大学での講義は，個々の学生の所属する組織によって総枠としての単位数と，個別の単位のうち，必修のもの，自由選択のもの，選択必修のものが決められている．必修のものの最低単位と科目名は厳格に決まっており，ほかを満たしても，このうちのどの単位を落としても卒業はできない．自由選択単位は必要総単位数だけが決まっていて，その中なら何を取ってもいいし，それ以上どれだけ取ってもいい．選択必修単位は，ある程度細かいグループに分かれていて，いくつかの単位の中から何単位というようになっていて，選択の幅はそれほど広くない．

　さて，高校までは指導要領に沿って授業が進められることを保証するために，教科書も文部科学省の認可が必要となり，検定教科書が使われる．多少のニュアンスの差はあるが，ほとんど内容としての差はないと言ってよい．

　大学にはそういう検定はない．講義は教授者の責任で進められる．教科書を使おうと使うまいと自由である．ただ実際には，長年の学生たちの反応から，教科書があったほうが円滑に進むと思えば使うことになる．その場合にも教授者の意図に沿った書籍があるとは限らないので適当なものを探して使うことになるだろうし，大学なり学科なりの方針で教授内容のある程度の統一が必要だとなれば教授者の意図とはかかわりなく教科書を使うことがある．

　そういう理由で，どうしても教授者の意図に合ったものがほしいときには教授者自身なり何人かが協力して教科書を執筆・出版することもあるし，学科の方針で教科書を使う場合には学科で指名された個人または委員会などが教科書の編集をし，出版することもある．

　教科書は講義を理解するための補助であり，教科書を理解するために講義があるのではない．講義に出席せずに教科書を読むだけでは，講義の中で語られる教授者の意図は伝わらないことになる．

　講義のための教科書を十分に理解しようとするなら，予習をして，理解が十分でなかったところが講義中に語られればよいし，語られない場合には質問をするというのがよいだろう．

　そのようなことは講義のための教科書の場合だが，教科書に使われる著書は必

ずしもその講義のために書かれているわけではない．著書自身のテーマがある．講義のためというより，その著書の内容を理解するのに力点があるなら，講義は著書を理解するための補助として利用し，質問もすればよい．

知識を得るために書籍を読む場合，書いてあることも重要だが，行間こそが大事である．講義に関連していれば講義者に適宜質問すればよいが，そうでなければすべて自分でしなければならない．ある行の文章と次の文章の間にギャップなり飛躍なりを感じたら，「なぜ」と問うことである．そういう「なぜ」に自分で答えていくことが「行間を読む」ということである．

これらのことをするためにはかなりな時間が必要となる．すべての教科書にそういうことはできないし，必要もない．1冊か2冊，そういう教科書を選んで，それは講義を選ぶということでもあるが，それに対しては（徹底的に）やってみる．興味が深まっていけば，一生捧げることになるテーマが得られるかもしれない．

B.12.2　ノートの取り方

ノートを取るのがその場で集中するための作法であってもよいが，本来は後で見直すためのものである．何のために見直すかは，あとで考えればよい．

ノートの取り方についてはさまざま作法の本が出ているので，そういうものを参考にしてもいいが，できれば試行錯誤でノートの取り方の作法を作り上げるのも良い．

再現するのが目的なので，最も大切なのは読み返して意味が分かるような字で書くことである．次に大切なのは，読み返すことになるだろうと思ったことは丁寧に，そうでないことはラフに書くというメリハリをつけることである．講義のノートなら，筋道は教科書に書いてある．

教科書のない講義は貴重である．自分のノートでしか再現できない．何を大切だと思うかということ，それもまた選択である．

B.12.3　質問の仕方

質問は大いにすべしである．教師は質問を待っている．講義に関連しない質問はほかの受講者に失礼だが，それでも1つの講義に一度くらいなら気分転換もかねて認めてくれるものである．

もちろん，質問は講義の内容に関連したことをすべきである．講義の内容が理

解できないときは質問すればよい．講義の進行のリズムを壊すと思って遠慮する必要はない．きちんと聴いている受講者が理解できないと感じるときは，何かしら講義の仕方に問題があったのである．講義している側の調子が良いときほどそうなりがちである．講義をするときには，ある数学世界を作っていくわけであり，進んでいくにつれ，話していないことも，その世界の中に見えてしまい，初めてその世界に来た初心者たちには語られなければ見えないことに気づかないことがあるのである．

そういうときには質問をすればよい．むしろ質問をしてくれなければ困るのだ．きちんと聴いているある受講者が理解しにくいことは，ほかの受講者の多くが理解しにくいことでもあるからである．

講義が終わったとき，おずおずと前に来て質問する学生がいる．疑問に思ったときに質問してくれれば一言で答えられるような質問であることが多い．しかも，ほかの学生もきっとそこは分かっていないだろうと思うようなことが多い．困るのである．その学生に答えることは簡単だが，ほかの学生にもそれを教えようとしても，講義の終りが宣言された後では，多くの学生は席を立っている．そういうときは，講義の中で質問してくれるように言い，ほかの学生のために次回の講義でもう一度質問をしてくれないかと頼む．

そこで学生の反応は2つに分かれる．分かったという顔をして戻っていく学生と，それでも何とか今教えてくれと口には出さずに悲しそうな顔をする学生と．後者のときは，仕方がないので教えるが，後ろめたい．次回の講義で，覚えていれば，その学生の質問を繰り返して説明をするが，こちらも人の子で，1週間も前のことは忘れがちである．

前者のときはもっとひどい．ほとんどの場合，次回の講義で質問が出ることはない．自分で質問するのが嫌ならほかの学生にさせたっていいのだが，そういうことはめったにない．それよりも困るのは，その質問をした学生が出席しなくなることがあることである．こういうことは高校までの授業では起こらないことだが，大学ではしばしば起こる．

授業に出るか出ないかは学生の自主性に任されているのである．出ないことでこうむるデメリットは，当然自己責任である．出ないことで生まれる時間を有効活用できるのならそうすればよいのである．

どんな質問にも答えることのできる教師などいない．良い教師とは何にでも答

えてくれる教師ではない．その答えが常に正しいのならまだよいのだが，そんなことは不可能である．まあしかし，実際に学生がするような質問は，教師がすでに自分でしたことのある問題で，解決済みのことであったり，以前の学生が質問したことなので答え方が分かっているような場合がほとんどである．そういう能力を持っていない教師が大学で教えていてはいけないのだが，現実にはなかなかそうもいかない．

　もちろん，当然のことだが，教師にとっても初めて遭遇する質問で，とっさには答えられないこともある．A.12 でも言ったように，それは教師にとっても喜ぶべきことである．その場合どう対処するかが教師の器量の見せ所である．

　吉田松陰の事績を知ると，彼は偉かったとつくづくと思う．松下村塾はどうやら，ものを教える塾ではなかったらしい．塾生が自分で学び，問題をみんなで考える場所だったらしい．そして，志というものを最も大切なものだと伝えたらしい．志を立て，思い思いの道を行き，多くは幕末の動乱で死んだ．何をどう選んだかは人によって違うし，賛成できない選択をした人もいないではない．それでもみな，自分なりの選択をした．そうさせた吉田松陰はやはり偉かったのだと思う．

　そういった意味で，教師の力量を知っておくためにも質問をすることをお勧めする．一生の師を得ることができるかどうかは，そういう努力があってこそのことである．黙って座っていて与えられるものではない．

B.12.4　ゼミの参加の仕方

　ゼミといっても，研究グループのゼミと，卒業研究などのゼミやその練習として共通教育で行うゼミ（のようなもの）ではかなり意味合いが違う．大学院などでの研究のためのゼミにおける作法は，そのゼミの中で自得してもらいたいと思う．

　ここでは，学部以下の単位を伴うゼミのことに限定しよう．この場合は，通常，その時期の講義のレベルよりも少し下のレベルの教科書を読むという形になることが多い．そのときゼミの発表者は，少なくとも教師と同じことをすることが期待されている．

　ここまでの節にあるような教師の作業のすべてをする必要がある．ただ，教科書に基づくという点が違うだけである．だから，教科書に書いてあることをそのまま黒板に書いておしまいにすることはできない．

　厳しい教師なら，フリーハンドでやることを要求する．ゼミで話すことはすべ

て頭の中に入っているはずだということである．少し優しい教師の場合は，フリーハンドまでは要求しないが，教科書を持つことは許さない．何を話すかを準備してくるべきで，そのために作ったノートだけは見てもよいとする．ただし，準備といっても，例えばネットで調べて関係したページを印刷し，それを見るというのもご法度である．

　ネットで調べてはいけないというわけではないが，調べたことを自分の言葉で言い直してこそゼミである．ネットに書いてあることを鵜呑みにしてはいけない．鵜呑みにしたのでは質問されたときに答えられないだろう．

　講義のときに質問しない学生は，自分のゼミの発表で質問されると途端にパニックになる．ゼミが採点されるとすれば，パニックになるというのは最大級の減点項目である．

　発表した言葉のすべてについて質問されると思ったほうがよい．教科書を黒板に写すだけという学生は，1行書いただけで先に進めない．1行書いたときに，「それはなぜですか？」とどんなに優しく聞かれたとしても，「教科書に書いてあったから」というのが答えにならないことくらいは分かるだろう．

　たとえば，ある命題の証明をしていたのなら，書き写す証明の文章の説明もしなければいけないし，書いてないことも補わないといけない．教科書には証明のすべてのステップが書かれているわけではない．当然の字数制限が書籍にはある．だから，その書籍を読むレベルの読者には説明する必要がないと著者が思ったことは書かれていないのである．だから，文章と文章の間にはギャップがある．発表者が自分で読んだときには当り前に理解できても，ゼミの参加者の中にはそうでない人もいるかもしれない．教師でなくても，そういう人が質問することは当然にある．それに答えられないとゼミの発表は成功したとは言えない．

　だから，準備するなら，教科書のすべての文章を多少間を開けてノートに書き写し，それぞれの文章の説明が必要だと思えば考えるか調べるかし，文章の間のギャップに気づけばそのギャップを埋めないといけない．それを，開けた行間に書き込んでおく．

　たとえば，素数の無限性を証明する有名なユークリッドの証明がある．素数が有限個しかないと仮定して矛盾を出すという形の証明である．「$\mathbb{P} = \{p_1, p_2, \ldots, p_N\}$が素数全体の集合だとする．$n = p_1 p_2 \cdots p_N + 1$ をとり，その素因数 p を考えると，p は $\mathbb{P}$ に属さない．これは矛盾である．」というものである．

本によってはもう少し丁寧に書いてあるものもあるが，分かる人にはこれで十分に分かる．さて，こう教科書に書いてあったら，それを黒板に写して，読み上げたら，それでよいのかということである．

当然一番の問題点は「p は $\mathbb{P}$ に属さない」のはなぜか，ということである．書き写しただけの学生でこれに答えられるのを見たことがない．教科書によっては，「p が $\mathbb{P}$ に属すなら，p は n と $p_1 p_2 \cdots p_N$ の公約数になる」から矛盾であるくらいまで書いてある．公約数になることは見れば分かるのだから書かなくても分かるという本もあるということである．

さて，公約数になれば矛盾なのはなぜか，と訊かれて答えられる学生もそう多くない．「公約数なのだから，p は差 $n - p_1 p_2 \cdots p_N$ の約数になる」から矛盾だと書いてある本もある．ここまで丁寧なら，もうすることはないと思うかもしれないが，そこでも「なぜ」と聞かれるかもしれない．$n - p_1 p_2 \cdots p_N = 1$ であり，p が 1 の約数なら $p = 1$ となるが，1 は素数でない．さすがに，矛盾と言っても，誰からも文句は出ないだろう．

細かく言えば，まだ問題はある．「p は $\mathbb{P}$ に属さない」ことが言えたら証明が終りだというのは明らかなことなのか？ もちろん，明らかである．だから何も書いてはない．しかし，そこで，「なぜ？」と訊かれるかもしれない．訊かれたら答えなければならない．p が素数で，$\mathbb{P}$ に属さないというなら，$\mathbb{P}$ がすべての素数の集合であると仮定したことに矛盾するからである．これくらい答えられたらもう十分だろうとホッとするだろう．

しかし，そこで，1 がなぜ素数ではないのかとか，n に素因数はあるのかとか，当り前と考えていたことを質問されたらどうなるだろうか．当り前だと思っていることを証明するのは思ったよりも大変なことなのである．まして，それらが問題であるかもしれないと思っていなかったなら，あらかじめ考えておくこともできなければ，調べておくこともできない．

これに答えるには，自然数が常に素因数分解できること，できればその一意性にも触れられたら，本読みゼミとしては十分な合格点であろう．

この例で，ゼミの発表者のするべきことはおおよそ分かってもらえたと思う．しかし，ゼミは発表するときだけが仕事ではない．ほかの人の発表をどう聴くかというのも採点の項目にあるのである．くどくは言わないが，要するに，自分が発表するとしたらどうするか，ということを考えながら聴けばよい．そして疑問

が起きたら質問をする．何を質問し，発表者の答えにどのように納得するか，それも採点の対象なのである．

B.12.5 「引用」の仕方

　引用ということをするのは卒業論文を書くときやゼミの発表をするときということだろう．それらは基本的に自分の考え方，意見，対処法などを述べるものである．すべてを自分の中から生み出すことは難しいので，何かしらの書籍や次節のWebなどからの知識で補うという際に，引用ということが起こる．

　引用する際に大切なことは，引用しているということをはっきり断ることである．何から引用したか，引用する際に，その内容をどれほど確かめたか，確かめられたか，その程度についても話すべきである．一番いけないのは引用であることを言わないこと，次にいけないのは引用する内容について無批判に鸚鵡返しすることである．

　何を引用するにしても，それを自分の意見として，肯定できる部分とできない部分にきちんと分け，その理由も込めて話さなければいけない．

　本読みゼミの際の補完情報として述べるだけならちょっとした不作法として見逃してもらえるかもしれないが，論文などで引用であることを述べずに語ってしまえば，それはもはや盗作と呼ばれ，犯罪行為となる．罰則的にはそれほど大したことにはならないが，学問をすることを仕事にしたかったのなら，それが他人に分かった瞬間に，学者として生きることは不可能になる．比較的甘いところもある学問の世界だが，これに関しては非常に厳しく，致命的である．学部生のときのそうした履歴は大学院進学の障害になると思ったほうが良い．

B.12.6 「Web」の利用の仕方

　Webで調べ物をするのは簡単で便利だが，調べた情報が正しいかどうかということについては信用してはいけない．もちろん，比較的信用のできるサイトもあれば，まったく信用ができないばかりでなく有害な情報ばかりのサイトもある．問題は，何を信用して何を信用しないかについての規準がないということである．

　そういう規準は自分で作らないといけない．あるサイトの情報を信用するかどうかは，その情報をはるかに信用のおける別の情報によって確認するか，自分で考えて正しいと認知するかしかない．もちろん，あらゆる情報について一々確認

するのでは Web で調べる意味がないので，そういう確認を何度か繰り返して，ほとんど間違っていないということを確認することで済ますことになるだろう．そういう場合にも絶対の信用をおいてはいけない．つまり，Web の情報をコピー・ペーストして自分のレポートに貼りこんで，さらに引用だともいわずに行うというようなことをやれば，教師からは信用のおけない学生だという印象を持たれることは間違いがない．

　Web の情報というか，その表現の仕方にはある種の傾向があるので，それを読めば，大体は Web からのコピー・ペーストであるとが分かるのである．自分の専門に関してそのような嗅覚を持っていないような大学の教員はいないと思ったほうが良い．もちろん，すべての教師がすべてのことについてそう言うことはできないだろうが，何についてでき，何についてできないかを学生が判断することは危険である．分からないだろうと思って提出したレポートがなぜか不可の評価を受けたとすれば，学生が教師を見くびったことがばれているということだと思ったほうが良い．そういう場合，それ以降すべて自力で作業をしたとしても，色眼鏡で見られても仕方のないことであることを覚悟すべきである．

　では，Web で調べ物をしてはいけないと言えば，そういうものでもない．至極便利なものである．しかし，Web での情報を見たときに瞬時に，程度問題だが，信用できるかどうかを判断し，その方法を自分の知識体系の中に位置づけることができる場合に限ると言ったほうが良い．つまり，ある程度以上，調べる事柄についての知識を持ち，Web の情報の真偽を判断できる人だけが，Web での調べ物をしてよいのである．

　初心者が Web で調べていけないわけではない．ただし，そのときは，どういうサイトに載っていたということも込め，基本的には噂話の扱いをすべきなのである．その他のサイトでも調べ，書物に当たり，教師や先輩や友人とも語り，自分でも十分に考え，その上で人に語るときには，その内容の根拠も示しながら語ることである．

　噂を話すときに，裏付けをどれだけ取ってから話すのかが，信用してもらえるかどうかの分岐点である．

　Web で調べる際の問題点の１つに，Web には必ずしも知りたい情報があるとは限らないということがある．サイトにはサイトの運営者がある．著者自身，自分のサイトを運営しているので分かるのだが，サイトに挙げた情報は運営者が知っ

てほしいと思う情報なのである．中には質問をするサイトもあるが，そこでも答える人は答える人の好みや都合で述べているということである．そういう中から本当に自分にとって必要な情報を取り出すことにはかなりのスキルがいる．サーチすると膨大な数のサイトがヒットして，どこかに必要な情報があるかどうかも分からないし，どこかにあったとしてもそれを見つけることが難しいこともある．また，検索語の選び方を間違うと，大量の情報があるはずのものでも何もヒットしないか無関係なものばかりがヒットするということも起こる．それしかなければそれが重要な情報だと思い込むことがあり，それがかえって怖い．一度間違った情報をインプットすると，それをフィルターとしてしまい，正しいことが見えなくなることも起こる．

また，自分に必要な情報がそのままサイトにあることはありえないので，何かしら修正を施さないと必要な情報にならないということがある．さらに，修正するとしても，そういう情報を受け入れるだけの世界を自分の中に持っていないと，単なる雑学的知識になって，何かを生み出すことはできない．

B.12.7 数学の理解・学習・研究のサイドメニュー

さて，大学ではどの学部どの学科に入学するかによって，卒業要件，つまり，必要な科目単位が決まっていて，その他に自由に選べる講義などが用意されている．それをこなせば，卒業生として社会に送り出せるだけの知識や技能が身につくことになっている．その状況で採用してくれる会社があれば入社試験に臨んで，合格すれば，もう大学はいらないように考える学生が少なくない．

しかし，大学で用意されてはいないが，卒業までに身につけておくと後々役に立つ，また卒業までの学習や研究にも役に立つようなこともいくつかある．

まず，数学なので，計算や理論の理解に役に立つものがある．以前であれば，算盤であったり，暗算の能力だったりしたが，それらはだんだんと，電卓，プログラマブル電卓，コンピュータに移っている．コンピュータで計算の代理をしてくれるものに，プログラム言語がある．BASICができれば大体の計算はできる．ほかにも様々なプログラム言語があるが，無料のものも有料のものもあり，自分に合ったものを選べばよい．高度な計算がいらなければ，パブリックドメインの「10 進 BASIC」などは軽くて便利である．ただ，多くの BASIC では数値の精度が 7 桁程度だが，倍精度がある場合には 17, 8 桁程度あり，多くの応用には十分な

ようだが，数学的な実験で高精度の数値がほしい場合には適さない．ちょっとした計算による実験でも桁数がどんどん大きくなる．後々，プログラムを書く職業に就くつもりがあるなら，C++かJavaのどちらかは使えるようになっておいたほうが良いかもしれない．

大学に入るまでの数学は公式を覚えることだと思ってきた学生が多いが，公式を覚えるということになれば，覚えなければいけない公式は山のようにある．簡単な数学公式集が手元にあると便利だろう．例えば，[27]や[53]や[13]があれば十分だろう．不定積分や定積分の公式で必要なものはたいていは載っているが，辞書で言えば不定形のような形しか載っていないので，見つけるのが難しいことがあるかもしれない．すらすらと見つけることできるようになっていれば，公式集を見なくても自分で計算できるようになっているだろう．

書籍の形にはなじめないがコンピュータなら得意だという人なら，いわゆる数式処理言語がある．Mathematica®やMaple®が代表的なものであるが，有料でかなり高い．大学によっては，学内のコンピュータセンターなどで利用できるようになっていることがある．使ってみて，役に立つと思えば，学生割引もあるので，学生である間に購入しておくのも悪いことではない．この2つのプログラムについては，初心者用から高度の利用者用までさまざまな教科書が用意されている．簡単な命令くらいなら，Webで検索しても見つかる．万能ではないが，関数のグラフを書いたり，方程式を解いたりもしてくれる．計算は数値で答を出すモードもあるが，できるなら厳密な解を与えてくれる．たとえば，$x^2 - 2 = 0$の解は1.41421356ではなく$\pm\sqrt{2}$となるのである．答が数値だけでよいなら，MATLABという言語もある．

また，それらほど高機能ではないが，大体は同等の作業が可能な無料のソフトもあるので，それらを利用することもできる．これらを単なる公式集代わりにするのではなく，プログラムができるようにしておけば，きっと役に立つだろう．マニュアルや言語の解説については，有料の方のものに対する書籍が参考になるだろう．

また，数学の多方面での応用を考える際には，統計処理もできるようになっているとよい．データに対して，簡単な統計処理なら，マイクロソフトのExcelでもかなりなことができる．Windowsマシーンを購入すれば自動的にバンドルされていることも多いので，わざわざ購入する必要はなく，簡単な練習程度なら十分

である．Excel は現在最も広く使われている表計算ソフトであるが，コンピュータが一般の人向けに販売されるようになって，最初に応用の目玉になったのが表計算ソフトだったこともあり，多くの類似のソフトがある．使い勝手に好みもあるので，比べて自分に合ったものを使えばよい．

現在ある表計算ソフトは，過去のものの良いところを吸収して改良されてきたので，かなり便利なものになっている．また，データをいろいろなグラフにするなど視覚化することもでき，プレゼンテーションの道具としてもよく使われている．

しかし，統計処理にもいろいろなレベルがあり，記述統計だけでなく，多変量解析まで自分でやりたいという人には，ベル研究所で開発された S というプログラムがある．しかし，高機能だが有料であり，現在ではそれの普及版の無料の R というプログラムが広く使われている．解析結果の表示についても，pdf 形式や eps 形式のファイルを出力することができる．オープンソースでもあるので，プログラム能力が高ければ，R 自身を改良することも可能である．そのため多くのユーザが開発した R プログラムも CRAN と呼ばれるネットワークで配信されている．また，R に関する教科書も多数出ている．慣れれば Excel よりも操作性がよい．

さて，ゼミなどで発表するためのプレゼンテーション用のソフトで一番広く使われているのはマイクロソフトの PowerPoint である．もちろん，同等な機能を持ったもので無料のソフトもある．現在では多くの学会や研究集会でも，使われている．黒板にチョークで書くという形式が優勢なのは数学くらいだが，高度なプレゼンテーション用のソフトも普及してきて，若手研究者にはそういうソフトを使う人が多くなってきた．

また，卒業論文を書くとなったとき，今や手書きで書く人は少なくなっている．Word のようなワープロソフトを使う最大の利点は間違いを発見しやすく，修正しやすいという点にある．『卒論執筆のための Word 活用術』[38] 以外にも卒論を書くためにワープロを使う方法を書いた本がいくつか出版されている．

しかし，数学では通常のテキストにはない表記が使われる．そのようなものも表現できるものとして TeX というソフトがある．「アルゴリズム解析の父」と呼ばれる D.E. クヌースが，その主著 *The Art of Computer Programming*[25] を書く際に，第 1 巻の第 2 版までは活版印刷で，つまり活字を組んで制作されたが，活字を組む優秀な職人の確保が難しくなったことから，コンピュータで組版するソフトを作る決心をし，数年をかけて作ったものである．活版印刷に負けないよう

なものを作るのが目的だったが，完全主義者のクヌースは，文字をデザインするMETAFONTというソフトも作り，フォントのデザインもし，非常に高機能な組版ソフトであるTeXを作った．マニュアルはないが，その代わりに The TeXbook[26] が書かれている．

確かに，TeXは優れたプログラムで，必要なことは何でもできるし，必要以上のことすらできる．しかし，それだけに習得するのは，プログラムというものに慣れていないものにとってはかなり難しいものだった．TeX本体はクヌースだけが変更できるもので，ほとんど彼によって完成されているが，マクロを使うことによって，仕様としては，まったく異なるように見えるものにすることが許されている．クヌースが提供したマクロを組み込んだものを plain TeX と言う．

数学者の世界で広く使われるようになったのは，数学者の M. スピヴァックが数学の論文を書くのに適したマクロを書き，アメリカ数学会 (AMS) がその使用を推奨してからで，それはAMS-TeXと呼ばれる．その後，L. ランポートがマクロを書いて，数学者だけでなく素人にも理解しやすく使いやすいコマンドを作った．それをLaTeXと言い，現在ではこの系統のTeXが主流であるが，様々なTeXのファミリーが存在し，目的に応じて使い分けられている．

現在，日本で一番広く使われているのは，日本語への対応と，画像の取り込みなどを可能にした pLaTeX2ε であり，本書もそれを使って書かれている．book, article, report, letter などのスタイルファイルが用意されており，書籍，論文，レポート，手紙と，用途に応じた使い分けができる．

書籍の場合，章・節・小節などの章立て，式番号も通巻，章ごと，節ごとなど，好みに合わせて自動的につけてくれるし，文献の番号も自動的につけ，本文中に引用できる．式でも，文献でも，後から追加しても，自動的に付け替えてくれるのがとても便利である．さらには，目次や脚注や索引も簡単なコマンドで作成してくれる．ただ，Wordなどのワープロのように，編集中に見えるものが出力されるというものではなく，あくまでも文書を組版するプログラムを書くという意識を持っていないといけない．最初は取っ付きにくい感じがするだろうが，慣れればとても便利なものである．

参考書を上げておこう．日本でのTeXの普及に貢献されてきた奥村晴彦氏の『LaTeX2ε 美文書作成入門』[12] には易しく詳しい解説があり，またインストールするための DVD もついている．

クヌースの主著[25]は計算機科学のためのバイブルとも言うべきものだが，特に第1巻は計算機科学にとって必要な有限（の事象に対する）数学の非常に素晴らしい教科書になっている．それが詳しすぎると思う人には，クヌースが，グレアムとパタシュニクと一緒に書いた『コンピュータの数学』[29]がいいかもしれない．有限数学は，普通の数学のカリキュラムには含まれていない大学・学科もあるが，一読を進めておきたい．

このほかに，サイドメニューとして挙げておくべきものに，数学者の伝記がある．今や古典となったE.T.ベル『数学を作った人びと』[49]と，17世紀から19世紀をカバーするイアン・ジェイムズ『数学者列伝：オイラーからフォン・ノイマンまで，I~III』[32]と現代の数学者にも詳しいアクゼル『天才数学者列伝　数奇な人生を歩んだ数学者たち』[2]を挙げておこう．

また，少し高度な数学の講義やセミナーでは日本語よりも英語で用語が述べられることが多く，著者が編集したものではあるが『数学用語英和辞典』[20]を座右に置いておくと便利である．数学用語のシソーラス的にも利用できるようにしたものである．

そのほか，高度な数学についての辞書には，日本数学会が編集した『岩波　数学辞典　第4版』[42]があるが，記述が高度すぎて初心者には取っ付きにくいかもしれない．そういう人のために『岩波　数学入門辞典』[1]も作られている．ぱらぱらと眺めているだけでも，何かしらの感覚は得られるかもしれない．

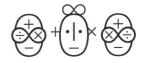

参考文献

[1] 青本和彦, 上野健爾, 加藤和也, 神保道夫, 砂田利一, 高橋陽一郎, 深谷賢治, 俣野博, 室田一雄編『岩波 数学入門辞典』岩波書店 (2005).

[2] アミール・D・アクゼル『天才数学者列伝 数奇な人生を歩んだ数学者たち』(水谷淳訳) ソフトバンククリエイティブ (2012).

[3] 市川伸一『勉強法が変わる本 心理学からのアドバイス』岩波ジュニア新書 350(2000).

[4] 市川伸一『勉強法の科学』岩波科学ライブラリー 211(2013).

[5] 伊原康隆『志学 数学 ～ 研究の諸段階 ～ 発表の工夫』シュプリンガー・フェアラーク東京 (2005).

[6] 今井功『流体力学』物理テキストシリーズ, 岩波書店 (1970, 1994).

[7] 今井功『複素解析と流体力学』日本評論社 (1989).

[8] 浦坂純子, 西村和雄, 平田純一, 八木匡『理系出身者と文系出身者の年収比較—JHPS データに基づく分析結果—』経済産業研究所 (2011).

[9] 浦坂純子, 西村和雄, 平田純一, 八木匡『高等学校における理科学習が就業に及ぼす影響—大卒就業者の所得データが示す証左—』経済産業研究所 (2012).

[10] H.D. エビングハウス他『数 上下』(成木勇夫訳), シュプリンガー東京 (2004).

[11] 岡部恒治, 戸瀬信之, 西村和雄編『分数が出来ない大学生—21 世紀の日本が危ない』東洋経済新聞社 (1999).

[12] 奥村晴彦, 黒木裕介『LaTeX2ε 美文書作成入門』改訂第 6 版, 技術評論社 (2013).

[13] 大矢雅則, 戸川美郎『高校–大学数学公式集 第 I 部高校の数学, 第 II 部大学の数学』近代科学社 (2014, 2015).

[14] ヴィクター・J・カッツ『カッツ 数学の歴史』(上野健爾・三浦伸夫監訳, 中根美知代, 高橋秀裕, 林知宏, 大谷卓史, 佐藤健一, 東慎一郎, 中澤聡訳), 共立出版 (2005).

[15] 蟹江幸博 「臨床数学教育のすすめ」数学セミナー増刊『数学の教育を作ろう』, pp.147–163 (2002).

[16] 蟹江幸博 「10 個の数で作る力学グラフ — 日本数学協会の発足に際して —」,『数学文化』, 創刊準備号, 日本数学協会, vol.0, no. 1, pp.75–94 (2002).

[17] 蟹江幸博, 並木雅俊『文明開化の数学と物理』岩波科学ライブラリー 150, 岩波書店 (2008).

[18] 蟹江幸博『微積分演義 [上] 微分のはなし』日本評論社 (2007).

[19] 蟹江幸博『微積分演義 [下] 積分と微分のはなし』日本評論社 (2008).

[20] 蟹江幸博編『数学用語 英和辞典』近代科学社 (2013).

[21] 蟹江幸博『孫と一緒にサイエンス 数って不思議!!...∞』近代科学社 (2016 年刊行予定).

[22] ガリレオ・ガリレイ『天文対話 上下』(青木靖三訳), 岩波文庫 (1959).

[23] 河合隼雄『こどもはおもしろい』講談社 α 文庫 (2005).
[24] V. グーテンマッヘル, N.B. ヴァシーリエフ『直線と曲線 ハンディブック』(蟹江幸博, 佐波学訳), 共立出版 (2006).
[25] Donald Ervin Knuth, *The Art of Computer Programming*, volumes 1–4(1997–2005), Addison-Wesley Professional. 1,2 巻に対応した日本語訳がサイエンス社から, 原著は刊行進行中なので, それを追いながらの翻訳がアスキーから出ている.
[26] Donald Ervin Knuth, The T$_E$Xbook, Addison-Wesley Professional(1984). 日本語訳（鷺谷好輝訳, 1992）がアスキーから出ている.
[27] 小林幹雄, 福田安蔵, 鈴木七緒, 安岡善則, 黒崎千代子編『数学公式集 新装版』共立出版 (2005).
[28] 小前亮『広岡浅子 明治日本を切り開いた女性実業家』星海社新書 72(2015).
[29] ロナルド L. グレアム, ドナルド・E. クヌース, オーレン・パタシュニク『コンピュータの数学』(有澤誠, 安村通晃, 萩野達也, 石畑清訳) 共立出版 (1993).
[30] 小山透『科学技術系のライティング技法―理系文・実用文・仕事文の書き方・まとめ方』慶應義塾大学出版会 (2011).
[31] コルモゴロフ, フォミーン『函数解析の基礎 第 3 版 上下』(山崎三郎, 芝岡泰光訳), 岩波書店 (1979), 第 2 版 (1971).
[32] イアン・ジェイムズ『数学者列伝：オイラーからフォン・ノイマンまで, I～III』(蟹江幸博訳), シュプリンガー・ジャパン (2005, 2007, 2011), 丸善出版 (2012).
[33] 塩野七生『我が友マキアヴェッリ：フィレンツェ興亡』新潮社 (1987).
[34] 塩野七生『ルネサンスとは何であったのか』新潮社 (2001).
[35] 清水義範『いやでも楽しめる算数』講談社 (2001).
[36] I.R. シャファレヴィッチ『代数学とは何か』(蟹江幸博訳), 日本評論社 (2009).
[37] フェルディナン・ド・ソシュール『一般言語学講義：コンスタンのノート』(影浦峡, 田中久美子訳), 東京大学出版会 (2007).
[38] 田中幸夫『卒論執筆のための Word 活用術―美しく仕上げる最短コース』講談社ブルーバックス (2012).
[39] R. デーデキント『数について―連続性と数の本質』(河野伊三郎訳), 岩波文庫 (1961).
[40] 遠山啓『初等整数論』日本評論社 (1972).
[41] 朝永振一郎『物理学とは何だろうか？ 上下』岩波新書 (1979).
[42] 日本数学会編集『岩波 数学辞典 第 4 版』岩波書店 (2007).
[43] 野崎昭弘『詭弁論理学』中公新書 448(1976).
[44] 野崎昭弘『人はなぜ, 同じ間違いをくり返すのか』ブックマン社 (2014).
[45] E. ハイラー, G. ヴァンナー『解析教程［新装版］ 上下』(蟹江幸博訳), シュプリンガー・ジャパン (2006), 丸善出版 (2012).
[46] 畑村洋太郎『回復力 失敗からの復活』講談社現代新書 (2009).
[47] A.Ya. ヒンチン『数論の 3 つの真珠』(蟹江幸博訳), 日本評論社 (2000).
[48] R・P・ファインマン『ご冗談でしょう, ファインマンさん』(大貫昌子訳), 岩波書店 (1986).
[49] E.T. ベル『数学を作った人びと 上下』(田中勇, 銀林浩訳) 東京図書 (1962, 1976, 1997).
[50] ボイヤー『数学の歴史 1～5』(加賀美鐵雄, 浦野由有訳), 朝倉書店 (1983).
[51] G. ポリア『いかにして問題をとくか』(柿内賢信訳), 丸善 (1954).

[52] ミルナー『微分トポロジー講義』(蟹江幸博訳), シュプリンガー数学クラシックス 6 (1998), 丸善出版 (2012).
[53] 森口繁一, 宇田川銈久, 一松信 『数学公式 I,II,III』岩波全書 221,229, 244 (1956, 1957, 1960).
[54] ユークリッド『幾何学原論』(中村幸四郎他訳), 共立出版 (1971), 『原論』エウクレイデス全集第 1, 2 巻 (斎藤憲・三浦伸夫訳), 東京大学出版会 (2008).
[55] 吉田洋一『零の発見—数学の生い立ち— [改版]』岩波新書 (1931, 1956, 1979).
[56] E. ランダウ『数の体系—解析の基礎』(蟹江幸博訳), 丸善出版 (2014).
[57] アルフレッド・レニイ (Alfréd Rényi)『数学についての三つの対話　数学の本質とその応用』(好田順治訳), 講談社ブルーバックス (1975).
[58] 和田秀樹『なぜ数学が得意な人がエグゼクティブになるのか』毎日新聞社 (2012).

あとがき

　学習とは，学び習うことであり，真似び倣うことでもある．人が他の動物よりすぐれていることがあるとすれば，先人の知恵を学ぶことができるからである．
　しかし，先人はあまりにも多く，中には矛盾する知恵もあれば，重複しつつ，微妙にずれている知恵も少なくない．であれば，選ばねばならない．知恵を選ぶこともまた大変な作業である．
　先人たちはまた，その選び方もまた知恵として遺してくれている．それが作法である．もちろん作法は絶対ではない．しかし，作法を守れば，何かしら初見の問題にも類推が効く．いわば，鼻が利くようになる．危険を感じやすくなると言ってもよい．
　残念ながら，作法を学びさえすれば，数学の学習も研究も，順調に，支障なく進むというものではない．多くの大学で教鞭をとる人々と学生について話し合う機会があり，さまざまなことが話題になった．学生は作法を知らない，というのが1つの結論で，数学の作法，物理の作法，統計の作法，基本的なことでいいからそういうものを知っていてほしい．ならば，1冊ではなく，そういう作法のシリーズを書くべきではないかということになった．
　このシリーズに過大な期待は抱かないでほしい．シリーズが目的とするのは，読者を各専門分野の入り口に立たせ，そっと肩を押して，門をくぐって中に一歩を進めてもらうことだけである．
　本書（数学篇）の場合，たとえば[5]などのように数学者になるための心得を述べてはいない．あくまで，（自然科学とは限らない）サイエンスを学ぼうする学生に，大学に入るまでに知っていてほしい，数学に関する基本的知識，概念，技能がどういうものであるかを示すだけである．読者はその内容があまりにも基本的であることに驚くかもしれない．
　学問の門に入り，その後で数学者になりたければなればよい．物理学者になりたければそれもよい．工学者になるのも経済学者になるのも，それらの科学を現

在の社会に適用する実務者になるのもよし，またそれらを教える教育者になるのもいいだろう．門に入れば，すべてはそれぞれの人の努力と創意工夫に掛かっている．

　著者は子供の頃，作法というものが嫌いだった．自分を縛るもののように感じていたのだ．すべてを自分で決めたかったからでもあるが，それは理想ではあり，そうできるだけの能力があればそうするのが良いのかもしれない．しかしそれは実用的でなく，実際的でなく，何より不可能である．ニュートンでさえ「巨人の肩に乗って」はじめて遠くが見えると言っているのだ．

　人は知識を蓄え，積み重ね，伝達し，利用する．そうすることで，はじめて人は生物界の頂点にいることができる．

　砂山を駆け上がることは難しい．所々にでも踏みしめることのできる足場が必要である．それが「作法」というものだと言ってよい．

　万人に共通な作法というものはない．生きていく中で身につけるものである．身につけた作法が，社会に合えば行き易く，そうでなければ生き難い．

　数学にまつわる作法には，他の分野でよりも比較的標準的なものがあって，それを外すと数学世界の中では行きにくい．しかし，標準的でない，自分独自の作法を作り，それを遵守しながら，数学の世界をみごとに生きている人もいる．

　大切なのは自分の「作法」を作ることだ．うまくいかないことに気がつけば，改めればよい．本書の中でさまざまな作法にぶつかりながら，自分なりの作法を作り上げてほしい．

　学ぼうとするあなたに，本当に役に立つことが，1つでもあったなら，そして，その作った作法を引っ提げて，学問の入り口まで行ってみてほしい．

　書いてみて気づいたことがある．教師の側から見た学生の身につけておくべき作法と，実際に学生が身につけておいたほうが良い作法との間には，どこかずれがあるようなのである．だから，本文は質問に答える形式にした．まだまだ答えていない質問がある．それはまた，別の機会ということにさせていただくことにしよう．

2016 年 6 月，桑名にて

蟹江　幸博

著者

蟹江　幸博

1948年2月生まれ
1976年3月京都大学大学院理学研究科博士課程数学専攻修了
現在，三重大学名誉教授
主な訳書：ハイラー，ヴァンナー『解析教程　上下』，シャファレヴィッチ『代数学とはなにか』，アイグナー，ツィーグラー『天書の証明』，ワイル『古典群』，I. ジェイムズ『数学者列伝 I,II,III』，ランダウ『数の体系』（以上，丸善出版），グーテンマッヘル，ヴァシーリエフ『直線と曲線』，ナーイン『確率で読み解く日常の不思議』（以上，共立出版），D. フックス，S. タバチニコフ『本格数学練習帳 I,II,III』（岩波書店），H. ヴァルサー『黄金分割』，シャファレヴィッチ『代数入門』（以上，日本評論社）
主な著書：『微積分演義　上下』（日本評論社），『文明開化の数学と物理』（岩波書店）
辞書編集：『SPED TERRA（プロフェッショナル英和辞典　スペッド・テラ）』（小学館），『数学用語 英和辞典』（近代科学社）
ウェブサイト：kanielabo.org

数学の作法

© 2016 Yukihiro Kanie
Printed in Japan

2016年7月31日　初版1刷発行
2016年10月31日　初版2刷発行

著　者　　蟹　江　幸　博
発行者　　小　山　　透
発行所　　株式会社　近代科学社
　　　　　〒162-0843　東京都新宿区市谷田町 2-7-15
　　　　　電話 03-3260-6161　振替 00160-5-7525
　　　　　http://www.kindaikagaku.co.jp

藤原印刷　　　ISBN978-4-7649-0514-6
　　　　　定価はカバーに表示してあります。